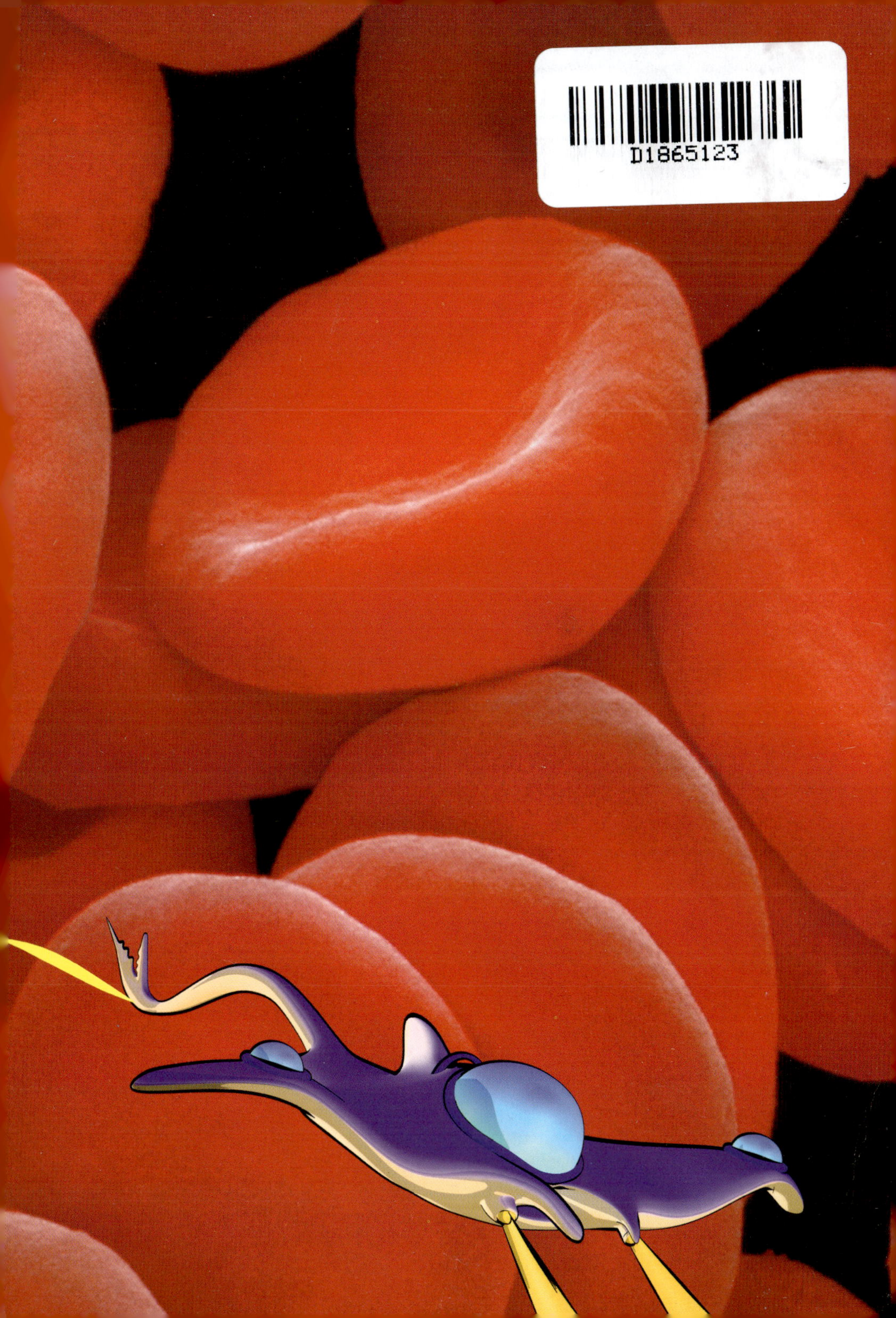

rowohlt

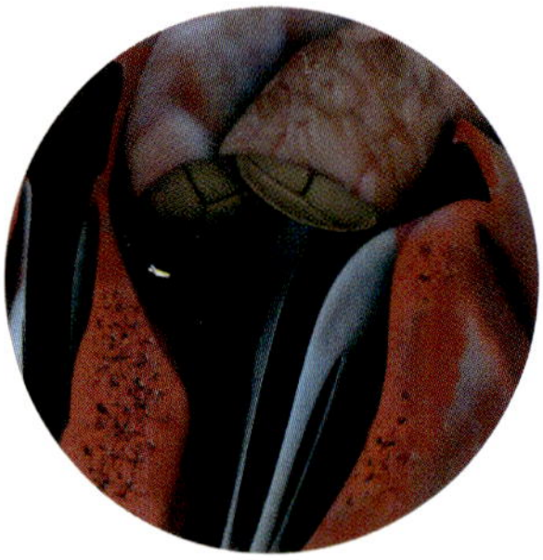

Dietrich Grönemeyer

Die neuen Abenteuer DES KLEINEN MEDICUS

Mit Illustrationen von Glenn Frey und Stefan Paintner | Rowohlt

Besucht den kleinen Medicus auch im Internet unter www.groenemeyer-medicus.de

1. Auflage November 2007

Bildnachweis Seite 359
Lektorat Uwe Naumann
Layout Christine Lohmann
Satz Swift und Frutiger PostScript, InDesign,
bei KCS GmbH, Buchholz bei Hamburg
Druck und Bindung GGP Media GmbH, Pößneck
Printed in Germany
ISBN 978 3 498 02502 1

Inhalt

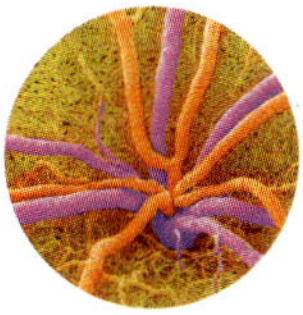

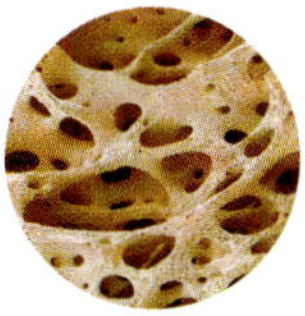

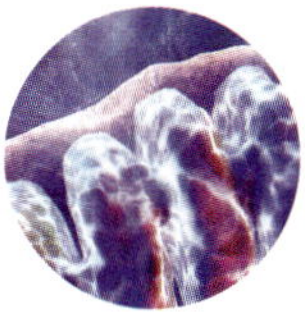

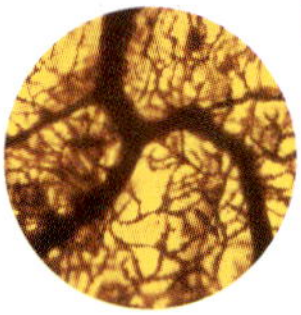

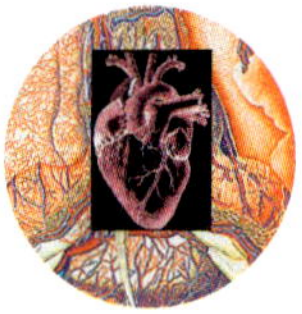

Liebe Leserin, lieber Leser,

«Oh, wie ist das Leben schön, es ist einzigartig! Herrlich, herrlich, wirklich einzigartig» – so dichtet Micro Minitec spontan und erfindet dazu noch eine Melodie, mitten im spannendsten Abenteuer …

Gerade durch das gemeinsame Überlegen und Handeln gelingt es, die raffinierten und tückischen Pläne des Professors von Schlotter zu durchkreuzen. Aber der kleine Medicus, seine Schwester Marie und die Freunde Frido, Manu, Eliza, auch Dr. X und dessen Team kommen dabei ganz schön ins Schwitzen. Dadurch wachsen sie alle noch mehr zusammen und erfahren echte Freundschaft – zwischen Kindern, aber auch zwischen Kindern und Erwachsenen. Und ohne das wäre es sowieso sehr schwierig, denn Professor von Schlotter ist extrem boshaft und gefährlich. Schaffen sie es wirklich, ihn zu besiegen?

Micro Minitec war in der Zwischenzeit nicht untätig und hat wieder viele verrückte Geräte entwickelt: neue Schrumpfmaschinen und klitzekleine Manta-U-Boote, einen fliegenden Arztkoffer und vieles mehr. Damit kann Nanolino – als erster Korponaut der Welt – Dr. X und sie als kleiner medizinischer Sport-Assistent unterstützen und weitere Entdeckungsreisen in den Körper unternehmen. Leider muss er aber auch wilde Kämpfe durchleben.

Trotz aller Gefahren: Die atemberaubende Schönheit und komplexe Vielfalt des neuentdeckten Kontinents – des Menschen – fesselt ihn immer mehr, je tiefer er eindringt. Wieso können wir fühlen, lieben und denken? Was sind Leiste, Bandscheiben oder Gelenke, wie funktionieren Haut und Haar, wie die Hormone? Viele Rezepte, auch zum Kochen und … was Ihr selbst tun könnt, um gesund zu bleiben. All dies findet Ihr ohne Anspruch auf Vollständigkeit in diesem Buch.

Bleibt fit und ganz liebe Grüße!

Euer Dietrich Grönemeyer

Die Hauptdarsteller

Wer ist eigentlich Nanolino?

Nanolino heißt eigentlich Florian Sonntag. Die Kurzform seines Spitznamens Nano bedeutet «winzig», und wenn man ihn zum ersten Mal sieht, weiß man sofort, wie er zu diesem Kosenamen gekommen ist. Er ist zwar fast 13 Jahre alt, aber trotzdem nur so groß wie ein Achtjähriger – Nanolino ist kleinwüchsig. Doch abgesehen davon sieht er aus wie ein richtiger Lausbub – mit Segelohren, die keck unter dem strohblonden Wuschelkopf hervorschauen –, und so verhält er sich auch manchmal.

Nano ist ein erstklassiger Fußballer und auch sonst sehr sportlich, nur mit seinen schulischen Leistungen hapert es gelegentlich etwas. Zwar ist er an allem sehr interessiert, aber die Schule oder genauer einzelne Lehrer mag er nicht. Zusammen mit seiner kleinen Schwester Marie, ihrem Hund Kannickel, seinen Freunden Eliza, Manuel und Frido ist Nanolino jederzeit für Sport und Spannung zu haben. Seit seinem letzten Abenteuer, in dem er Dr. X und Micro Minitec kennengelernt hat, will er unbedingt Arzt werden. Deshalb hat er den Ehrennamen «der kleine Medicus» erhalten.

Wer ist eigentlich Dr. X?

Dr. X ist Arzt und der Meister der Röntgenstrahlen. Eigentlich heißt er Heinz Xiang. Sein Vater ist Amerikaner deutscher Abstammung, seine Mutter Chinesin. Da sein asiatischer Name aber so schwer auszusprechen ist, nennen ihn alle einfach Dr. X, angelehnt an das englische Wort für Röntgenstrahlen «x-rays». Seine Praxisräume befinden sich in der Villa Nachtigall, die in einem lauschigen Wald in der Nähe des Dorfes Spatzenhorst liegt. Liebste Hobbys: Chinesische Medizin und Kung-Fu.

Wer sind eigentlich Micro Minitec und Rappel?

Micro ist die Assistentin von Dr. X. Ihre Kennzeichen: wilde Rasta-Mähne und ein rotes Kaninchen namens Rappel. Rappel war früher Professor von Schlotters Versuchskaninchen, bis Micro Minitec es befreite. Es wurde im ersten Abenteuer zu einem unfreiwilligen Spion, da der bösartige Professor eine Minikamera in seinem Kopf implantiert hatte. Aufgrund dieser gemeinen Tat litt es häufig unter nervösen Zuckungen, deshalb taufte Micro es auf den Namen Rappel. Sie war es auch, die das Fell des kleinen Nagers rot färbte. Die leuchtende Farbe erleichtert es, das Kaninchen zu finden, wenn es mal wieder auf Stecknadelkopfgröße geschrumpft wird.

Micro Minitec arbeitet mit Dr. X zusammen und ist ein absoluter Technik-Freak. Fast ständig hat sie eine Idee für eine neue Erfindung. Einen Teil dieser Entwicklungen hat sie in ihre Kleidung eingebaut, sodass sie wie ein wandelnder Weihnachtsbaum aussieht. Ihre wohl wichtigste Erfindung ist der Turbobeamer, eine **Schrumpfmaschine**. Damit hat sie es möglich gemacht, Nanolino zu verkleinern und als ersten **Korponauten** der Weltgeschichte auf eine Erkundungsreise durch den menschlichen Körper zu schicken. Und schon wieder hat sie etwas entwickelt, was Nanolino helfen wird, das nächste Abenteuer zu bestehen: einen fliegenden Arztkoffer.

Wer ist eigentlich Marie?

Marie Sonntag ist Nanolinos kleine Schwester. Sie kümmert sich liebevoll um Kannickel, den Hund der Familie Sonntag. Aber nicht nur Tiere, sondern auch Pflanzen liegen ihr sehr am Herzen. Sooft es einzurichten ist, besucht sie ihre Großmutter, die einen tollen Garten voller Kräuter und Blumen besitzt. Zudem hat Marie eine ganz besondere Fähigkeit: Sie verfügt über ein fotografisches Gedächtnis. Und mit ihrer glockenhellen Stimme singt sie gern, zum Entzücken vor allem ihrer Großmutter.

Wer ist eigentlich Marlene Sonntag?

Die Mutter von Nano und Marie ist Witwe. Ihr Mann ist bei einem Unglück in einem Bergwerk ums Leben gekommen. Seitdem sorgt sie alleine für die beiden Kinder. Zudem muss sie ständig Frieden im Haus stiften, wenn Nano und sein Großvater Erwin wieder einmal in Streit geraten. Deshalb ist sie oft voller Sorgen. Große Hilfe bekommt sie dann von ihrer Mutter, Omi Rosa, die das Leben immer positiv sieht, sehr gelassen handelt und Lebensfreude ausstrahlt.

Wer ist eigentlich Opa Erwin?

Opa Erwin ist meist ziemlich schlecht gelaunt. Er ist Marlene Sonntags Schwiegervater und wohnt seit dem tödlichen Unfall seines Sohnes zusammen mit der restlichen Familie in der Reihenhaussiedlung am Schillerhain. Oft macht er Nano das Leben schwer. Aber insgeheim ist er stolz auf seine Enkelkinder, besonders seit sie ihn im letzten Abenteuer aus der Gewalt des bösartigen Professors von Schlotter befreit haben.

Wer ist eigentlich Omi Rosa?

Omi Rosa, wie die liebevolle Großmutter von Marie und Nanolino genannt wird, ist italienischer Abstammung. Bisher lebte sie auf dem Land in einem kleinen Haus mit einem wunderschönen Garten. Die Kinder besuchen sie dort, sooft sie können, voller Begeisterung. Dort gibt es einen riesigen Kräutergarten und eine Obstplantage, die Omi Rosa gemeinsam mit anderen Dorfbewohnern bewirtschaftet. Jetzt ist sie gerade zu ihrer Tochter Marlene und ihren Enkelkindern in den Schillerhain gezogen. Die Landvilla wird aber weiterhin als

Wochenenddomizil und Anbauplantage genutzt. Omi Rosa bringt den Kindern allerlei über Naturheilkunde, Ernährung und alte Hausmittel bei. Ihr Motto ist: «Turne bis zur Urne.»

Wer ist eigentlich Mister Schlau?

Mister Schlau ist Nanolinos Sportlehrer. Er war früher Olympiateilnehmer. Mittlerweile trainiert er den FC Heimaterde, für den auch Nano stürmt. Dabei setzt er voll auf Sport- und Teamgeist. Er gehört zu den Lehrern, die sich auch außerhalb der Schule für ihre Schüler engagieren. Gesundes Essen ist genauso wichtig wie das tägliche Bewegen, so lautet ein Ratschlag an seine Spieler. «Eine Stunde Sport für jeden täglich, auf alle Fälle aber für jeden Schüler», ist seine Devise.

Wer ist eigentlich Kannickel?

Kannickel lebt zusammen mit der Familie Sonntag im Schillerhain. Die Hündin hat ein weißes und dermaßen struppiges Fell, dass man sie für eine alte Bürste halten könnte. Ihren Namen hat sie bekommen, weil sie Schlappohren wie ein Hase hat und auch wie einer hüpft, wenn sie sich freut. Besonders die Kinder liebt sie sehr, und sie ist aus der Familie nicht wegzudenken.

Wer sind eigentlich Nanolinos Freunde?

Wenn es etwas Spannendes zu erleben gibt, sind Nanos Klassenkameraden mit von der Partie. Allen voran Nanos bester Freund Frido; ein großer, kräftiger Junge, der das Tor des FC Heimaterde bewacht, genannt die «Katze von Heimaterde». Und immer, wenn Nano einmal wieder Ärger mit anderen Jungs hat, steht ihm Frido zur Seite. Manuel gehört auch zum Club der Freunde, sein Vater kommt aus Havanna auf Kuba. Er bereichert ihre Freizeit mit seinem phan-

tastischen Gitarrenspiel. Eliza tanzt besonders gerne zu diesen südamerikanischen Rhythmen, und wenn einmal ihr ansteckendes Lachen erklingt, bleibt kein Auge trocken. Sie halfen Nano bei seinem ersten Abenteuer, Professor von Schlotters finstere Pläne zu vereiteln, denn: Zusammen sind die Freunde unschlagbar und manchmal auch unausstehlich!

Wer ist eigentlich Professor von Schlotter?

Professor Götz von Schlotter hat sich diesen Titel gar nicht verdient, benutzt ihn aber einfach. Er ist intelligent, aber leider bösartig – sein großes Ziel ist die Weltherrschaft. Er hasst Dr. X und vor allem Micro Minitec. Schon damals, als sie noch für ihn arbeitete, hat ihn ihre technische Begabung und Kreativität grün vor Neid werden lassen. Im ersten Abenteuer klaute er ihre Turbo-Schrumpfmaschine, um sie für seinen dunklen Plan zu verwenden, die Gehirne der Menschen zu kontrollieren. Sein erstes Opfer und «Versuchskaninchen» war Opa Sonntag: Schlotter schleuste einen verkleinerten und gerade deshalb teuflischen Roboter in dessen Gehirn ein. Glücklicherweise bemerkten Nano und Marie diese Untat.

Wer ist eigentlich Scherge?

Scherge ist Professor von Schlotters dienstbarer Geist. Seine Markenzeichen sind ein abgetragener Bundeswehrparka und die Zigaretten, die ständig in seinem Mundwinkel hängen. Er stinkt fürchterlich. Manchmal fragt er sich, was ihn zuerst ins Grab bringt – sein klappriges Motorrad, das Kettenrauchen oder von Schlotters Verrücktheiten.

Wer ist eigentlich Gobbot?

Gobbot ist ein von Professor von Schlotter entwickelter Roboter und sein zweiter williger Helfer. Allerdings hat er gegenüber Scherge den großen Vorteil, dass man ihm kein Gehalt zahlen muss. Scherge würde jetzt gewiss einwenden, dass auch er nur selten etwas Bares sieht …

Wie alle Roboter hat Gobbot keine Gefühle und kein Gewissen. Das macht ihn natürlich zu einem perfekten Werkzeug für die Verwirklichung von von Schlotters hinterhältigen Plänen. Zudem hat er die richtigen Instrumente – zum Beispiel eine mit scharfen Klingen ausgestattete Hand und einen Zusatzarm mit einem Laser –, um im Körper seiner Opfer erheblichen Schaden anzurichten.

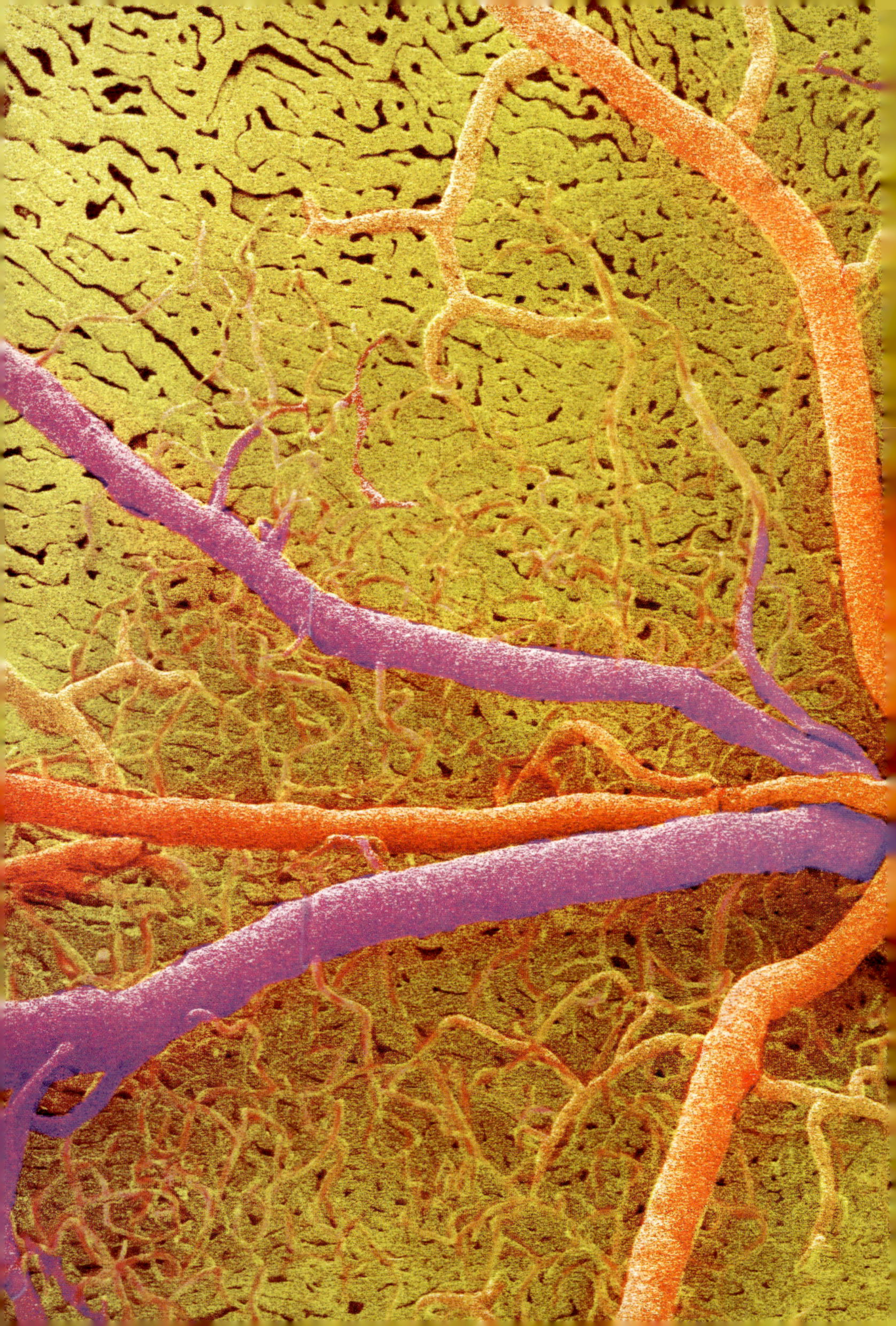

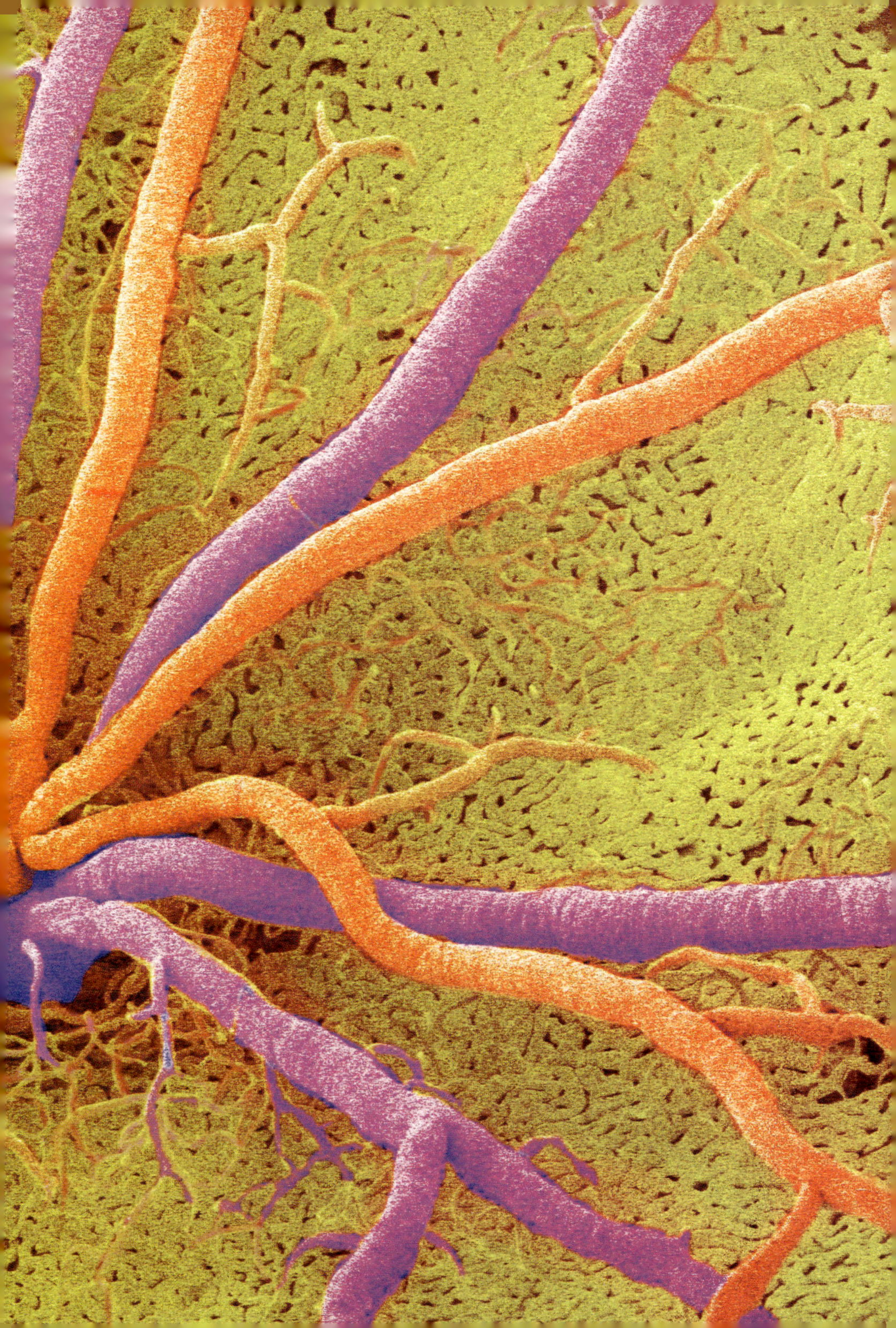

Killerviren und andere Ungeheuer

Nanolino war richtig verzweifelt! Auf der Stirn des blonden Jungen bildeten sich große Schweißperlen, und zwischendurch hörte man sogar überdeutlich, wie einzelne von ihnen in dieser extrem angespannten Stille heruntertropften. Plöpp, plöpp, plöpp … «Jetzt bloß nicht nervös werden», murmelte Nanolino vor sich hin, seine Hand schloss sich noch fester um den Steuerknüppel, seine Augen starrten wie gebannt auf die Angreifer. Eine Gruppe von bösartigen Killerviren attackierte gerade sein kampferprobtes U-Boot. Das Schiff bekam einige schwere Treffer ab. Nano duckte sich reflexartig.

Wild hämmerte sein Zeigefinger auf die Feuertaste. Fast gleichzeitig zog er dabei die Nase des Schiffs so hart nach oben, dass ein Konzert von Warnsignalen das Cockpit erschütterte. Seine unkontrollierten Energiesalven hatten einige kleine Stücke aus der «Tunnelwand» gelöst. Nanolino ärgerte sich gewaltig, weil er Gewebe in der Gefäßwand verletzt hatte. Aber sein Ziel lag so nahe vor ihm, dass er jetzt darauf überhaupt keine Rücksicht nehmen konnte: Der unheimliche Endgegner musste endlich zur Strecke gebracht werden – ein Supervirus übelster Sorte. Er war ihm inzwischen dicht auf den Fersen, konnte ihn quasi «riechen». Viele gefährliche Bakterien und aggressive Viren hatte er bereits erfolgreich vernichtet. Aber in diesem Fall kannte er kein Erbarmen! «Heute muss es klappen, zu anstrengend war die Zeit bis hierher», dachte er. Und ein paar waghalsige Manöver später verließ er die enge Gefäßschneise und erreichte eine riesige Höhle. Weit und breit kein Supervirus zu sehen!

«Mist! Wo ist das dumme Ding? Wo

nur?» Er blickte sich aufgeregt um und fummelte wie verrückt an seinem Joystick.

Plötzlich wurde sein U-Boot von etwas getroffen. Die Abschirmenergie war mit einem Schlag fast aufgebraucht. Der Blick auf den Radarschirm verriet ihm die Position des Angreifers. Der hatte sich von hinten an ihn herangepirscht. Hektisch wirbelte er das Schiff herum und staunte – den Mund und die Augen weit aufgerissen.

«O Mann, ist der riesig.»

Wild entschlossen und voller Eifer bewegte er seinen Joystick hin und her, bereit, den Supervirus zu vernichten. Gerade wollte er das Feuer eröffnen, da passierte das Undenkbare: Sein Bildschirm wurde schwarz. Nanolinos Gesicht spiegelte blankes Entsetzen. Panik machte sich breit … Völlig aufgelöst und den Tränen nah, stieß er einen markerschütternden Schrei aus … und noch einen. Und dann: Totenstille!

Eine «Ewigkeit» später vernahm er aus der Ferne eine sonore Stimme. «Game over?» Es war sein Großvater. Opa Erwin, wie ihn seine Enkel nannten, saß gemütlich in einem Sessel an der anderen Seite des Zimmers am Fenster.

«He! Opa. Ich glaub's nicht!» Nanolino war immer noch außer sich. «Fast wäre ich auf dem höchsten Level gewesen …»

«Hörte sich aber wie ein Siegesschrei an. Was ist los?»

«Denkste, der Computer ist kurz vor Schluss ausgestiegen. Und ich war doch soooo gut! Wie nie zuvor. Das olle Ding! Ich hätte nur noch den Levelboss besiegen müssen. Wirklich, so 'n Mist!»

«Hm.» Eine Zeitung in der Hand, nickte der Großvater zu Nanolino herüber.

«Ist nicht das erste Mal, dass er im entscheidenden Moment aufgibt. Opa, ich brauch dringend 'nen neuen – einen von den ganz schnellen, am besten mit Flugsimulator. Muss mich doch auf weitere Abenteuer vorbereiten.» Nanolinos Augen glänzten.

«Na, na, mal sehen, jetzt mach aber mal die Kiste aus. Den ganzen

ein Virus?

Bestandteile von Kleinstlebewesen, die sich nur in lebenden Zellen vermehren können, werden Viren genannt. Übertragbar sind sie durch Tröpfcheninfektion – z. B., wenn du jemanden anhustest –, aber auch über Nahrung oder Berührung von Schleimhäuten bzw. unsterilen medizinischen Instrumenten. Nach dem Eindringen des Virus in eine Zelle verändert dieses deren normale Funktionen, und die Krankheit bricht aus. Es gibt nur wenige Medikamente gegen Viren. Mit ihnen kann man entweder bestimmte Immunstoffe dem Körper über Infusionen oder Spritzen zuführen oder mit sogenannten Virostatika die Ausbreitung von Viren hemmen. Herpesbläschen z. B. können zum Glück so bekämpft werden. Der beste Schutz gegen Viren ist in vielen Fällen die eigene Abwehr, die du stärken musst: beispielsweise Fieber nicht sofort unterdrücken, viel Bewegung an der frischen Luft und bestimmte Impfungen durchführen.

Virus

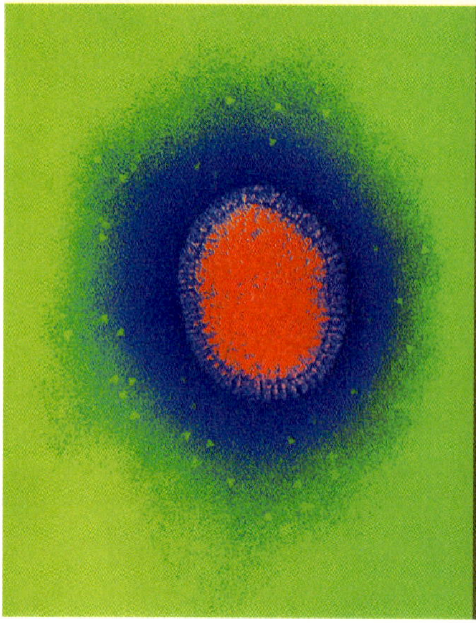

Pilz

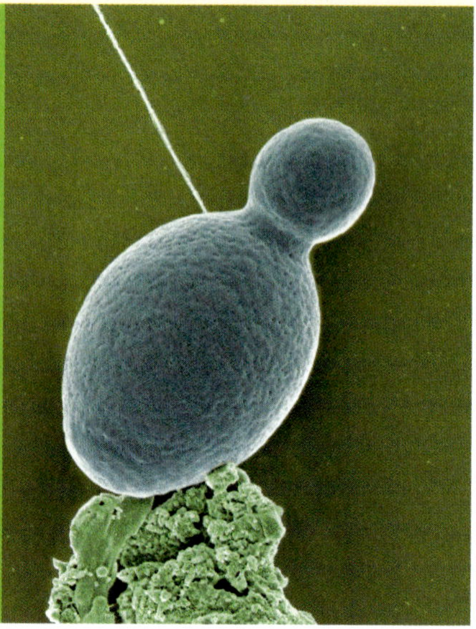

Tag davorsitzen – und dabei scheint draußen die Sonne», ermahnte er ihn brummend. Nanolino stand widerwillig auf und blinzelte zu dem Fenster, wo sein Opa saß. Er wollte keinen Streit anfangen. Mit Opa war manchmal eben nicht gut Kirschen essen. Er war ja doch ein alter Mann, der im Leben viel Anstrengendes und Gefährliches erlebt hatte. Außerdem musste Nano noch seine Sportsachen zusammensuchen, schließlich war heute ein wichtiges Fußballspiel.

In seinem Kleiderschrank herrschte wie immer Chaos. Mühsam wühlte er sich durch Berge von T-Shirts und Sportklamotten. Irgendwo musste doch das Fußballtrikot sein. Endlich hatte er es und zog es hervor. Doch er hatte sich geirrt: Was er in der Hand hatte, war nicht das Trikot seiner Mannschaft, sondern eines, das Opa Erwin ihm beim letzten Gartenfest geschenkt hatte. Alle seine Freunde hatten darauf unterschrieben, auch der berühmte Nationaltrainer Leo Miller – ein alter Fußballfreund vom Großvater. «Die haben schon als Babys in der Wiege zusammen mit Kötteln gekickt», spottete seine Mutter, wenn der Großvater mal wieder mit geschwellter Brust mit seinem bekannten Freund vor allen angab. Opa sah sie dann strafend an.

Es kam Nanolino schon wie eine halbe Ewigkeit vor, doch er erinnerte sich nur zu gut an das Fest, das Opa nach seinem Abenteuer mit dem üblen Roboter Gobbot im letzten Jahr gegeben hatte. Zwei fiese Verbrecher, Professor Götz von Schlotter und sein Kumpan Scherge, hatten damals diesen Mini-Roboter in das Gehirn seines Opas eingeschleust. Er war sozusagen das Versuchskaninchen gewesen. Mit Hilfe dieses Roboters, den die Schurken Gobbot nannten, beabsichtigten Schlotter und Scherge, die Gehirne von Menschen zu manipulieren. Nanolino – als erster Korponaut der Welt – und seine Schwester Marie hatten damals ihr eigenes Leben riskiert und sich – auf Staubkorngröße verkleinert – auf eine gefährliche und aufregende Reise ins Innere von Opa Erwin gewagt, wo sie den Kampf gegen den unheimlichen Gobbot schließlich gewannen.

Sein Großvater – ein wirklich grummeliger Kauz – war ihnen für ihre heldenhafte Rettungsaktion so dankbar gewesen, dass er Nanolino, Marie und alle ihre Freunde zu einer Gartenparty eingeladen hatte. Außerdem ließ er ein kleines Fußballfeld auf dem Rasen aufbauen und hatte als Überraschungsgast den berühmten Nationaltrainer Leo Miller eingeladen, der dann auch plötzlich auftauchte.

Was hatten Nanolino und seine Freunde gestaunt, schließlich kannte wirklich jeder «Baby Miller» aus Funk und Fernsehen, wie Opa stolz zum Besten gab. Immer wieder schaffte Miller es, vor allem junge Talente zu entdecken und zu fördern. Wer hätte ahnen können, dass Opa Erwin früher einmal direkt Tür an Tür mit diesem berühmten Trainer gewohnt hatte. Aus Nachbarn waren schließlich Freunde geworden. Opa, der sich nie wirklich bei seinen Enkeln bedankt hatte, wollte ihnen so eine Freude bereiten, und das war ihm in der Tat gelungen. Alle hatten Spaß und kickten zusammen eine Runde im Garten. Nur Opa musste wegen seiner Schmerzen in der Hüfte schon damals am Rand sitzen bleiben.

Nanolino war noch ganz in Gedanken versunken, da hörte er seinen Großvater vom Fenster her rufen: «Hey, Nanolino, du bist heute dran mit Abwaschen. Denk nicht, dass ich das schon wieder für dich übernehme. Diesmal bist du selbst dran.»

«Och, Opa!» Widerwillig begann er mit dem Abwasch. Der Porzellanberg war das Ergebnis mehrerer Tage und kaum beherrschbar. Irgendjemand hatte sich vor seinen Haushaltspflichten gedrückt. Nano tippte auf sich selbst … Nach einer halben Stunde – die ihm wie eine Ewigkeit vorkam – waren nur noch ein paar Teller übrig. Er schaute auf die Küchenuhr und bekam einen Schreck. Er musste dringend los zum Spiel. Als er dann noch sein vibrierendes Handy aus der Tasche zog, wurde er leichenblass. «So ein Mist», zischte er, als er die SMS von seiner Mutter las: «Hilfe! Wo steckst DU? Wir verlieren!»

Grossmutters Rezepte
gegen Handystrahlung

Ob ein Handy strahlt, also ob eine bestimmte Energie, die von der Antenne aufgenommen wird und mit der du hören kannst, für dich schädlich ist, wissen Wissenschaftler und Ärzte leider bisher nicht genau. Es gibt viele Studien, die die Unschädlichkeit von Handys darstellen. Aber neuerdings wird auch manchmal das Gegenteil behauptet. Das beste Gegenmittel bzw. der bestmögliche Schutz für dich ist: einfach weniger zu telefonieren oder das Festnetz zu nutzen. Mädchen sind außerdem viel besser geschützt, da sie meistens ihr Telefon in einer Tasche tragen. Jungen tragen das Handy in ihrer Hose. Du auch? In einem Rucksack oder in der Sporttasche wäre es besser aufgehoben.

«Opa, ich muss zum Spiel!»

«Bist du denn schon fertig?», schallte es aus dem Wohnzimmer zurück.

«Ja!», log Nano. Er nahm die letzten noch schaumgekrönten Teller, öffnete den Schrank unter der Spüle und stopfte sie in die Mülltonne. Kannickel, der den Müll gerochen hatte, beobachtete ihn und steckte neugierig den Kopf neben ihm in den Schrank.

«Klappe zu, Affe tot!», lachte Nanolino, schob aber dann doch fürsorglich den Kopf des kleinen, struppigen Hundes beiseite. Der Hund war ein Geschenk ihres verstorbenen Vaters. Kannickel bellte fröhlich und versuchte wie immer, den Schaum von Nanos Händen zu lecken. Dabei wurde seiner Nase eine witzige Schaumkrone aufgesetzt. Ein fröhliches Ritual und niedlich anzusehen. Nano prustete los, und der Schaum verteilte sich in der Küche, lustig in alle Richtungen fliegend. Kannickel schnappte freudig kläffend danach.

«Du kommst doch auch zum Spiel, oder?», rief er über seine Schulter. Opa Erwin stand plötzlich in der Tür: «Brauchst nicht so zu schreien, ich bin doch schon da», brummelte er. Und dann fügte er kaum hörbar hinzu: «Na klar komm ich, hab doch noch nie ein Spiel verpasst, oder? Aber vorher habe ich einen Termin bei Dr. X, er muss mir die Spritze gegen meine blöden Hüftschmerzen geben.» Nanolino schaute seinen Großvater aufmunternd an, schließlich war er es gewesen, der seinen Opa überredet hatte, zu Dr. X zu gehen. Erstaunlicherweise hatte Erwin Sonntag Nanos Rat befolgt und bekam jetzt regelmäßig eine gezielte Spritze in sein Gelenk. Und inzwischen – das musste selbst sein Großvater eingestehen – humpelte er schon sehr viel weniger.

«Na und, hau schon ab, sonst kommst du mal wieder zu spät.» Sein Opa war zwar mürrisch wie immer, aber Nanolino wusste, dass er es eigentlich nur gut meinte.

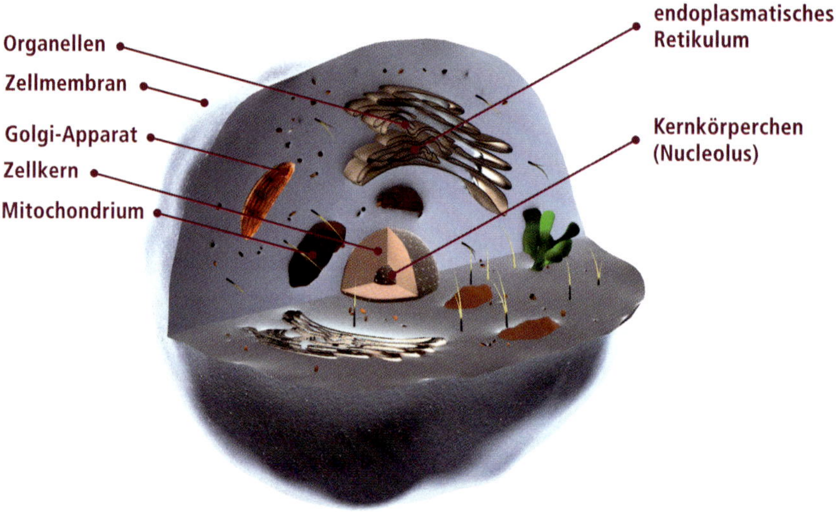

WAS IST EIGENTLICH ...

eine Zelle?

Pflanzen, Tiere, Menschen, wir alle sind aus einer Unzahl von Zellen zusammengesetzt. Jede ist in sich einzigartig, jede ist unterschiedlich, und je nach Funktion und Aufgaben sind die Zellen ganz verschieden aufgebaut. Die Zelle selbst ist in unserem Organismus die kleinste allein lebensfähige Struktur.

Jede Zelle besteht aus einem **Zellkern**, der **Zellflüssigkeit** und der **Zellwand** und beinhaltet die **Zellorganellen**. Alle zusammen funktionieren in der Regel fast reibungslos, wenn sie nicht gestört werden durch Entzündungen, Unfälle oder Tumorerkrankungen.

Die **Zellmembran** besteht aus Eiweiß und Fett, durch welche die Stoffwechselbausteine in die Zelle hinein- oder aus ihr herausgeschleust werden. Durch die sogenannten Haftplatten sind die Zellen untereinander verbunden.

Die Entgiftung und der Transport von Eiweißbestandteilen in der Zelle werden vom **endoplasmatischen Retikulum** übernommen.

Die Verdauungsorgane sind die **Lysosomen**. Der Abtransport von Abfall und die Zellwanderneuerung erfolgt über den **Golgi-Apparat**. Nährstoffe werden über Mikrozotten aufgenommen.

Informationen von außen nach innen zum Zellkern übernehmen die **Mikrotubuli**, die auch gleichzeitig als Bewegungskörper funktionieren.

Die Kraftwerke der Zellen zur Energieerzeugung sind die **Mitochondrien**.

Fast die gesamte Information des Menschen und der Zelle befinden sich im Zellkern und dort in der **DNS**. Hier ist das Erbgut gespeichert.

Die Zellteilung wird über **Kernkörperchen** und **Zentralkörperchen** vorgenommen und gesteuert.

Schneller, als die Polizei erlaubt

Mit ein paar großen Sätzen war Nanolino aus dem Haus und in der Garage. Dort schnappte er sich sein Skateboard, sprang auf, schloss mit einem Knall die Garagentür und rauschte in die Einfahrt. Kannickel kam freudig wedelnd auf ihn zugetrabt. Nano machte ein Ausweichmanöver, das ihn auf Kollisionskurs mit dem in der Einfahrt geparkten Auto von Omi Rosa brachte. Wieder änderte er die Richtung. Dabei sah er zu spät, dass er dem flachen Vorgartenzaun bedrohlich nahe kam. Diesmal schaffte er es nicht, auszuweichen. Nanolino machte einen Riesensatz und landete im Blumenbeet. Kannickel leckte dem Gestürzten die Gartenerde aus dem Gesicht.

«Na – vielen Dank auch.» Mühsam stand Nano auf. Und betrachtete die zerdrückten Blumen und seine Hände.

«Zum Glück nichts gebrochen und kein Gelenk verstaucht. Kein Bluterguss, nur ein paar Schrammen.» Er entstaubte sein Knie. «Oje, wenn die Oma das sieht – die schönen Blumen, die sind hinüber. Nichts wie weg!»

Er rannte zur Straße, ohne Omi Rosa zu bemerken, die mit Gartenarbeit beschäftigt war, sprang auf das Skateboard und raste – verfolgt von dem kläffenden Hund – mit einem Affenzahn aus der Siedlung.

eine Wunde?

Wird dein Gewebe verletzt, spricht man von einer Wunde. Das kann entweder das Äußere des Körpers betreffen, indem deine Haut und das darunterliegende Gewebe verletzt werden, oder auch das Körperinnere kann sich dabei verletzen.

Man unterscheidet zwischen einfachen und komplizierten Wunden. Einfache Wunden zeichnen sich zumeist durch eine Verletzung der Haut und der Unterhaut, der sogenannten Fettschicht, aus. Bei etwas schwereren, einfachen Verletzungen kann auch die Faszie (bindegewebige Umhüllung von Muskeln und Muskelgruppen) oder sogar der Muskel selbst betroffen sein. Die Heilung einer einfachen Wunde stellt zumeist kein Problem dar.

Problematischer sind komplizierte Wunden, die viel ärztliches Können erfordern. Von komplizierten Wunden spricht man bei Organverletzungen, Höhleneröffnungen (offene Schädel, Leibeshöhlen oder Brustkorbverletzungen) und beschädigten Sehnen, Sehnenscheiden, Gelenken, Gefäßen oder Nerven.

Bei verschmutzten Wunden besteht Infektionsgefahr, deshalb sollte eine Tetanusimpfung innerhalb von sechs bis zwölf Stunden erfolgen. Heutzutage gibt es vier verschiedene Formen des Wundverschlusses: **Annähern** (Adaptieren), z. B. mit Pflasterzügen, **Kleben**, **Nähen** und zuletzt das **Klammern** der Wunde. Einfache, nur sehr oberflächige Verletzungen der Haut (ausschließlich obere Hautschicht, die Epidermis, wurde beschädigt) heilen unter Schorf von selbst aus. Die Haut wächst unter den Schorf und wieder zusammen, in der Regel, ohne eine Narbe zu hinterlassen.

WAS IST EIGENTLICH …

Tollwut oder ein Wundstarrkrampf?

Beides sind meist tödlich verlaufende Virus-Infektionen. Gegen beide kann man sich zum Schutz impfen.

Die **Tollwut** wird von infizierten Tieren durch Biss übertragen. Sie befällt meistens Wildtiere. Haustiere werden nur infiziert, wenn sie von Füchsen oder anderen Wildtieren gebissen wurden. Die Tiere fallen durch Unruhe, Angriffslust oder ungewöhnliche Zutraulichkeit auf. Zu ähnlichen Symptomen kann es auch bei gebissenen Menschen kommen. Eine Impfung kann zum Glück noch nach der Infektion durchgeführt werden.

Beim **Wundstarrkrampf** kommt es zu einer Vergiftung des Nervensystems mit Erregern, die über kleinste Wunden in den Körper gelangen können, was mit Krämpfen bis hin zur Atemlähmung einhergehen kann. Die Erreger sind überall zu finden, meistens in der Erde oder bei Tieren. Der Ausbruch einer Erkrankung kann verhindert werden, wenn man sofort ein Gegengift verabreicht oder besser noch über einen ausreichenden Impfschutz verfügt. Dein Hausarzt kontrolliert dies regelmäßig, und du solltest dir einen **Impfpass** zulegen. Sollte kein ausreichender Impfschutz vorliegen, musst du selbst bei Schürfwunden besser sofort geimpft werden. Keine Sorge, das tut nicht weh.

Die Gelenkformen

Unsere Körper besitzen zahlreiche Gelenke, die ihren jeweiligen Aufgaben angepasst sind. Schulter und Hüftgelenke, also die Ansätze von Armen und Beinen, sind frei bewegliche **Kugelgelenke**. Hier bildet ein Knochenende eine Kugel, die sich in einer Gelenkpfanne bewegt. Der Daumen ist mit einem **Sattelgelenk** befestigt. Er kann sich daher in zwei verschiedenen Richtungen bewegen, aber nicht drehen. **Zapfengelenke** ermöglichen nur Drehung und sitzen zum Beispiel an den oberen Halswirbeln und am Ellenbogen – daher kannst du den Kopf bzw. den Unterarm drehen. **Scharniergelenke** dagegen funktionieren ähnlich einem Türscharnier nur in einer Richtung – dazu gehört etwa das Ellenbogengelenk. Die Knochenenden in Gelenken sind mit einer festen, glatten Knorpelschicht überzogen. Im Zwischenraum, der Gelenkhöhle, befindet sich eine Flüssigkeit, die wie Schmieröl funktioniert.

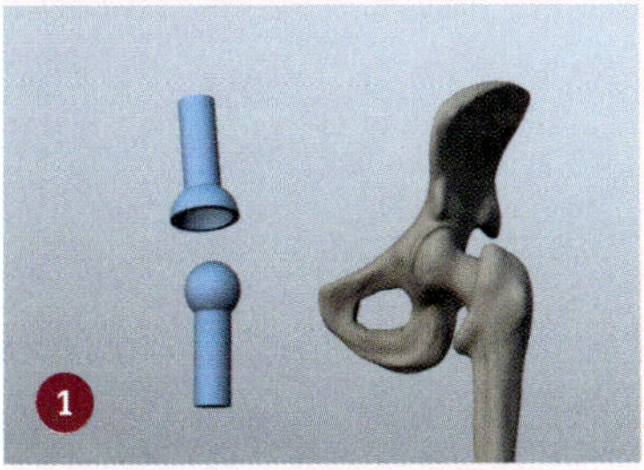

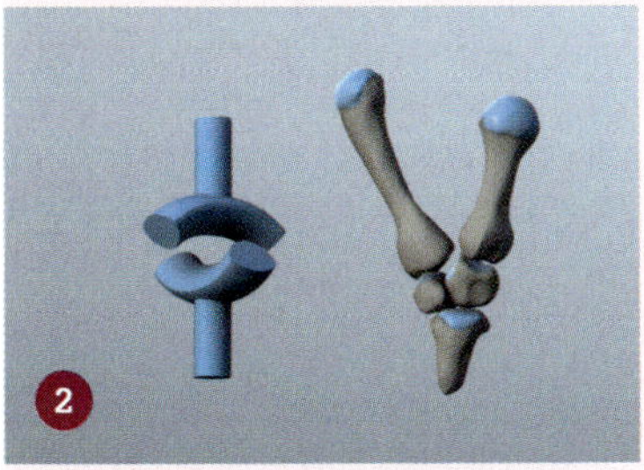

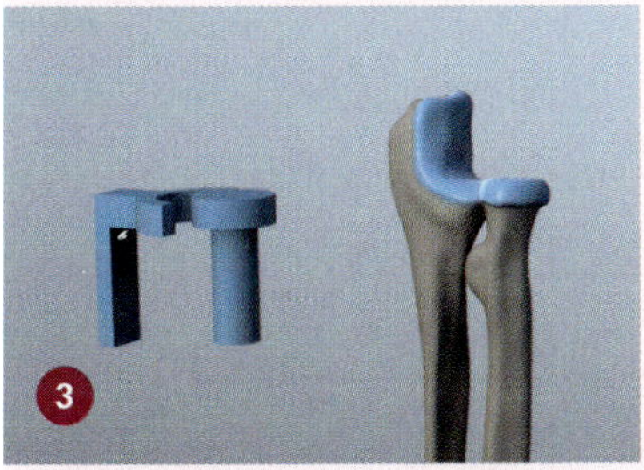

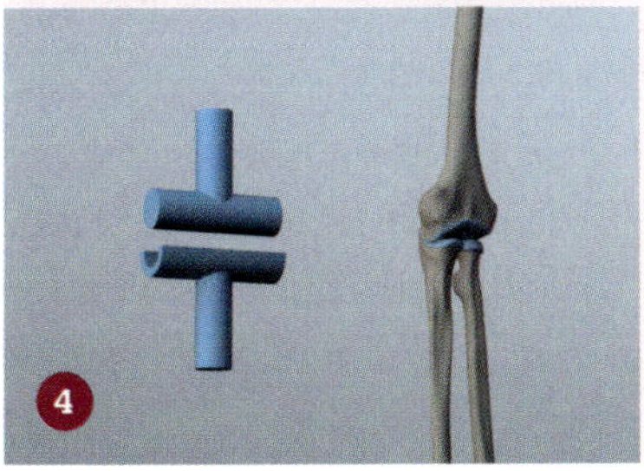

Die wichtigsten Gelenktypen:

1. Das Kugelgelenk
Bewegungen sind in alle Raumrichtungen möglich. Das beste Beispiel dafür sind das Schulter- und das Hüftgelenk.

2. Das Sattelgelenk
Bewegungen sind in zwei Ebenen möglich, ansonsten ähnelt es dem Kugelgelenk. Das beste Beispiel ist der Daumen.

3. Ebene Gelenke
Mit ihnen kannst du dich drehen im Ellenbogen oder in der Wirbelsäule.

4. Das Scharniergelenk
Es ermöglicht das Beugen und Strecken, wie beispielsweise im Kniegelenk oder in den Finger- und Ellenbogengelenken.

Wie immer bewegte er sich sehr geschickt auf seinem Skateboard über den Bürgersteig. Fußgänger stoben auseinander, und Kannickel lief mit hängender Zunge zwischen ihnen durch. An einer Kreuzung kam er an einem Polizeiwagen vorbei. Am Streifenwagen lehnten gelangweilt zwei Polizisten und maßen gerade mit dem Laser die Fluggeschwindigkeit eines Vogels. Sie schreckten auf, als Nanolino an ihnen vorbeiflitzte. Er konnte gerade noch sehen, wie ein sehr schläfrig wirkender Beamter sich erstaunt die Augen rieb und durch das Seitenfenster nach dem Sprechgerät angelte.

«Hey du, sofort stehen bleiben!», krächzte es aus dem Lautsprecher auf dem Autodach. Sie hüpften ins Auto, und eine dramatische Verfolgungsjagd begann. Nano hörte noch, wie der Wagen mit quietschenden Reifen anfuhr.

«Oje, oje – heute ist wirklich nicht mein Tag.» Nanolino legte noch einen Zacken zu, raste und hüpfte über einen Fußgängerübergang, kurz bevor die Ampel rot wurde. Das Polizeiauto fuhr über Rot, bremste dann aber dennoch scharf: 30er-Zone!

«Hey, der Junge fährt ja wahnsinnig schnell, das ist beinahe lebensgefährlich! Unfassbar! Den holen wir uns jetzt aber!» Die grimmig dreinschauenden Beamten sahen ungläubig hinterher und verfolgten Nanolino mit «Lalü-lala» und Blaulicht. Nano bog in einen Parkweg ein, die Räder des Skateboards knirschten über schmutzigen Asphalt und verlangsamten seine rasante Fahrt. Besorgt schaute er zurück. Der Polizeiwagen fuhr auf den Bürgersteig und hielt vor dem Park an. Der Ordnungshüter hinter dem Lenkrad brüllte ihm etwas hinterher – nur ging es in Kannickels Bellen unter. Der Hund hatte ebenfalls die Verfolgung aufgegeben, stand nun neben der Fahrertür und beschallte die Staatsmacht.

Nano blieb kurz stehen, winkte und rief: «Guten Morgen, Herr Wachtmeister!»

Dann hörte er die Kirchturmglocke zur vollen Stunde schlagen.

«Mist – schon so spät!»

Nano klemmte sich das Board unter den Arm. Der Weg wurde zunehmend matschig und machte eine Weiterfahrt unmöglich. Er rannte los. Quer über die Wiese, an einer älteren Dame vorbei, die hastig ihre Handtasche an sich presste und ihm irgendetwas hinterherrief. Er eilte über den Spielplatz, sprang über den Sandkasten und duckte sich unter ein Kind hinweg, das etwas hilflos und schlaff, als hätte es jemand dort vergessen, an einer Turnstange hing.

Dann wieder skateboardmäßig auf den Bürgersteig – er stürzte gerade hektisch um eine Ecke, da schoss etwas Rotes durch seine Beine.

«Was?!» Mehr brachte er nicht heraus, als seine Beine neuerlich den Bodenkontakt verloren. Dann wurde die Welt schwarz – und weich. Vorsichtig hob er seinen Kopf und sah, dass er auf jemandes Bauch gelandet war. Gemeinsam lagen sie nun auf dem Bürgersteig, Nano oben, der Fremde unten.

Der Fremde war eine Frau. Ein bekanntes Gesicht schaute ihn verärgert an.

«Micro Minitec! Du hier?» Und nicht in Hollywood, wollte er noch versöhnlich anfügen. Verkniff es sich allerdings, als er ihren grimmigen Blick sah.

«Wer? Nanolino, zum Teufel! Kannst du nicht aufpassen? Fast hätte ich mir den Hals gebrochen!»

«Micro! Was machst du denn hier?»

«Dasselbe könnte ich dich fragen, aber lass mich erst mal aufstehen.»

Mit einem finsteren Seitenblick, der Nano galt, klopfte sie sich den Schmutz von ihrer Kleidung. Nano schaute zu Boden und erkannte das zitternde rote Kaninchen, das ihm zuvor durch die Beine geflitzt war. Vorsichtig hob er es hoch und strich ihm über das Fell. So musste er wenigstens nicht in Micros wütend funkelnde Augen schauen. Aber er sorgte sich umsonst. Micro Minitec lachte laut.

«Was hast du es denn so eilig, Struwwelpeter?»

«Och, ich bin spät dran … Opa hat mich noch einen Riesenberg Geschirr spülen lassen, dabei haben wir heute ein wichtiges Fußballspiel.»

«Sieh mal zu, dass du weiterkommst, aber ras nicht so und halt die Ohren steif.» «Dann kannst du besser fliegen», dachte sie und schmunzelte bei dem Anblick seiner Segelohren.

Kaum war Nano außer Sichtweite, hielt neben Micro Minitec der Polizeiwagen. Die beiden Polizisten sahen so abgehetzt aus, als wären sie selbst gelaufen.

«Entschuldigen Sie bitte, haben Sie einen kleinen blonden Irrwisch gesehen? Heizt mit einem Mordstempo durch die Stadt.»

«Und ist schneller, als die Polizei erlaubt», warf sein Kollege ein.

Micro überlegte kurz und deutete dann mit einem verschmitzten Lächeln in die falsche Richtung.

«Ah, danke – ich kenne Sie doch? Sie sind doch die hübsch…, äh, hoffnungsvolle Wissenschaftlerin, die bei Dr. X arbeitet? Oder?»

Der etwas rundliche Beamte bekam aufgrund seines Versprechers einen roten Kopf. Sein Kollege hustete und versteckte sein breites Grinsen hinter der Hand.

«Richtig, Wachtmeister Wachtel.»

«Ich heiße Spachtel!»

«Oh, Entschuldigung! Ich muss jetzt weiter – bis demnächst.»

Grossmutters Rezepte

Fitnesstipps zur Abwehrsteigerung

Die wichtigsten Grundregeln für die **HILFE ZUR SELBSTHILFE:** *die eigenen Abwehrkräfte durch Schlaf, Ernährung, frische Luft, richtiges Atmen und Bewegung stärken.*

SCHLAF: *8 Stunden, wenn möglich auch mittags 30 Minuten ruhen.*

ERNÄHRUNG: *1-mal pro Tag alle Geschmacksrichtungen mit einer Mahlzeit befriedigen: süß, sauer, salzig, bitter, pfeffrig und zusammenziehend (ayurvedisches Prinzip). Nur so viel essen, dass man nicht ganz satt ist. Viel Wasser trinken. Auf frisches Obst, Gemüse und Eiweiß achten (mediterrane Kost). Das wichtigste Essen ist das Mittagessen – dieses in Ruhe einnehmen. Am besten nicht nach 20 Uhr essen.*

FRISCHE LUFT: *3-mal am Tag für 20 Minuten im Freien spielen oder trainieren.*

RICHTIGES ATMEN: *1-mal am Tag in Ruhe genüsslich hinsetzen und langsam tief ein- und ausatmen. Mindestens 25-mal.*

BEWEGUNG: *1 Stunde Bewegung oder Sport, sodass man aus der Puste kommt, an jedem Tag für jedes Kind und jeden Erwachsenen. Das Motto hierzu: «Turne bis zur Urne.»*

NATURHEILKUNDE: *Propolis (Wabenkitt) hat eine antibakterielle und antivirale Wirkung. Die Chinesische Medizin empfiehlt Ginseng-Tee und Tai-Chi. Die Ayurvedische Medizin verordnet Jasmin, Ganzkörpermassagen und Yoga.*

BEI BEGINNENDEN INFEKTEN:

PHYTOTHERAPIE: *Bei leichten Infekten zeigt Echinacea (Sonnenhut) eine abwehrsteigernde Wirkung, wenn man am Anfang stündlich, später 3-mal täglich Tabletten oder Tropfen langsam im Mund zergehen lässt. Zusätzlich Zink, Selen und Vitamin C. Die Dosis bestimmt der Arzt.*

AROMATHERAPIE: *Antiviral wirken Eukalyptus und Thymianöl.*

DARMFLORA: *1 Becher probiotischer Naturjoghurt täglich und nach Antibiotikagabe Milchsäurebakterien mit Präparaten aus der Apotheke zuführen.*

TRINKEN: *Je nach Alter 1 bis 2 Liter warme Tees.*

Ein erhöhtes Risiko für Infektanfälligkeit haben kleine Kinder sowie alte, chronisch kranke oder bettlägerige Menschen. Alle Medizinsysteme der Welt haben Tipps zur Abwehrsteigerung parat.

FITNESSTIPPS

Was tun bei Seitenstechen?

Am besten bleibst du erst einmal stehen, grätschst deine Beine, streckst beide Arme seitwärts aus und versuchst, dich so weit wie möglich mit deinen Händen zur Seite zu beugen und mit den Händen möglichst nah zu den Beinen zu kommen. Dann atmest du tief in den Schmerz hinein. Solltest du keine Linderung verspüren, mach eine Faust und drück ganz fest auf die stechende Stelle und dreh bzw. dehne dich dabei – oder laufe kurz rückwärts.

Seitenstechen tritt ja meistens beim Laufen auf. Also – besser nichts direkt vor dem Laufen essen. Die letzte Mahlzeit sollte ungefähr 2 Stunden zurückliegen. Aber wenn du Hunger hast, kannst du auch noch kurz vorher eine Banane oder einen Apfel essen. Wenn du Durst hast, kannst du vor dem Laufen ein stilles Wasser trinken (z. B. aus dem Wasserhahn zu Hause), aber bitte nicht eiskalt, sondern zimmerwarm. Und bitte keine Getränke mit Kohlensäure oder Zucker, denn die können richtig zu Seitenstechen führen, weil sie blähen.

Denk daran: Immer in kleinen Schlucken trinken und nicht hastig herunterkippen.

Kaum war Micro Minitec gegangen, prustete Wachtmeister Spachtels Kollege los.

«Wachtel … Das ist großartig! Mensch, Spachtel!»

«Ach, sei still.» Spachtel schoss einen finsteren Blick auf seinen Kollegen ab und nahm die Verfolgung wieder auf.

Nanolino las noch im Vorübereilen die Spielankündigung, die in einem Glaskasten vor dem Sportplatz hing: «1. FC Heimaterde gegen Rote Teufel Hintertux». «Das sind doch diese fiesen Kerle», machte es sich in seinem Hinterkopf breit. Er blieb kurz stehen, denn er hatte von der wilden Jagd etwas Seitenstiche. Kurze Zeit später aber raste er dennoch weiter.

Omi Rosas Kräuter-Express

Omi Rosa stand vor den zertretenen Blumen und wunderte sich. War das gerade ihr Enkel Nanolino gewesen, der wie ein Blitz an ihr vorbeigerast war? Nun war niemand mehr da, alle ausgeflogen. «Umso besser», dachte sie sich, «jetzt kann ich in Ruhe meine Pflanzen mit der stinkenden Brennnesseltinktur einsprühen, ohne dass es jemand anderes riechen muss, aber es ist einfach das Beste, was man heutzutage gegen Blattläuse einsetzen kann. Unschädlich für Salat, Obst und Gemüse. Total ungiftig und kostet nichts!» Dann machte sie sich ans Werk, jede Pflanze einzeln einzusprühen.

Grossmutters Rezepte

Die wärmende Majoranbutter

MAN NEHME:

1 Handvoll Majorankraut
10 g ungesalzene Butter

ZUBEREITUNG: *Zuerst schmilzt du die Butter. Den entstehenden Schaum schöpfst du bitte immer wieder ab. In diese gereinigte Butter – die Inder nennen sie Ghee und nehmen sie als Grundlage zum Anbraten genauso wie für Rezepte – gibst du den Majoran. Am besten Blätter und Blüten frisch gezupft. Solange die Butter flüssig ist, rührst du das Ganze im heißen Wasserbad, denn die Butter darf nicht sieden. Nach dem Abkühlen filterst du alles durch ein dünnes Tuch – am besten eine Kompresse aus dem Krankenhaus – in ein sauberes Glas. In einem Schraubverschlussglas hält sich die Majoranbutter im Kühlschrank ca. ein Jahr.*

DOSIERUNG: *2- bis 3-mal täglich sanft auf die zu behandelnde Region einmassieren.*

ANWENDUNG: *Auf die Stirnhöhle und Nasennebenhöhlen einreiben bei verstopfter Nase und bei Nasennebenhöhlenerkrankungen, morgens und abends. Nachts kann man sogar zur Verstärkung ein Taschentuch auf die Stirn oder die Nebenhöhlen oder auf die Kieferhöhlen legen, dann wirkt der Majoran noch tiefer ein.*

ZUSATZTIPP ZUR ABWEHRSTEIGERUNG: *Schneide eine Zwiebel in Würfel, lege sie in eine Tasse und vermische sie mit 2 Teelöffel Honig. In ca. 5 Stunden hast du einen Zwiebelsaft gebraut, von dem du täglich 1 bis 3 Teelöffel kleinschlückchenweise nehmen darfst. Versuch es gerade auch bei starkem Husten.*

Achtung: nicht für Babys und Kleinkinder!

Omi Rosa war schon immer eine wichtige Person in Maries und Nanos Leben gewesen. Nanolino erinnerte sich nur sehr dunkel an früher. Aber er hatte doch noch sehr genau im Gedächtnis, dass sich sein leider so früh verstorbener Vater sehr um ihn gekümmert hatte, vor allem, wenn er krank war. Er rief dann meistens seine Schwiegermutter Rosalinde an, von deren Heilkräuterwissen er absolut überzeugt war. Sie kam immer sofort, wenn sie wieder einmal total flachlagen. Ihr Vater taufte Omi Rosa: «der rettende Engel».

Ihrer Mutter war das sehr recht, denn sie fühlte sich schon beim kleinsten Unwohlsein meist überfordert. «Marlene, selbst beim kleinsten Schnupfen willst du uns alle am liebsten sofort mit Antibiotika vollstopfen oder ‹die ganze Apotheke leer kaufen›», hatte sie ihr Mann Martin Sonntag neckend aufgezogen. Sie war eben von Natur aus extrem ängstlich. Seit ihrer Kindheit hatte sie immer den gleichen Streit mit ihrer Mutter.

«Trau doch einfach erst einmal deinen eigenen Selbstheilungskräften. Sie können mehr, als du denkst. Dein Körper braucht einfach mehr Zeit als irgendwelche chemischen Bomben. Aber er bildet seine eigenen Medikamente selbst, wie das körpereigene Pflaster bei Wunden beispielsweise. *Du bist deine eigene Apotheke!* Ist das nicht wundervoll von der Natur gelöst», war dann die Lieblingsantwort der Großmutter.

Sie lächelte dabei meist versonnen: «Gewusst wie und behandeln nach dem Prinzip *‹von leicht nach schwer›*, das ist das wirkliche Geheimnis, meine liebe Marlene. Es gibt doch viele tolle Hausmittel, die man erst mal einsetzen sollte, bevor man mit schärferen Geschossen loslegt. Außerdem ist unser Körper in der Regel extrem widerstandsfähig und hat enorme Heilungskräfte. Ich bin sicherlich nicht gegen die Schulmedizin eingestellt, im Gegenteil. Viele tödliche Infektionskrankheiten wie die Pocken oder die Pest konnten ja überhaupt nur durch moderne Arzneimittel ausgerottet werden: durch Impfungen der Bevölkerung und konsequente Hygienemaßnahmen – Hände-

WAS IST EIGENTLICH …

Bioobst oder Biogemüse?

Eigentlich ist ja alles «bio». Bio bedeutet «Leben». Dein Biologieunterricht z. B. ist der Unterricht vom Leben und den speziellen Funktionsweisen der Ernährung und des Stoffwechsels von Menschen, Tieren und Pflanzen.

Haben wir Menschen und Tiere uns noch bis ins 19. Jahrhundert natürlich ernährt, d. h. mit Obst und Gemüse vom Bauern und aus dem Garten, die nicht mit Düngemittel und Pflanzenschutzmitteln angebaut wurden, so bekommen wir heute weltweit ein zunehmendes Angebot von Obst und Gemüse, das verändert wurde durch chemische oder physikalische Prozesse. Durch Düngemittel beispielsweise soll das Obst schnell wachsen, durch Pflanzenschutzmittel sollen natürliche Bakterien oder Pilze vernichtet werden. Aber Kleinstlebewesen tragen häufig dazu bei, dass auf der Oberfläche Schädlinge abgehalten werden oder sich Nährstoffe wie Vitamine bilden können. Durch gentechnische Manipulationen der Pflanzen sollen z. B. Pflanzenschutzmittel überflüssig gemacht werden. Dadurch wird leider eine Veränderung in den Erbanlagen der Frucht oder des Gemüses erzeugt und dann möglicherweise irgendwann auch bei uns.

Am besten baust du dein Obst und Gemüse selbst an. Und es ist bestimmt lustig, wenn du deine Äpfel vom Baum pflücken kannst oder Tomaten, Kartoffeln oder Petersilie aus dem Garten oder vom Balkon holst. Versuch es einmal! Ansonsten erkundige dich, wo in deiner Nähe ein Biobauer ist, der auch den Tieren naturbelassenes Futter gibt, oder erkundige dich bei Greenpeace im Internet unter www.greenpeace.de oder bei der Verbraucherzentrale in deiner Nähe bzw. in den Ökotest-Magazinen. Greenpeace beispielsweise hat auch ständig neue Untersuchungen darüber, welche große Lebensmittelkette das beste Bioangebot hat. Du wirst dich wundern, was für gute Angebote es dort mittlerweile gibt. Und vor allem – die Bioernährung ist nicht nur viel, viel gesünder, sondern sie schmeckt auch unglaublich gut. Also denk daran: «One apple a day keeps the doctor away!»

WAS SIND EIGENTLICH ...

freie Radikale und Antioxidantien?

Es handelt sich hierbei nicht um eine terroristische Vereinigung oder eine besondere Einheit einer Schutzpolizei. Aber ähnlich ist es schon, denn freie Radikale sind hochaggressive Atome oder Molekülteile, die ungemein reaktionsfreudig sind und bestehende Körperbausteine so verändern, dass sie auseinanderfallen und völlig neue, manchmal sogar sehr giftige Stoffe entstehen lassen. Diese freien Radikalen sind selbst sehr **aggressiv** und können zu **Zellschäden** führen, genauso wie die neuen Moleküle, die entstehen.

Antioxidantien wie Gelbwurz oder das Vitamin C, E oder A gehen Verbindungen mit den freien Radikalen ein und nehmen ihnen damit ihre Gefährlichkeit. Vor allem wirken sie besänftigend und reduzieren die Aggressivität. Diese Vitaminantioxidantien schützen dich vor Krebs, also einer Entartung der Zelle, die durch freie Radikale entstehen kann. Also viel Gemüse und Obst essen, da sie diese Vitamine enthalten. Hm, wie lecker ist doch eine Orange oder eine Zitronenlimonade, wenn man dies weiß!

waschen nach der Toilette, Desinfektion vor Eingriffen in den Körper oder heißes Waschen von Unterhosen oder anderer infektiöser Wäsche usw. usw.» Sie wusste wirklich viel, die Großmutter.

«Und: Antibiotika nicht bei jeder kleinen Infektion. Den richtigen Zeitpunkt bestimmt der Hausarzt. Naturheilverfahren und Schulmedizin ergänzen sich ganz wunderbar. Vitaminreiche Naturprodukte genüsslich essen und viel bewegen und ... häufig abwechselnd warm und kalt duschen erhöht die Abwehrkraft und ...», fügte sie augenzwinkernd hinzu, «senkt die Zahl der Warmduscher und Weicheier.»

Marlene hatte darauf meist nichts mehr zu sagen.

Grossmutters Rezepte

Die Wunder-Wickel

Wickel haben in der Regel eine entspannende und wohltuende Wirkung, die du dein ganzes Leben nicht mehr missen möchtest.

ANWENDUNG: *Je nach Pflanze bei **Blähungen** oder **Verstopfungen, Schlafstörungen, Bronchitis, Schmerzen** der Brust, des Bauches oder der Wirbelsäule. In der Regel reicht heißes Wasser.*
PFLANZEN: *z. B. Senfmehl. Bitte deinen Arzt oder Apotheker fragen.*
ACHTUNG: *Nicht bei entzündlichen Prozessen und Durchfallerkrankungen mit Fieber anwenden!*

MAN NEHME:

1 Schüssel
1 l kochendes Wasser oder Tee
3 Tücher: 1 Innentuch aus Baumwolle, 1 Außentuch aus Wolle und 1 Tuch, das ausgewrungen werden kann
1 halbgefüllte Wärmflasche, 1 Kissen

DURCHFÜHRUNG: *Zunächst wärmst du das Bett mit der Wärmflasche auf, legst aber auch schon das Außen- und Innentuch auf der Höhe, auf der der Wickel angewendet werden soll, mit ins Bett. Das Innentuch faltest du vierfach bis zu einer Größe von etwa 40 x 15 cm. Dann rollst du das Innentuch von den Seiten bis zur Mitte auf, legst es in das Wringtuch hinein und tauchst das ganze Wringtuch mit dem Innentuch in das sehr warme Wasser. Damit du dich nicht verbrennst, ist es besser, Haushaltshandschuhe anzuziehen.*
Denk daran, dass das Tuch umso heißer wird, je trockener es ist. Je nachdem, ob der Rücken oder die Vorderseite eingewickelt werden muss, legt man das Innentuch sofort (bei den Rückenwickeln) oder später (bei den Bauchwickeln) auf. Der Erkrankte setzt sich jetzt

unterhalb des Außentuches ins Bett, bekommt ein Kissen oder eine Knierolle unter die Knie geschoben und legt sich ganz langsam auf das Wickeltuch. Beim Rückenwickel ist jetzt schon das Innentuch aufgelegt, ansonsten wird es ganz vorsichtig auf den Bauch- oder Brustbereich aufgelegt, je nachdem, wie der Erkrankte liegt.

ACHTUNG: *Nicht verbrennen, deshalb vorher auf der eigenen Haut testen, z. B. am Ellenbogen, weil dort die Haut am empfindlichsten ist.*

Das Tuch wird jetzt rechts und links glatt gezogen und dann ganz straff das Außentuch von links und rechts übereinandergeschlagen.

Der Wickel darf weder zu heiß sein, um keine Verbrennungen zu verursachen, noch zu kalt, damit man sich nicht erkältet.

Danach ziehst du die Außendecke bis über die Schultern hoch und legst noch eine heiße Wärmflasche auf die Wickelregion. Diese spendet zusätzliche Wärme. Du kannst aber auch noch eine Wärmflasche an anderen Stellen des Körpers positionieren, z. B. unter die Füße. Dies wird in der Regel als sehr angenehm empfunden.

DAUER: *Solange es als angenehm empfunden wird, meistens nicht länger als 15 Minuten.*

HÄUFIGKEIT: *Einmal täglich.*

ENDE: *Zum Schluss entfernst du den Wickel vorsichtig und trocknest den behandelten Bereich mit einem Handtuch ab. Danach achte bitte darauf, dass der Patient sich nicht verkühlt und noch eine weitere halbe Stunde ruhen kann.*

Auch Wickel jeglicher Art beherrschte Omi Rosa perfekt. Ob gegen Hals-, Rumpf- oder Kopfschmerzen, genauso wie zur Fiebersenkung oder bei Bronchitis, Hautstraffung oder zum Fettentzug aus dem Unterhautfettgewebe. «Meine Oma wickelt einfach jeden ein», brüstete sich Nano immer wieder seinen Freunden gegenüber und grinste dabei stolz wie ein Honigkuchenpferd. Und er passte genau

Grossmutters Rezepte

Fett weg! – Der ultimative Fett-Burner

*Wenn der Bauch ein wenig oder auch mehr wabbelt, am besten sofort mit dem **3er-Pack «Fett weg»** des kleinen Medicus beginnen! Dieses Bauchfett scheint ein Zeichen für besonders belastendes Fett für das Herz und die Gefäße zu sein: Frühverkalkungen oder auch Herzstillstand durch einen Herzinfarkt schon im Alter zwischen 20 und 30 nehmen weltweit leider zu.*

3ER-PACK ANTIFETT:

1. *Bewegen, bewegen und nochmals bewegen*
2. *Fettarmes und kohlenhydratarmes Essen*
3. *Turbo-Wrap*

*Der ultimative Kick, um sichtbar weniger Bauchumfang zu bekommen, ist der **«Fett weg»-Turbo-Wrap** – sozusagen ein «Wunderwickel» mit ganz speziellen Bioaktivstoffen, die die Fettzellen zur Erschütterung bringen. Hierzu solltest du je 10 Tropfen Rosmarinöl, Lavendelöl und Zitronenöl mit einem Teelöffel Olivenöl mischen. Dann gießt du einen halben Liter warmes Wasser darauf und wringst ein Leinentuch darin aus. Dieses schlägst du fest um deinen Bauch, ziehst noch ein großes Frotté-Handtuch darüber und legst dich 40 Minuten ganz entspannt unter deine Bettdecke. Und schwups – na ja – der Bauch wird noch nicht weg sein, aber es hilft, das Gewebe zu straffen. Und wenn du das mehrfach machst und dich vorher ganz viel bewegst und auch vernünftiger isst – vor allem Fett weglässt –, wird dein Bauch irgendwann ganz straff. Besonders, wenn du täglich 5 Minuten oder noch besser 10 Minuten gute Bauchmuskelübungen machst, und vor allem: wenn du dich täglich viel bewegst und viel Obst und Gemüse isst.*

auf, was und wie sie das alles so machte; lernte auf diese Weise täglich mehr über Wickel, sogenannte Wraps, und fast spielerisch den Umgang mit dem Körper, seinen Funktionsweisen und vielen Hausmitteln.

Omi Rosa war vor nicht allzu langer Zeit in das kleine Reihenhaus neben den Sonntags eingezogen, nachdem sie jahrelang in ihrer Villa auf dem Lande alleine vergnügt gelebt hatte. Aber jetzt war sie ein wenig langsamer geworden und wollte einerseits bei den Enkelkindern sein, um ihnen im Alltag zu helfen – sie vor allem gegen die immer wiederkehrenden Attacken ihres Schwiegervaters schützen. Andererseits kam ein Altersheim für sie momentan sowieso nicht in Frage, dazu war sie noch viel zu rüstig. Und später war dies auch keine wirkliche Perspektive für sie, obwohl viele alte Freunde von ihr in dem einen oder anderen Heim oder Stift ganz zufrieden lebten. Auch wollte sie nicht ohne Hilfe sein, wenn sie wider Erwarten viel vergesslicher werden sollte, etwa wie ihre gleichaltrige Freundin Bolle, die an einer beginnenden Alzheimer-Demenz erkrankt war. Das war bei ihr eigentlich nicht zu erwarten, aber man weiß ja nie … «Vorsicht ist einfach besser als Nachsicht», pflegte sie ihrer Tochter Marlene manchmal zu sagen. Und diese zeigte zum Glück in diesem Fall größte Einsicht.

Die neue Wohnung von Omi Rosa glich einer Apotheke oder besser einer altertümlichen Drogerie. Dosen, Gläser, Schachteln, Tüten in allen Größen und farblichen Variationen standen in den Ecken, auf Schränken, Tischen oder Stühlen herum. Überall hingen getrocknete Blumen oder Kräuter gemischt unter wohltuenden Gemälden und medizinischen Anschauungstafeln. Aber nicht, wie du vielleicht denkst, in heillosem Durcheinander. Nein – alles war wohlgeordnet und fein säuberlich beschriftet. Ganz systematisch, wie es der Großmutter in allen Dingen des Alltags wichtig war. Auch in den abertausend Schubladen des uralten Apothekerschrankes, den Omi Rosa eines Tages auf dem berühmten Flohmarkt in Paris sehr günstig erworben hatte, sah es gepflegt aus. Allen war es ein Rätsel, wie sie dieses Ungetüm von Schrank hatte zu sich transportieren lassen. Aber das spielte ja auch keine Rolle. Jetzt waren darin Kräuter aus aller Herren Länder verborgen, neben unzähligen Gewürzen, wundervollen Heiltees, bunten Pillen und Pasten sowie selbstgemachten Tropfen und Säften. Auch Wickelbestandteile und Verbandsmaterial waren dort zu finden. Obendrauf thronten die wichtigsten medizinischen Bücher, Nachschlagewerke und Lexika aus mehreren Jahrhunderten. Und es duftete so himmlisch in ihrer Wohnung, dass eigentlich niemand, der über diese Türschwelle trat, diese verzaubert erscheinende Umgebung jemals wieder verlassen wollte.

Natürlich behielt Omi Rosa ihren wunderschönen Garten und ihre entzückende Laube, in der die Kinder so oft ihren Erzählungen lauschten. Täglich fuhr sie mit ihrer Ente, einem uralten roten Auto, dorthin. Pflanzen gießen und schneiden, ernten und pflanzen oder veredeln war ihr größtes Vergnügen. «Ein wahrer Jungbrunnen für mich», pflegte sie zu sagen. Und mit dieser Einstellung und Lebensleidenschaft packte sie auch ihre Kisten und Utensilien für den wöchentlichen Markt. OMI ROSAS KRÄUTER-EXPRESS stand auf Kartons und Tüten, ebenso auf ihrem Tuckerauto. Sie war total stolz darauf, übrigens auch auf ihr Alter. Denn sie wurde von Jahr zu Jahr erfahrener im Umgang mit Menschen und mit dem Sortiment und der Güte ihres Obst- und Gemüseangebots.

In dem Moment kam Opa Erwin aus dem Haus, holte sein Motorrad aus der Garage und setzte seine Motorradmütze auf. Da erblickte er die wie ein Marsmensch aussehende Omi Rosa, die mit erhobener Pflanzenspritze zwischen den Beeten stand.

«Pass auf, dass du mir nicht den schönen Salat zertrampelst!»

Sie schob ihre Maske hoch, schaute streng nach oben, da Opa Erwin mindestens einen Kopf größer war.

«Boah, du alte Kräuterhexe! Ich wage mich doch schon gar nicht in deine Nähe … oh, ich meine natürlich in die deines Salats …»,

WAS SIND EIGENTLICH …

Enzyme?

Enzyme sind winzige **Bio-Turbo-Katalysatoren** aus Eiweiß, die überall in deinen Zellen existieren und diese Stoffwechselvorgänge beschleunigen oder gar erst möglich machen. Durch diese Stoffwechselvorgänge werden sie jedoch nicht zerstört, sondern regeneriert. Ein tolles Ökosystem, oder? Ca. 3000 Enzyme sind bisher bekannt. In der Regel gibt es ein Enzym pro Stoff, der verstoffwechselt wird. Deine Enzyme spalten Nahrungsbestandteile in kleine Bausteine auf oder sorgen für Energiegewinnung. Das Enzym Laktase z. B. verdaut den Milchzucker Laktose. Ein Mangel oder eine Verminderung dieses Enzyms führt zu Milchunverträglichkeit.

Opa Erwin schüttelte ärgerlich den Kopf. «Ich habe einen Termin bei Dr. X, damit er mich wegen meiner schmerzenden Hüfte behandeln kann.» Er rümpfte die Nase. «Außerdem stinkt das Zeug, was du in der Hand hast, gewaltig.» Er hielt sich angewidert die Nase zu, drehte sich um und knatterte auf seinem Motorrad davon. Omi Rosa konnte sich ein amüsiertes Lächeln nicht verkneifen.

«Schade, dass es den nicht in Flaschen gibt», dachte sie. «Erwins bitteres Wesen bringt garantiert jeden Schädling um die Ecke.»

Das «Opa-Experiment»

Opa Erwin hatte inzwischen die Villa Nachtigall von Dr. X erreicht. Leoberta, die kesse Krankenschwester, schaute ihn besorgt durch ihre große Ameisenbrille an, als er über die Türschwelle humpelte. «Geht es denn, Herr Sonntag? Warten Sie, setzen Sie sich doch noch kurz, der Doktor kommt gleich.» «Ach danke, Leoberta!» Schwerfällig ließ sich Opa Erwin auf den Stuhl fallen. «Man wird ja auch nicht jünger.» Gegenüber der Krankenschwester war er immer besonders freundlich gestimmt. Auf eine gewisse Art und Weise erhellte sie sein Gemüt. Bei ihr hatte er nie das Gefühl, ein alter Mann zu sein.

In diesem Moment tauchte Dr. X in der Tür auf. «Einen schönen guten Tag! Kommen Sie, Herr Sonntag. Dann wollen wir uns mal Ihre Hüfte angucken.»

Opa Erwin betrat das Behandlungszimmer, ohne allerdings seine Motorradmütze abzunehmen. Er schämte sich nämlich, vor allem vor Leoberta, denn er hatte kaum noch Haare auf dem Kopf und wollte nicht, dass sie seine Glatze sah.

An diesem schönen Sommertag war es trotz offenem Fenster und Ventilator ziemlich warm, und auch Opa Erwin schwitzte. «Wollen Sie Ihre Motorradmütze nicht absetzen, solange Sie hier sind?», fragte Dr. X und fügte lächelnd hinzu: «Leoberta macht gerade ihre Mittagspause und kommt erst in einer halben Stunde zurück.» Opa Erwin sah den Doktor misstrauisch an, überging die Anspielung allerdings geflissentlich: «Na gut, wenn Sie meinen. Es ist wirklich sehr heiß hier drinnen.»

Zur gleichen Zeit, nur einige hundert Meter entfernt, verfolgten zwei finster aussehende Kerle das Treiben in der Villa Nachtigall. Ein blasser, kränklich aussehender Mann mit hageren Gesichtszügen starrte auf einen Bildschirm. Seine wirren Augen verbarg er hinter einer großen Sonnenbrille. Er hasste Sonnenlicht, seine Haut hatte jede Farbe verloren, und überall schimmerten bläuliche Adern durch. Zu lange schon hatte er im Dunkeln gearbeitet und dabei andere Menschen und Sonne – so gut er konnte

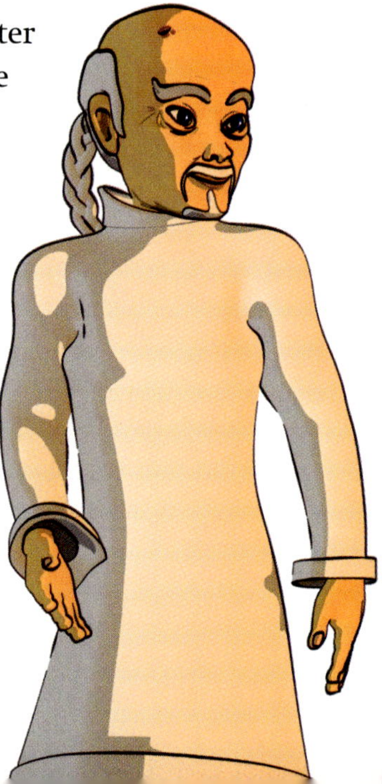

WAS IST EIGENTLICH ...

ein Gelenk?

Mit einem Gelenk bewegst du benachbarte **Knochen** gegeneinander, z. B. deinen Fuß gegen den Unterschenkel mit dem Sprunggelenk. Alle Gelenke bestehen aus zwei benachbarten Knochen, die von einer schützenden **Gelenkkapsel** umgeben sind. Ein zähflüssiger Schleim, die **Gelenkflüssigkeit**, schmiert das Gelenk. Die beiden Knochen werden von starken, reißfesten **Bändern** zusammengehalten. Alle deine Knochenenden sind von einer stoßdämpfenden superglatten Fläche überzogen, dem **Gelenkknorpel**. Deine Gelenke funktionieren also wie gutgeschmierte Kugellager oder Motoren in Autos.

– gemieden. Jetzt blickten die blutunterlaufenen Augen gebannt auf einen kleinen Bildschirm.

Neben ihm saß ein glatzköpfiger, barbarisch aussehender und fetter Fiesling, dessen Haut gelblich schimmerte – durch die nebelige Zigarettenwolke, die ihn einhüllte, war das aber kaum zu erkennen. Alle paar Sekunden schüttelte ihn ein kräftiger Husten. Seine dunklen und buschigen Augenbrauen verbargen seine kohlschwarzen Augen fast komplett. Der Mund verzog sich zwischendurch immer wieder zu einem üblen Grinsen und entblößte die gelblichen Stummelzähne.

Plötzlich beugte er sich zu seinem Nachbarn. «Da, Professor von Schlotter, gleich ist es so weit. Gleich haben wir es geschafft.» – «Psst, Scherge!», schnauzte der Professor zischend zurück, «ich will keinen Augenblick verpassen!»

Auf dem Bildschirm konnte man sehen, wie Dr. X sich mit Opa Erwin unterhielt, aber verstehen konnte man nichts. Die Liege, die Bilder an der Wand und verschiedene Instrumente und Geräte, alles war genau zu erkennen. Opa Erwin lag entspannt auf der Liege im

Behandlungszimmer. Dr. X nahm eine Spritze, die mit einer durchsichtigen Flüssigkeit gefüllt war, desinfizierte vorher die Stelle auf der Haut und setzte an. Der Inhalt der Spritze leerte sich langsam.

«Scherge, wir haben es geschafft. Es war wirklich eine geniale Idee von mir. Seit Monaten kommt der alte Mann nun schon zu Dr. X und lässt sich eine Spritze gegen seine Schmerzen geben. Jedes Mal haben wir ihn über die Kamera in seiner Motorradmütze beobachten können. Doch diesmal … haha … diesmal habe ICH es geschafft. Genial!» Scherge hustete wieder, zu einer längeren Antwort war er nicht fähig. «Na gut, WIR haben es geschafft. Schließlich warst du derjenige, der gestern bei Dr. X eingebrochen ist und heimlich die Spritzen vertauscht hat. Der alte Sonntag denkt vielleicht, er habe ein Schmerzmittel bekommen, aber in Wirklichkeit hat er jetzt unseren kleinen schnuckeligen Gobbot in sich! Oh, wird sich der noch wundern. Höhö. Scherge, nun kann uns nichts mehr aufhalten. Gobbot ist besser denn je!»

Opa Erwin verließ die Villa Nachtigall humpelnd. Er schaute auf seine Taschenuhr, die er immer bei sich trug. Schon so spät, jetzt hatte er bereits einen großen Teil des Fußballspiels verpasst und musste sich wirklich beeilen. «Hmm, bei uns zu Hause war damals auch nicht immer die ganze Familie bei jedem blöden kleinen Kickerturnier anwesend», dachte er auf einmal lustlos bei sich. Aber er hatte es Nanolino versprochen, und ein Versprechen – das war Ehrensache – musste man auch halten. Wirklich? Grübelnd stieg er auf sein Motorrad und knatterte davon. Seine Motorradmütze lag noch immer im Behandlungszimmer von Dr. X – er hatte sie einfach vergessen.

Grossmutters Rezepte

One apple a day keeps the doctor away — täglich einen Apfel essen, und du kannst den Arzt vergessen!

Das Fällen eines Apfelbaums wurde in mehreren europäischen Ländern im 16. Jahrhundert mit schwerer Bestrafung geahndet. Im alten Russland und auch in der Mythologie nordischer Länder galt der Apfel als Götterspeise und stand symbolisch für ***unverwüstliche Jugendlichkeit*** *und* ***Kraft****. Weißt du, es gibt sogar einen Wissenschaftszweig, die Pumologie – das ist die Wissenschaft vom Apfel, die sich weltweit mit mehr als 10 000 Apfelsorten beschäftigt.*

Der Apfel hat eine überragende Bedeutung in der gesamten Menschheitsgeschichte. Erinnere dich an die Bibel, als Eva ihrem geliebten Adam einen Apfel zur Verführung reichte. Er nahm ihn liebend gerne. Äpfel wurden einst wie Schätze gehütet. Insgesamt wirken Äpfel stärkend auf Magenfunktion und Herz, sind aber gleichzeitig auch entzündungshemmend und wirken antibakteriell. Sie wirken neutralisierend auf Giftstoffe und werden im geriebenen oder gekochten Zustand gegen Durchfall eingenommen. Zur Behandlung einer Anämie – im Volksmund «Blutarmut», die durch Verringerung von rotem Blutfarbstoff im Blut entsteht – wird der Apfel wegen seines hohen Gehalts an Eisen und Folsäure gern eingesetzt. Weiterhin ist beschrieben, dass Äpfel gegen Kopfschmerzen, Ohrensausen und Schwindel wirken.

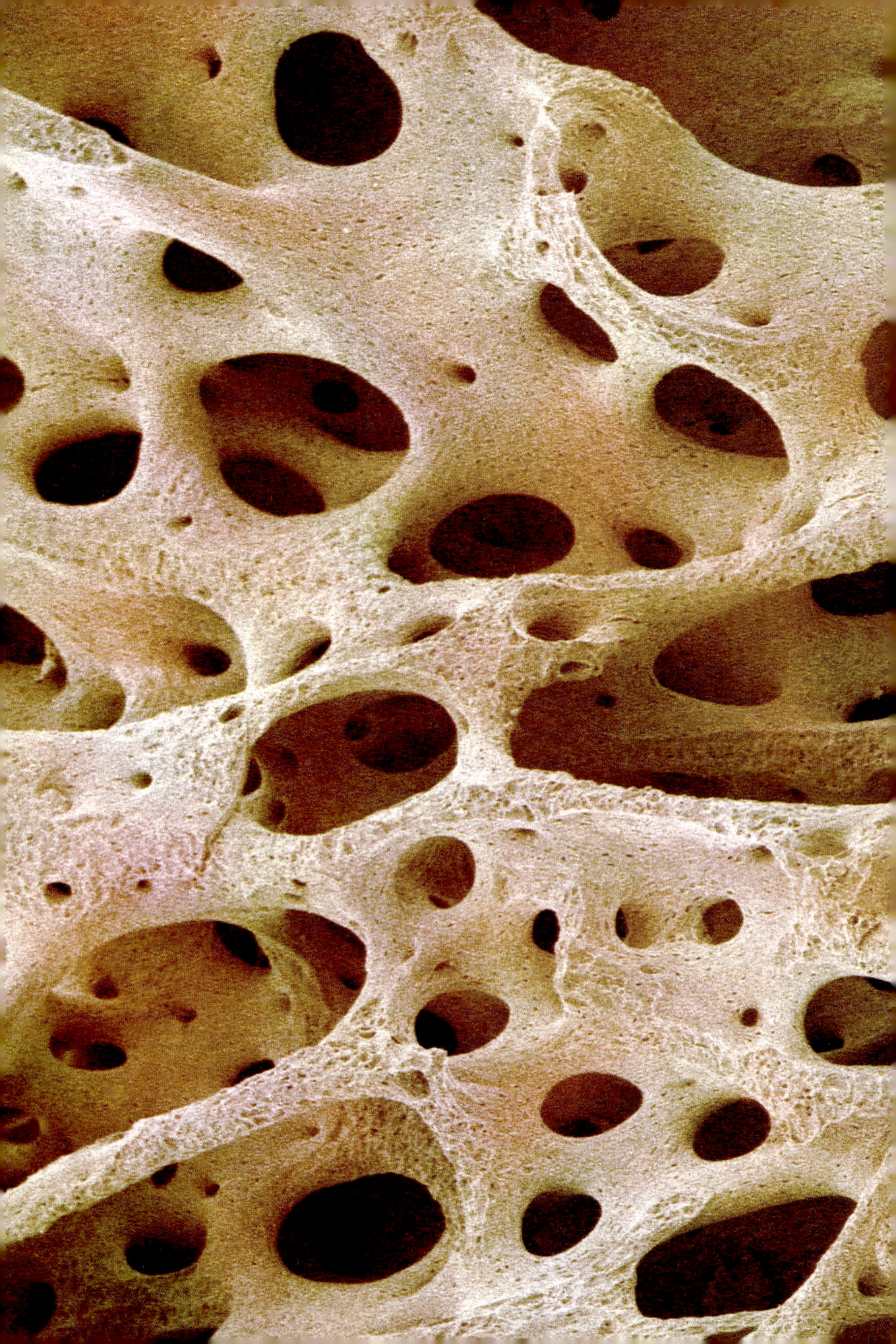

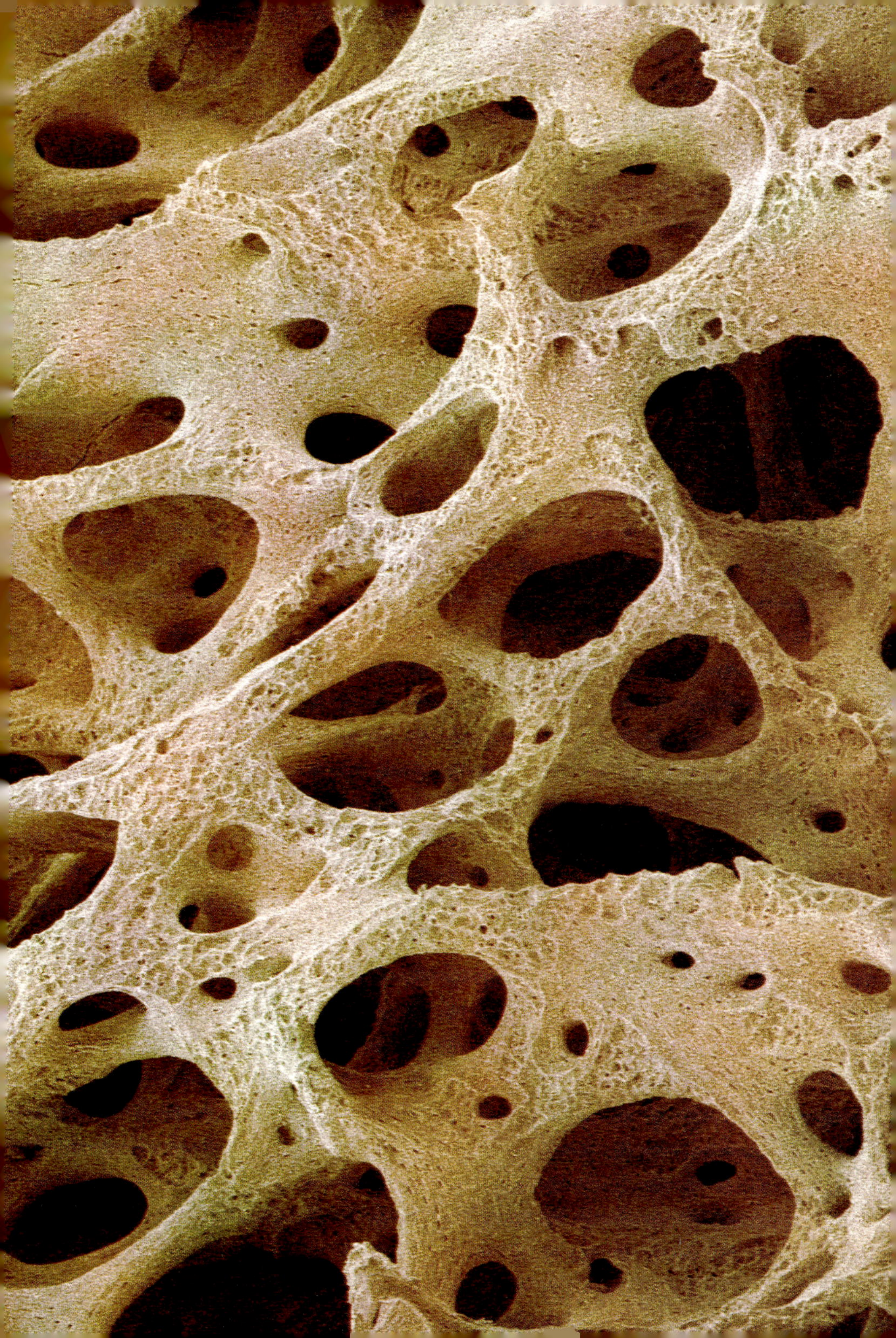

1. FC Heimaterde gegen Rote Teufel Hintertux

Im Heimatclub von Nanolino tobte der Bär. Ein ungleiches Kinderfußballspiel sechs gegen fünf fand statt.

Die großen, fiesen Jungs aus Hintertux, die sich passenderweise «Rote Teufel» nannten, gegen die gemischte Mannschaft von Nanos Freunden, leider ohne ihn selbst. Alle warteten auf ihn. Gerade hielt der gegnerische Torwart wieder einen Ball. Es gab kein Vorbeikommen. Nanos Freunde Frido, Eliza, Manuel, Ali und seine Schwester Marie erschienen bedröppelt, aber trotzdem kampfesmutig.

Auf der Gegenseite triumphierten die Jungen aus Hintertux. Einer streckte gerade Marie die Zunge heraus – echt gemein, dieser Flegel. Am Spielfeldrand hatten sich einige wenige Zuschauer eingefunden, und in der ersten Reihe saß Marlene Sonntag. Direkt neben ihr Mister Schlau, der wunderbare Klassenlehrer der Kinder. Gleichzeitig war er auch der Trainer von Nanos Mannschaft.

Marie schaute wütend zu dem einen Jungen hinüber, der noch immer seinen langen Waschlappen raushängen ließ und sie mit ekeligen Grimassen anstarrte – am liebsten hätte sie ihn an der Zunge über den Platz geschleift. Und prompt wurde sie ausgespielt. Sie konnte Spieler und Ball nur noch tatenlos hinterhersehen. Doch Gott sei Dank fischte Frido den eigentlich unhaltbar wirkenden Schuss aus der Luft.

«Toll, klasse gehalten, Frido! Ich wusste, dass man sich auf dich verlassen kann!», lobte Marie ihn und rief anschließend verzweifelt zur Tribüne hinüber: «Mama! Wo bleibt denn eigentlich Nanolino?»

«Marie! Zeig's ihnen! Ich kümmere mich darum.» Marlene deutete aufgeregt auf ihr Handy und begann, eine SMS zu schreiben.

Mister Schlau war in der Zwischenzeit mit den Nerven ziemlich am Ende und schaute Marlene teilnahmslos zu, wie sie immer wie-

FITNESSTIPPS

Warum Dehnen so wichtig ist

Wer immer die gleichen Bewegungen macht, beim Sitzen genauso wie beim Laufen oder bei deiner Lieblingssportart, sei es Fußball oder gar Schachspielen, bekommt Muskelprobleme. Denn es verkürzen sich einige Muskelgruppen. Und diejenigen Muskelbereiche, die kaum genutzt werden, neigen zur Abschwächung. Die Gegenspieler dieser abgeschwächten Muskeln verkürzen sich. Das kannst du durch regelmäßiges **Stretchen** verhindern. Denk daran: Jeder Muskel hat auch einen Gegenspieler: Du hast immer einen **Beuge**- und einen **Streckmuskel**. Wichtig ist, dass du beide Körperpartien gleichmäßig stark beim Stretchen beanspruchst. Und stretchen solltest du unbedingt nach jedem Sport und auch nach jedem Jogging. Nur wenn du Muskelkater nach dem Sport hast, solltest du auf Stretchen verzichten, denn die kleinen Mikrorisse in der Muskulatur könnten dadurch noch verstärkt werden.

der ganz aufgeregt abwechselnd Nanolino und zu Hause anrief. Niemand antwortete.

«Wo bleibt denn der Junge, hoffentlich ist nichts passiert!»

Mister Schlau versuchte sie zu beruhigen, beobachtete aber gleichzeitig immer noch mit einem Auge das Spielgeschehen und schrie plötzlich: «Hinten doppeln, solange ihr einer zu wenig seid, Kinder!»

Marlene schaute entsetzt auf Mister Schlaus Stirn, auf der eine Ader gefährlich pulsierte.

«Entschuldigung, ich wollte Sie nicht erschrecken. Aber die kassieren gleich ein Tor», stammelte der Trainer.

FITNESSTIPPS

SMS-Springtraining

Malt euch zwei Kastenreihen auf den Boden. Ein Kästchen mit den bekannten Buchstabengruppen eures Handys: abc, def bis wxyz. Einen weiteren mit den Umlauten ä, ö, ü, Punkt, Komma und einem Fragezeichen. Die Kastenreihen sind nah nebeneinander auf den Boden gemalt. Je nach Schwierigkeitsgrad malt ihr die Einzelkästchen für die Buchstabengruppen größer oder kleiner.

Dann stellt ihr euch auf ein Bein und hüpft eine vorgegebene SMS, z. B.: «Allein machen sie dich ein» oder «Kannst du noch?» oder «Ich will mit dir gehen» oder «Ich hab dich lieb» oder so …

Wer auf den Rand tritt, muss von vorne anfangen. Die Zeit wird gestoppt. Schwieriger wird es, wenn ihr einen Stein mit dem Fuß von Buchstaben zu Buchstaben flippt: Hümpelstein. Man kann aber auch mit beiden Füßen springen, wenn man die Kästchen größer macht. Diese Form des Springens nennt man: Schluss-Sprung, weil beide Beine eng geschlossen anliegen. Man kann auch Mannschaften bilden.

Beim SMS-Springtraining wird eure Koordination und Beinmuskulatur trainiert.

Kaum hatte er es ausgesprochen, war es schon passiert. 2:0 für Hintertux! Die Zuschauer schlugen die Hände vors Gesicht.

Marie und ihre Freunde waren völlig fertig und inzwischen so schmutzig, dass man sie kaum noch erkannte. Mister Schlau gestikulierte wild: «Man lässt seine Freunde nicht so hängen! Fußball ist doch ein Mannschaftssport! – Jaaaaa! Marie, super!» Ein großer Junge dribbelte provozierend und voller Häme um die erschöpfte Marie herum, unterschätzte aber ihre Willenskraft. Sie mobilisierte ihre letzten Reserven und nahm ihm den Ball ab, verlor ihn aber leider gleich wieder. Sie hechtete hinterher.

«Na, Kleine, heute keine Lust zum Barbiespielen? Pah, Mädchen können doch kein' Fußball. Geh doch wieder zu deinen Puppen!», zischte der Rote Teufel mit der Rückennummer 13 ihr zu und versuchte lachend, Marie vom Ball fernzuhalten.

Jetzt gingen Marie die Nerven durch: Sie foulte ihn. Ein Aufschrei ging durchs Publikum, der fast das Pfeifen des Schiedsrichters überdeckte.

Die Gegner nutzten den Freistoß, um ein letztes Mal vor das Tor zu kommen, hauten den Ball aber meilenweit über den Kasten. Wieder pfiff der Schiedsrichter: Halbzeit. Die schlammverkrusteten Spieler des FC Heimaterde ließen sich erschöpft ins Gras fallen. Frido gab jedem eine Flasche Wasser und ein paar aufmunternde Worte dazu. Marie war völlig außer Atem, keuchte schwer und bekam kaum noch ihren Kopf hoch.

«Endlich Halbzeit!», rief Mister Schlau, setzte sich wieder zu Marlene und bot ihr seine Wasserflasche an. Marlene Sonntag bedankte sich und nahm dann wieder das Telefon zur Hand. Mister Schlau stand auf und ging zu den Kids hinüber, allerdings nicht, ohne noch mal zu Frau Sonntag zurückzuwinkern.

«Lange halten wir das nicht mehr durch, Mister Schlau.» Nervös zog sich Frido wieder die Torwarthandschuhe an.

«Dein Bruder hat uns echt böse reingeritten», sagte er zu Marie.

«Da kann ich doch nichts für!», antwortete sie pampig.

«Kinder, ihr schlagt euch total wacker! Noch ist alles offen. Macht euch fit für die zweite Hälfte und vergesst den Ärger. Der schwächt nur eure Muskeln», versuchte Mister Schlau sie aufzumuntern. In der Zwischenzeit war auch Marlene auf den Platz geeilt und rubbelte ihrer Tochter aufmunternd den Rücken ab. Die fünf begannen ihre Muskeln zu lockern und machten sich gegenseitig Mut.

Mister Schlau instruierte Frido eingehend und gab ihm noch einige aufbauende Worte mit auf den Weg: «Du bist der wichtigste Spieler auf dem Platz. Lass dich nicht verrückt machen. Hast schon so manches Spiel in letzter Minute für uns gerettet.» Er stupste ihn anerkennend vor die muskulöse Brust.

«Nano ist doch sonst so pünktlich, zumindest wenn es um Fußball geht!» Marlene war verzweifelt.

Da ertönte der Anpfiff, und Marie musste aufs Spielfeld zurück.

Schon nach den ersten Spielminuten sah man, dass sich leider nichts an der drückenden Überlegenheit der Rüpel aus Hintertux geändert hatte.

«Ist bestimmt durchs Gullygitter geplumpst, euer wundersamer Zwergenspieler!», höhnte ein Roter Teufel. Da kam Nano wie gerufen auf das Spielfeld gerannt.

«Stimmt! Wollte dich gerade besuchen, warst aber nicht zu Hause», gab er mit einem breiten Grinsen zurück. Witze über seine Kleinwüchsigkeit hatte er schon so oft hören müssen – damit konnte man ihn nicht mehr verletzen. Erleichtert atmeten Fans und Spieler des FC Heimaterde auf. Ihr kleiner Star war endlich da.

«Hier bin ich, Jungs und Mädels. Aufgepasst!» Begleitet von Anfeuerungsrufen und mit Volldampf warf sich Nanolino ins Spiel. Frido ging sogar das Risiko ein, das Tor für ein paar Sekunden unbe-

6 Stretch-Übungen

Grundsätzlich langsam in die Dehnposition hineingehen und 30 Sekunden lang halten, dann entspannen und kurz noch ein bisschen weiter dehnen.

1. **Beinstrecker:** Hierzu stellst du dich gerade hin, greifst den Fuß und führst die Ferse zum Gesäß. Bleib gerade stehen und spann die Bauchmuskeln an, damit du nicht ins Hohlkreuz gehst.
2. **Beinbeuger:** Hierzu stellst du ein Bein nach vorn, drückst es durch, stellst die Hacke auf den Boden und ziehst die Fußspitze zur Nase hoch. Dann beugst du den gerade gehaltenen Oberkörper leicht nach vorn, bis du eine Spannung im Rücken und Oberschenkel spürst.
3. **Hüftbeuger:** Mach einen großen Ausfallschritt nach vorn und stell den vorderen Unterschenkel gerade auf, dass er nicht über die Fußspitze hinausragt. Dann schiebst du die Hüfte des Beines, das lang nach hinten steht, nach vorn, bis du eine Spannung in der Leistengegend spürst.
4. **Gesäßentspanner:** Du setzt dich auf den Boden, legst das rechte Bein über das gestreckte linke und drückst den linken Arm gegen das rechte Bein. Bitte gerade sitzen, den Rücken aufrichten und mit dem Kopf über die rechte Schulter schauen und die gestreckte Fußspitze anziehen. Dann wechseln.
5. **Flankenentspannung:** Hierzu stellst du den rechten Fuß neben den linken und umgekehrt. Dabei stütze deine linke Hand in die linke Seite und führ den rechten Arm nach oben. Jetzt wird der Rumpf nach links geneigt, später umgekehrt.
6. **Schulter-Arm-Stretch:** Du hebst den rechten Arm, knickst ihn ab und lässt die rechte Hand hinter die Schulter fallen, später umgekehrt. Dann drückst du mit der linken Hand deinen Ellenbogen leicht nach unten, bis eine Spannung im Schultergelenk und Oberarm zu spüren ist.

wacht zu lassen, eilte zur Mittellinie und haute seinem Kumpel deftig und sichtlich erfreut auf die Schulter. Nano konnte sich gerade eben auf den Füßen halten und schnappte kurz nach Luft.

«Nicht so heftig, Frido, lass noch was für den Gegner übrig», rief Mister Schlau vom Spielfeldrand dem Torwart zu. «Und sieh zu, dass du wieder in die Kiste kommst.»

Mit gespieltem Ärger schüttelte er seinen Kopf, aber seine strahlenden Augen straften ihn Lügen.

«Da ist ja der Schrumpfkopf!», versuchte erneut einer der Gegner Nano zu hänseln. Marie stieß das Lästermaul beiseite und drang auf ihren Bruder ein: «Wo warst du denn? Deinetwegen waren wir die ganze Zeit in Unterzahl. Echt gemein, die hätten uns fast eine Abreibung verpasst!»

Nano hob abwehrend die Hände: «Tut mir leid, ich war schon so spät dran, und dann wollte Opa auch noch, dass ich das ganze Geschirr – ja echt, von uns allen – spüle! Und du ...?» Er sah seine Schwester ärgerlich an.

Marie schlug sich an die Stirn. «Oh, sorry. Na ja, macht ja nichts, du bist doch ein professioneller Abspüler – äh, Abspieler.» Sie zwickte ihn schelmisch in den Oberarm ... «Noch ist das Spiel nicht verloren, und du bist jetzt ja auch da. Hast du Opa schon gesehen? Er hatte doch versprochen zu kommen.»

In diesem Moment kam Erwin Sonntag auf seinem Schrott-Motorrad mit quietschenden Bremsen auf den Sportplatz geknattert, allerdings ohne Helm oder Motorradmütze. Er humpelte zum Spielfeldrand und setzte sich.

«Da ist ja Erwin. Dann hat er es also noch geschafft. Obwohl das Spiel ja schon fast vorbei ist», seufzte Marlene Sonntag.

Die Spieler beachteten das Treiben am Spielfeldrand nicht. Frido schlug den Ball ab, der genau vor Nanolinos Füßen landete. Einen angreifenden Gegner tricksten Nano und seine Schwester mit einem Doppelpass aus. Nano nutzte den gewonnenen Freiraum und stürmte weit in die gegnerische Hälfte hinein. Die verbleibenden Verteidiger dribbelte er einen nach dem anderen gekonnt aus. Den letzten Abwehrspieler tunnelte er sogar. Jetzt stand nur noch der gegnerische Torwart vor Nanolino – breitbeinig und mit ausgestreckten Armen. Im Vergleich zu Nano wirkte er riesig, fast wie King Kong!

«Na, Schnuckilein?»

Nanolino ließ sich nicht beirren und vollführte ein paar leichtfüßige Pirouetten mit dem Ball.

«Huhu, hier bin ich! Hi-hier. Nein, hier!» Mit seinen Mätzchen lockte er den «Riesenaffen» aus dem Tor, der stürmte auf Nano zu und stellte sich genüsslich, aber voreilig vor, wie er den kleinen Stürmer zu Brei verarbeiten würde.

«Nummeriere schon mal deine Knochen, du Hänfling!»

Plötzlich lupfte Nano den Ball lässig zu seiner Schwester, die unbewacht herangeeilt war. Elegant schob sie den Ball über die Torlinie und drückte anschließend im Vorübergehen noch den offen stehenden Mund des Torwarts zu. 1:2! Ein riesiger Jubel brandete auf, die bis dahin völlig überlegenen Roten Teufel waren sichtlich geschockt.

Das Spiel ging weiter. Marie lief nun mit dem Ball über den linken Flügel und schlug eine Flanke direkt auf den langen Pfosten. Manuel stand goldrichtig und brauchte nur noch den Kopf hinzuhalten: 2:2.

Die Gegner nutzten ihren Abstoß aus dem Mittelkreis für einen Angriff, der allerdings sofort bei Nano endete. Er stoppte elegant den Ball, spielte ihn zu Manuel, der wiederum zu Eliza passte, die ihn zu dem an der Außenlinie lauernden Ali flankte. Ali – Nanos erstklassiger türkischer Sturmpartner – rief dem gegnerischen Torwart zu: «Pass auf, mein Sohn, das sind richtige Granaten, die werden dich weghauen.» Die

Solidarität des Publikums war eindeutig. «Ali vor, noch ein Tor! Ali vor, noch ein Tor!» Doch Ali, für seinen Überblick bekannt, sah, dass Nanolino am Strafraum völlig frei stand, und flankte ihm mit einem butterweichen Traumpass den Ball fußgerecht zu. Nano veräppelte noch kurz den Torwart mit einer Körpertäuschung und einem: «Pass auf, du Penner, hier kommt die Pille für den Mann», und pfefferte den Ball eiskalt in den oberen rechten Winkel.

«Tooooor, Tooooor, Tooooor!» Das Publikum war nicht mehr zu bändigen.

Unendlicher Jubel brauste auf. Mister Schlau rückte noch näher und nahm Marlene in den Arm. «Super, Ihr Florian!»

«Aber auch Ali, Eliza und die anderen.»

«Ja, wirklich, diese Mixed Pickles aus Heimaterde sind schon ein Traum. Wer hätte das gedacht, dass Jungen und Mädchen so toll miteinander Fußball spielen!»

Der Schlusspfiff ertönte. Das Spiel war vorbei. Die Spieler und Spielerinnen des 1. FC Heimaterde waren dermaßen begeistert, dass sie tanzten und sich singend in den Armen lagen und anschließend auf Nanolino schmissen. Jedermann und jedefrau obendrauf. Nano lugte unter dem Stapel Körper auf dem Bauch liegend grinsend um die Ecke, sein Kinn auf die Hände gestützt.

«We are the champions, my friend», tönte die Hymne der Freude aus ihren Hälsen. Die Hintertuxer trotteten zerknirscht von dannen.

Marlene und der Trainer erhoben sich langsam. «Schön, dass Sie wieder hier waren und die Kinder angefeuert haben. Es war wirklich ein wichtiges Spiel für die Mannschaft und dazu noch so erfolgreich.»

Sie lächelte entschuldigend zurück. «Ja, ich weiß, und ich bin froh, dass ich dabei sein konnte. Ich habe schon so viele Spiele verpasst, und nächste Woche kann ich auch nicht hier sein. Ich muss zu einer wichtigen Geschäftsreise, und das, wo doch gerade Sommerferien sind. Dabei wollte ich mit den Kindern so gerne noch einmal Urlaub am Meer machen. Vielleicht, wenn ich wieder da bin.»

Mister Schlau schaute sie von der Seite an: «Hmm, wissen Sie, ich wollte mit den Kindern ein Sommer-Fußball-Lager an der Nordsee veranstalten, davon haben Ihnen Nanolino und Marie bestimmt schon erzählt. Nun ja, wenn Sie möchten und Sie eine Horde kickender Kids nicht stört, dann kommen Sie doch einfach mit. Die Kinder fänden das bestimmt toll und, na ja … ich würde mich natürlich auch freuen», fügte er leise hinzu.

Sie hob ihren Kopf und lächelte ihn an. «Wissen Sie was, das ist eine gute Idee. Ja, darauf freue ich mich wirklich. Danke für die Einladung!» Mister Schlau wollte noch etwas erwidern, aber da waren sie schon bei der Mannschaft angekommen.

«Opa?» Nanolino rief Opa Erwin, der sich langsam vom Spielfeldrand erhob und auf sie zuhumpelte. «Hey, hast du das gesehen? Die haben wir voll fertiggemacht.»

Opa Erwin sah die verschwitzten Kinder an und wetterte los: «Pah, das soll ein Fußballspiel gewesen sein? Zu meiner Zeit, als ich noch Fußball mit Leo Miller spielte, da war das Ganze viel zackiger und nicht so ein Kindergarten-Rumgehopse! Jetzt verschwinde ich wieder, hätte gar nicht erst hierherkommen sollen. Das hat man davon, wenn man anderen etwas verspricht.» Ohne ein weiteres Wort humpelte ihr Großvater davon. Marlene verabschiedete sich hastig von Mister Schlau und drehte sich noch einmal zu ihren Kindern um. «Euer Großvater scheint müde zu sein. Da fahre ich besser mit ihm mit, nicht, dass noch irgendwas passiert.» Marlene warf Mister Schlau noch einen dankbaren Blick zu und stieg in den Beifahrersitz von Opas Knatterkiste: «Dann bring uns mal nach Hause, Cowboy!»

Nano wird Sportassistent vom Doc

Die Mannschaft saß in der Kabine und feierte ihren Sieg. Nano hatte gerade geduscht und rubbelte noch gewissenhaft seine Füße trocken.

«Das war zum Ende schon ein Superspiel, Nano. Mensch, was hast du für ein Traumtor geschossen», lobte Frido seinen Freund. Sie klatschten sich ab.

«Nicht doch, du warst auch spitzenklasse. Bin ein absoluter Fan von dir.»

In diesem Moment kam Marie in die Kabine gestürzt.

«Hört mal. Ihr müsst gleich mitkommen. So was Doofes. Ich habe ja vorhin den Typen mit der Nummer 13 gefoult.»

«Ja, Marie, das war übel. So was macht man nicht! Sah nach Rache aus.»

«Du hast recht, Frido, war ein Revanchefoul. Ist mir ja auch schon total peinlich. Aber der Typ hat mich unheimlich geärgert. Echt fies, der olle Möpp.»

«Und wenn? Trotzdem war das gemein und echt ‹scheiße› – sagt man zwar nicht, aber hierfür stimmt's leider. Ich habe deinen Sportsgeist vermisst! Wir sind hier, um miteinander zu spielen, unsere Kräfte zu messen und nicht, um zu kämpfen, zumindest nicht unfair. Und wenn der Typ dich aufzieht, was soll's? Du weißt es doch sowieso besser, hör einfach nicht hin!!»

«Mensch, Marie, was hätte da nicht alles passieren können!» Auch Nanolino sah seine Schwester strafend an, obwohl er das Foul in der ersten Halbzeit nicht miterlebt hatte. Marie war ganz geknickt und hüpfte sichtlich nervös von einem Bein auf das andere.

«Ja, ihr habt ja recht, jetzt schaut mich nicht so böse an, jeder macht mal einen Fehler. Kommt lieber schnell mit nach nebenan. Der Junge hat jetzt Knieprobleme. Oh, ich blöde Kuh. Ich könnte mich ohrfeigen. Hoffentlich ist nichts Schlimmeres passiert. Sein

WAS IST EIGENTLICH …

Fußpilz?

Jeder Dritte leidet leider unter dieser übertragbaren Infektionskrankheit. Und du? Hat es dich auch schon mal zwischen den Zehen gejuckt? Pilze sind überall und können wochenlang überleben, am liebsten dort, wo es feucht ist: in Schwimmbädern, Sportstudios, Hotelfußböden, öffentlichen Duschen, in unbelüfteten Schuhen – besonders Kunststoffschuhen – und zwischen deinen Zehen. Also immer gut die Füße abtrocknen oder sogar abföhnen – haha, hört sich witzig an: erst die Haare, dann die Zehen föhnen. Ist aber ungemein hilfreich, wenn du stark unter Fußpilz leidest. Fünf Minuten nach dem Abtrocknen wäre es vernünftig, wenn du regelmäßig mit einer Feuchtigkeitscreme deine Füße pflegen würdest. Wenn du Fußpilz bekommen solltest, muss dein Arzt dir das richtige Mittel verschreiben. Vorher könntest du einfach Joghurt ausprobieren. Drei Tage lang abends ungesüßten Natur-Joghurt dick zwischen die Zehen schmieren, Socken drüber und über Nacht einwirken lassen. Das kann ein kleines Wunder bewirken. Wenn nicht, solltest du dir vom Arzt helfen lassen.

Knie tut total weh, wenn man es bewegt, obwohl man gar nichts sieht.»

«Vielleicht markiert er nur. Trotzdem war's eine miese Aktion von dir, Marie!», sagte Nano und schüttelte den Kopf.

«Ist ja gut, ich hab es begriffen, ihr habt ja recht! Ich habe mich auch schon entschuldigt. Aber jetzt kommt!» Mit gesenktem Kopf und hängenden Schultern ging Marie aus der Kabine, und die beiden folgten ihr.

In der Nachbarumkleidekabine herrschte gedrückte Stimmung. Eine große Traube hatte sich um die Nummer 13 gebildet. Man sah den Jungen nicht, hörte ihn aber in der Totenstille leise vor sich hin fluchen. Einer der Hintertuxer Spieler sah die Freunde hereinkommen und sagte: «Au, da bist du ja wieder, du Foulerin!» Die anderen Roten Teufel drehten sich um und bildeten eine Gasse, sodass Marie ihr Opfer sah, das sie sogleich verächtlich anschaute. Marie bekam einen knallroten Kopf und stammelte: «Nochmals 'tschuldigung ...» – «Tja, Kinder, das sieht nicht gut aus», hörten sie eine ihnen sehr bekannte Stimme sagen. «Das muss ich mir mal genauer ansehen. Könnte ein Meniskusriss sein. Dieser Schmerz ist nicht untypisch dafür. Hoffentlich ist das Innenband intakt geblieben.»

Ein Raunen ging durch den Raum.

Die Nummer 13 war blass geworden.

Nanolino drängelte sich nach vorn und strahlte die ihm bekannte Person mit leuchtenden Augen an.

«Hallo, Dr. X. Ist ja toll! Was machst du denn hier?»

«Hey, da ist ja unser kleiner Medicus. Willst du mir helfen?»

Die umstehenden Kinder bekamen Stielaugen.

«Kleiner Medicus, was soll das denn heißen?», murmelte einer in seinen nicht vorhandenen Bart. Auch die anderen Hintertuxer begannen zu lästern.

«Dieser Zwerg, ein kleiner Medicus – das wüsste ich aber», murmelte einer mit Häme. Doch Dr. X hatte alles genau gehört – auch die Sprüche: «Dieser Schrumpfgermane mit der ollen Tussi, muss sich doch erst mal ein Gehirn bestellen», und: «Foulen kann die Zicke ja begnadet, aber Fußball spielen sollte man richtigen Männern überlassen.» Bevor Marie antworten konnte, griff Dr. X vehement ein.

«Jetzt reicht's, Jungs», fuhr Dr. X dazwischen. «Wenn hier nicht augenblicklich Ruhe herrscht, gibt es für jeden eine Gratis-Impfung gegen Tollwut.»

«Das war aber ein gezieltes Stürmerfoul von der Tante, und jetzt habe ich die Bescherung.» Nummer 13 ließ sich durch die Drohung nicht abschrecken, er war noch immer außer sich.

WAS IST EIGENTLICH ...

ein Meniskusriss?

Dein Stoßdämpfer im Kniegelenk ist der Meniskus. Er liegt zwischen dem Gelenkknorpel des unteren Köpfchens des Oberschenkels und der oberen Gelenkpfanne des Schienbeins. Ein Einriss oder Abriss ist sehr schmerzhaft und kann bei heftigen Drehbewegungen ausgelöst werden. Dabei reichen schon geringe Belastungen, wenn der Meniskus vorgeschädigt ist. Kleinste Einrisse können heilen, große werden endoskopisch operiert. Neuerdings kann man Menisken auch transplantieren.

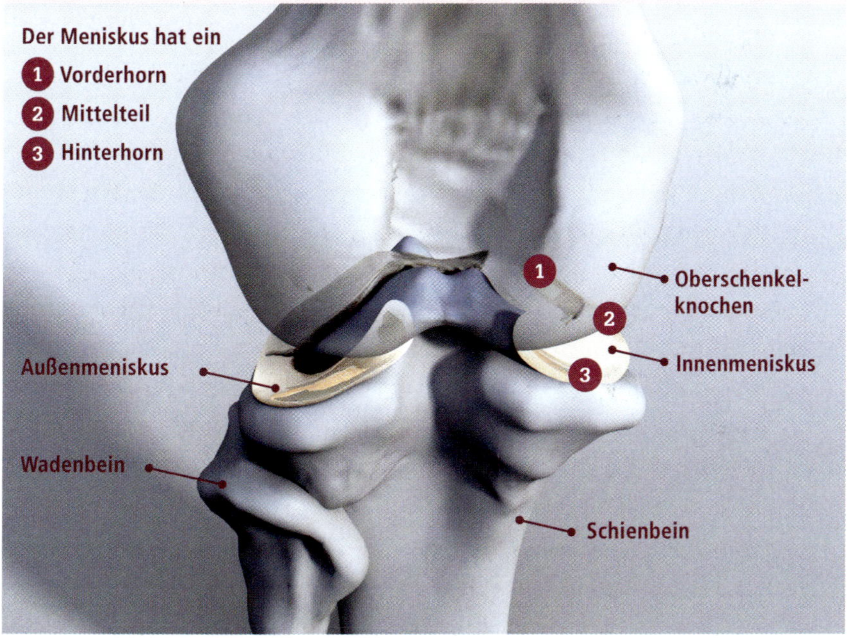

Jetzt ergriff auch Nano das Wort.

«Hör mal, Alter. Meiner Schwester ist das wirklich unangenehm, und sie hat sich jetzt schon mehrmals bei dir entschuldigt.»

WAS IST EIGENTLICH …

ein Verband?

Verrenkungen, Verstauchungen oder Knochenbrüche werden mit Verbänden ruhiggestellt und starke Blutungen mit Druckverbänden versorgt. Grundsätzlich müssen Wunden gegen Druck sowie andere Gewalteinflüsse und gegen Krankheitserreger geschützt werden. Man unterscheidet **Wundschnellverbände** mit Mullkompressen und Pflasterbefestigung, **Druckverbände** bei starken Blutungen, **Verbände mit Binden** (für Hände, Finger usw.), **stabilisierende Verbände** mit flexiblen (elastische Binde, Kniegelenksschoner usw.) oder unflexiblen Materialien (Gips, Stärke, Luftkissenschienen usw.) und **Dreieckstuchverbände**.

Marie nickte dankbar für die Unterstützung ihres Bruders.

«Das war eine richtige Sauerei, das weiß sie. Sie wird mehrere Spiele aussetzen müssen, kann sich das Ganze nochmal auf der Ersatzbank durch den Kopf gehen lassen. Das sage ich dir als Kapitän unserer Mannschaft. Mein Ehrenwort: Ich werde mich persönlich darum kümmern und auch darum, dass dir jetzt geholfen wird. Reicht das?»

«Okay, ja, okay», antwortete Nummer 13 kleinlaut, und Marie traten die Tränen in die Augen.

«Ich bin Nano, und wie heißt du, Nummer 13?» – «Jimmy.»

«Also, Jimmy, du hältst dich bei der psychologischen Kampfführung demnächst zurück, oder? Komm, hier hast du meine Hand.»

«Ist wirklich okay», flüsterte Jimmy, lächelte schuldbewusst und klatschte in Nanolinos ausgestreckte Hand. Verlegen sahen sich Marie und Jimmy an und … gaben sich die Hand. Dr. X war sichtlich beeindruckt von Nanos diplomatischem Geschick und schmunzelte.

«Also, Jungs, dann wollen wir mal. Komm, kleiner Medicus, du wickelst jetzt Jimmys Knie ein, wie du es das letzte Mal bei mir gelernt hast, und ihr Jungs holt die Trage aus meinem Auto. Dann fahren wir zur Klinik Nachtigall. Ich rufe gleich dort an, damit meine Crew die Diagnosegeräte schon mal warm laufen lassen kann.»

Er zwinkerte Jimmy aufmunternd zu und zauberte ein Handy aus der Jackentasche. Alle Kinder stürzten aufgeregt zum Auto. Sie wussten nicht so recht, was hier gerade geschehen war. Nanolino bandagierte währenddessen fachmännisch das Knie mit einem Kreuzwickel.

Was du an dieser Stelle einfach wissen solltest: Dr. X war seit kurzer Zeit mit Leib und Seele Sportarzt und arbeitete am Wochenende für diverse Fußballclubs der Jugendliga. Zudem engagierte er sich leidenschaftlich für die Nationalmannschaft querschnittsgelähmter Sportler, besonders für die der Leichtathleten und Golfspieler. Einer von seinen Sportlern hatte mit seiner kreativen Assistentin Micro Minitec einen Wagen entwickelt, mit dem ein Querschnittsgelähmter, dessen Muskeln in den Beinen nicht mehr funktionieren, trotzdem ins Stehen gebracht werden kann. Damit können Querschnittsgelähmte auf Augenhöhe mit Nichtgelähmten gebracht werden, sich gleichwertig fühlen und so auch behandelt werden. Zusätzlich können sie mit dem Bogen schießen, den Speer werfen, kugelstoßen oder golfen. Nur laufen und springen noch nicht. Mit voller Begeisterung widmete sich Dr. X dem Sport und der Entwicklung neuer Technologien, um Gelähmten zu helfen.

FITNESSTIPPS

Warum Kraftentwicklung so wichtig ist

Sind beispielsweise deine Rücken- und Bauchmuskeln zu schwach, kannst du den Oberkörper gar nicht richtig aufrichten. Und wenn du deinen Oberkörper nicht richtig aufrichten kannst, kannst du auch nicht richtig laufen oder Lasten mit deinen Armen tragen. Deshalb solltest du gerade deine Rücken- und Bauchmuskeln stärken, auch zur Vorbeugung vor Hohlkreuz, Rundrücken, Bandscheibenvorfällen oder Arthrosen – d. h. Verschleißerscheinungen – der kleinen Wirbelgelenke. Der größte Fehler, den du machen kannst, ist, einseitig zu trainieren, um z. B. einen starken «Waschbrettbauch» zu bekommen. Das wollen vor allem viele Jungen und Männer. Aber ebenso wichtig ist der Rücken, genauso die Seiten deines Rumpfes, also die seitliche Bauchmuskulatur.

Die Diagonalübung

Hiermit stärkst du deine Rückenmuskulatur und die Gesäßmuskeln. Geh bitte in Bauchlage, halte deinen Kopf in Verlängerung zur Wirbelsäule hoch und hebe den linken Arm und das rechte Bein 15 cm vom Boden. Das machst du abwechselnd 3-mal links, 3-mal rechts je 15 Sekunden.

Frontstütz

Hiermit stärkst du die gesamten Rumpfmuskeln. Du legst deine Unterarme auf den Boden. Der Ellenbogen sollte direkt senkrecht unter dem Schultergelenk stehen. Dann streckst du den Körper und hebst ihn insgesamt an, sodass du auf die Zehenspitzen zu stehen kommst. Wenn du willst, kannst du abwechselnd 3-mal die Beine jeweils 15 Sekunden hochhalten.

Crunches

Zur Stärkung der geraden Bauchmuskulatur: Du begibst dich in Rückenlage, ziehst die Füße an, hebst die Arme vom Boden, streckst sie nach vorn mit angezogenen Handflächen. Dann hebst du langsam einige Zentimeter Kopf und

Schultern vom Boden und schiebst die Hände leicht nach vorn. 15 Sekunden anhalten und langsam wieder zurückrollen, ohne die Schultern aufzulegen. Das wiederholst du 3-mal.

Beinpendeln

Damit stärkst du die schräge Bauchmuskulatur. Auch hier gehst du wieder in Rückenlage, die Arme liegen seitlich neben dem Körper. Du hebst die Beine an und knickst das Knie ab, aber weniger als 90 Grad. Jetzt lässt du die Beine langsam nach rechts fallen, hältst sie dort 5 bis 10 Sekunden, anschließend machst du es mit der Gegenseite. 5 Wiederholungen je Seite.

Wenn du die Beine ablegst, den Kopf auf die Gegenseite drehst und die Arme rechts und links vom Körper so ausstreckst, dass Arme und Rumpf zusammen ein T ergeben, ist dies auch eine hervorragende Stretch-Übung, die du schon morgens nach dem Aufwachen im Bett durchführen kannst. Du wirst sehen, sie entspannt ungemein gut die gesamte Rumpfmuskulatur, und du kommst wunderbar ins Gähnen dabei. Danach solltest du dich einmal lang ausstrecken mit den Armen über dem Kopf, gleichzeitig auch Hände und Füße lang ausstrecken und richtig bewusst gähnen.

Die U-Haltung

Stärkt Nacken und Schultergürtel, manchmal auch die Bein- und Pomuskulatur. Du liegst in Bauchlage auf dem Boden und streckst die Arme seitlich auf Schulterhöhe aus. Jetzt winkelst du die Unterarme nach unten ab, hebst Arme und Kopf vom Boden und hältst diese Position für 15 Sekunden.

Tipps fürs Krafttraining

Du brauchst überhaupt kein Fitness-Studio, wenn du diese Übungen machst. Denn wenn du noch mehr Wiederholungen machst – z. B. 15 bis 20 Wiederholungen von diesen Übungen – und das Ganze 2- bis 3-mal mit Pausen von ca. 30 Sekunden (das gilt nicht für den Diagonallift, für den Frontstütz und die U-Haltung), wird deine Muskulatur wie von selbst richtig stark.

Angriff der Schlotterschlange

Nanolino saß allein hinten in Dr. X' Minibus, zwischen Bergen von eigenartigem Technikzeugs, das gewiss Micro Minitec gehörte. Die kurvige Strecke machte ihn ganz duselig im Kopf, und der anstrengende Beginn des Tages tat ein Übriges: Er döste mit einem seligen Lächeln im Gesicht ein.

Eine Bodenwelle ließ seinen Körper zur Seite auf einen Ersatzreifen sacken. Unruhig fing er an zu träumen, dabei zuckte und stöhnte er manchmal recht heftig.

Er befand sich an einem seltsamen Ort. Überall funkte und blitzte es. Ein schier unendliches Geflecht von miteinander vernetzten Kabeln umgab ihn. Mit der Sicherheit des Träumers wusste er: Er befand sich in Opas Gehirn. Die Kabel waren Nervenfasern unterschiedlicher Größe. Er beobachtete, wie Opas Gedanken als rasend schnelle Ströme hindurchflitzten. Nano stand in diesem Moment auf einem dicken Knubbel, der als Verbindung zwischen zwei Nervenfasern diente, und schaute an sich hinab. Dabei sah er, dass er in einer Kleidung steckte, die wie eine Mischung aus Schlaf- und Raumanzug aussah. Ein Brummen erklang in der Nähe seiner Ohren, und mit schlafwandlerischer Sicherheit drückte er auf einen Knopf, der das Kommunikationssystem seines Weltraumpyjamas einschaltete. Ein projiziertes Bild erschien auf der Scheibe seines Helms. Es war Rappel. Das rote Kaninchen schaute ihn ernst an.

«Der Knubbel unter dir ist übrigens eine Synapse – falls du es nicht wissen solltest: So nennt man die Verbindung zwischen zwei Nervenzellen», erklärte der Nager, als sei es das Natürlichste der Welt, dass Kaninchen sprechen.

«Eigentlich haben wir überhaupt keine Zeit für Erklärungen, wir müssen jetzt sofort Professor Schlotter finden», lispelte Rappel – seine zwei großen Hauer behinderten ihn etwas beim Sprechen. Nanolino glotzte das Tier an. «Schlotter ist hier? Du kannst sprechen?»

eine Synapse?

Das ist sozusagen eine Steckdose, aus der der Strom vom Nerv auf andere Nervenzellen übertragen wird. Eine solche **Übertragungsstelle** gibt es auch zwischen einer Nervenzelle und Muskeln oder Drüsen. **Motorische Endplatte** nennt man die synaptische Kontaktstelle zwischen einem Nervenzellfortsatz (Axon) und einer Muskelzelle. Eine solche Nerven-Steckdose besteht aus einem **Endknopf**, einer birnenförmigen Anschwellung, in dem kleine Energiekraftwerke (Mitochondrien) und synaptische Bläschen (Vesikel) enthalten sind. Aus den **Vesikeln** werden kleine «Strompartikel» als chemische **Überträgerstoffe** (Neurotransmitter) freigesetzt. Diese Neurotransmitter werden von der Steckdose (**präsynaptische Membran**) in den «Steckerspalt» (**synaptischen Spalt**) freigesetzt und vom angedockten «Stecker» in der **postsynaptischen Membran** aufgenommen. **Betäubungsmittel** blockieren Tausende oder Millionen von Nervensteckdosen: Sie verhindern die Übertragung von **Neurotransmittern**.

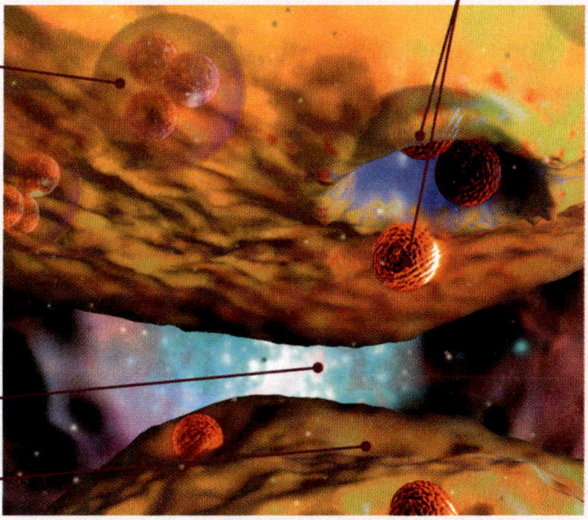

«Nanu, Nano, bist du auf den Kopf gefallen? Warum sollte ich nicht sprechen können», antwortete Rappel etwas beleidigt. «Und, ja, Schlotter ist hier irgendwo und pfuscht in Opa Erwins Gehirn rum, aber das weißt du doch, oder? Wirklich alles in Ordnung mit dir?»

«Ja, ich, äh, ich glaube, ich träume. Aber das ist es: … ich träume wirklich!» Er atmete tief durch.

Neben dem Kaninchen schob sich plötzlich ein anderes Geschöpf ins Bild. Aus einem weißen, wuscheligen Etwas hing eine lange rosa Zunge.

«Wuff, wuff – du träumst nicht, Opa befindet sich wirklich in Gefahr!», bellte der weiße Strubbelhund. Es war Kannickel. «Und bevor du mich an deiner unglaublichen Weisheit teilhaben lässt: Ja, ich spreche auch – wuff.»

«Bin ich jetzt wirklich auf den Hund gekommen?», fragte sich Nano. Ihm kam alles seltsam wirr vor. «Opa ist zwar noch immer mürrisch, aber den Gobbot in seinem Gehirn haben wir doch beim letzten Mal besiegt, oder?»

«Jetzt sei kein Hasenfuß und schnapp dir Schlotter, den alten Knochen – wuff!»

Rappel schaute seinen Copiloten strafend an. «Nichts für ungut. Aber Hasenpfoten bringen auch Glück, und das brauchen wir jetzt dringend.»

«Glück?», fragte Nano, machte einen Fehltritt und fiel in die Tiefen von Opas Gehirn. Die Nervenstränge rasten an ihm vorüber. Er versuchte, sich an einem festzuhalten, erwischte aber keinen. Nach einem ihm unendlich erscheinenden Fall landete er doch noch bäuchlings auf einem Strang. Ganz in seiner Nähe war wieder eine dieser Synapsen, doch sie zuckte merkwürdig.

«Alles paletti?», bellte Kannickel in sein Ohr.

«Denke schon. Sag mal, zucken Synapsen?»

«Eigentlich nicht», meldete sich Rappel. «Könnte …»

Das Kaninchen kam nicht dazu, den Satz zu beenden. Etwas

sprang Nano brutal von hinten an und zerrte ihm den Helm vom Kopf. Ohne sich umzudrehen, wusste Nano, dass es Gobbot war. Unbarmherzig umschlang er mit eisernen Armen Nanos Brust und schleifte ihn näher an die zuckende Synapse.

Diese löste sich aus dem gegenüberliegenden Nerv, und ihr Ende wand sich auf Nano zu. Am Nervenende konnte Nanolino den geschrumpften Kopf von Schlotter erkennen, seine helle Haut, die rötlichen Augen und die heraustretenden Wangenknochen. Nanolino zitterte. Dort, wo der Körper eines Menschen ist, hatte Professor Schlotter nur einen Nervenstrang. Wie eine Schlange schlängelte er auf Nanolino zu und zischte: «Ja, was haben wir denn hier? Haben wir etwa einen kleinen Spion gefangen?». Der Kopf seines Erzfeindes starrte ihn an mit einem fiesen Grinsen. Gobbot stieß den erschrockenen Jungen von sich. Aber die Freiheit hielt nicht lange, denn Schlotters Nervenstrangkörper umschlang Nano wie eine Würgeschlange. Ihre Gesichter waren sich nun ganz nah. Nanolino roch Schlotters schlechten Atem, als dieser ätzend kicherte.

«Nochmal durchkreuzt du nicht meine Pläne, dein Opa gehört jetzt mir!» Wie um seine Aussage zu unterstreichen, drückte sein Schlangenleib fester zu. Nano bekam kaum noch Luft.

«Und weißt du was? Du wirst mir dabei helfen. Gobbot war gestern! Jetzt kommt die Zeit für die Sobbots!»

Wie alle Erzschurken hatte er die Neigung zu langweiligen, überflüssigen Erklärungen: «Das S in Sobbot steht für Super: Super-Roboter. Und keine falschen Hoffnungen: Deine Minitec hat damit nichts zu tun, sie kann dir diesmal nicht helfen.»

Wieder lachte er böse, von seinem Mundgeruch wurde Nano schlecht.

Gobbot, der dank eines Jetpacks auf seinem Rücken im Raum schwebte, öffnete ein Kästchen, aus dem eine Wolke winziger Roboter herausschwirrte, die schließlich auf Nanos Schulter landeten. Wie ein Ameisenheer machten sie sich über seinen Körper her. Es krabbelte und kribbelte auf seiner Haut, gleichzeitig fühlte sich das Metall seltsam kalt an. Er wollte schreien, aber dafür fehlte ihm die Luft.

«Ab ins Ohr und dann in das Gehirn des lästigen Burschen!», krähte der böse Kopf des Professors. Und tatsächlich, die kleinen Viecher machten sich an den Aufstieg. Nano spürte das Kitzeln an seinem Hals und versuchte, sich aus Schlotters Umarmung zu befreien. Der verstärkte aber noch den Druck und schnürte Nano damit endgültig die Luft ab. Jetzt spürte er die Roboter an seinem Ohrläppchen. Nano gelang es, eine Hand frei zu kämpfen, und er fasste sich an das Ohr: zu spät. Mutlos ließ er die Hand sinken und beobachtete erschrocken, als wäre der Traum nicht schon schlimm genug, wie sich seine Hand in eine Metallklaue verwandelte, die genauso aussah wie eine von Gobbots Gliedmaßen.

Mit einem Schrei erwachte er und fand sich im Auto wieder, verheddert in einen Schlauch, der offensichtlich zu Micro Minitecs Ersatzteilsammelsurium gehörte.

Erleichtert atmete er auf. «Es war nur ein Traum»,

Hirnzellen erneuern

Das hast du bestimmt auch schon gehört: Abgestorbene Gehirnzellen werden nie wieder ersetzt, oder? Stimmt aber nicht. Neueste Forschungen beweisen, dass selbst Zellen, die nach Verletzungen oder durch Alkohol oder Drogen zerstört wurden, wieder regenerieren können. Voraussetzung: Der schädliche Einfluss wird sofort beendet und das Gehirn täglich trainiert. Leider werden für 100 abgestorbene Zellen nur ein bis zwei neue gebildet. Macht aber nichts, dann muss eben mehr trainiert werden!

Kleines 10-Punkte-Tages-Gehirntrainingsprogramm:

- nach dem Aufwachen 3-mal tief gähnen und Arme und Beine dehnen
- 10 Minuten Gymnastik im Bett oder am Boden
- morgens im Bad singen
- am Waschbecken auf einem Bein stehen, Zähne bürsten und vorsichtig 10 Kniebeugen machen, dann wechseln
- 25-mal langsam im Sitzen tief ein- und ausatmen
- 15 Minuten so bewegen, dass du aus der Puste bist (zum Beispiel joggen, Fahrrad fahren, schwimmen, Fußball oder Fangen spielen)
- 1 kleines Kreuzworträtsel oder Sudoku pro Tag
- 15 Minuten Vokabeln lernen (mindestens)
- 15 Minuten singen oder ein Instrument spielen
- 1 Apfel essen und 1 Liter Wasser trinken

flüsterte er sich selbst beruhigend zu, «nur ein Traum. Schwein gehabt!»

Dr. X betrachtete den Jungen irritiert durch den Rückspiegel: «Was machst du denn da, Junge? Spiel nicht mit Micros empfindlichen Gerätschaften. Komm nach vorne und schnall dich sofort an! Du solltest im Auto immer angeschnallt sein, sonst fliegst du noch durch die Kurve. Und das kann bös enden.» Marie nickte wissend. Nachdem man sie die ganze Zeit kritisiert hatte, erleichterte es sie, dass Nano jetzt eins auf die Mütze bekam.

«Ich – aber …», brachte der so Gescholtene gerade noch hervor, da bogen sie auch schon scharf in den Waldweg ein, der sie zur Villa Nachtigall brachte. Er hatte sich im letzten Moment angeschnallt.

Schweinereien in der Schlachterei

«Brrrrrrrr, brhhhhhhhh!» Das Telefon schrillte blechern in der verwahrlosten, aber nur scheinbar verlassenen Fabrikhalle, in der früher eine Schlachterei untergebracht war. Ein furchterregender Roboter und ein dicker Mann in grüner Militärkleidung rollten im Ringkampf über den harten Betonfußboden. Gewaltiges Stöhnen und Scheppern war zu hören. Immer mehr verknoteten sich Arme und Füße ineinander. In diesem Moment nahm der Roboter den Fettwanst in den Schwitzkasten und drückte zu.

«Mensch, hör auf, Gobbot, ich kann nicht mehr», stöhnte der schweißtriefende Ringkämpfer. Sein bellender Husten erschütterte die ganze Fabrik.

Im Nachbargebäude verfolgte eine spindeldürre Person den unerbittlichen Kampf auf einem Monitor. Dieser war erstaunlicherweise in eine überdimensionierte Brille einmontiert, die diese Bohnenstange von Mensch fest über sein strohblondes Haar gezurrt hatte. Hätte man hinter die verspiegelten Gläser sehen können, wäre einem nervenschwachen Menschen vermutlich fast das Herz stehengeblieben. Was für fanatische Augen in einem fratzenartigen Gesicht starrten verbissen auf den Minimonitor!

Die Gestalt machte ungelenke Seitensprünge und vollzog merkwürdige Tritte ins Leere, warf sich plötzlich auf den stark verschmutzten Hallenfußboden und scherte sich dabei nicht im Geringsten um ihren Smoking, der deutlich schwärzer wurde. Die Fliege am Hemd hing bezeichnenderweise auf «halb acht».

«Verrückt, oder?», hallte es aus den Lautsprechern im Raum. Die Vogelscheuche meinte dabei aber allerdings nicht sich selbst, obwohl es gutgetan hätte, dies aus wissendem Mund zu erfahren, sondern die neue Technologie, die sie gerade nonstop ausprobierte.

«R-U-H-E! Jetzt reicht's!» Genervt richtete sich dieser schreiende Befehlston gegen das weiterbimmelnde Telefon, das – als hätte der Schreck es plötzlich gelähmt – abrupt mit dem Läuten aufhörte.

«Gut, dass man auf mich hört», murmelte die vermummte Gestalt stolz und setzte ihre verunglückten karateartigen Bewegungen fort.

«Los, Gobbot, mach den Knilch von Scherge fertig», forderte giftig der Brillenträger. «Mensch, dreh ihm doch endlich den Arm auf den Rücken», dabei schmiss sich der fast völlig eingestaubte Smoking mit menschlichem Inhalt auf den Hallenfußboden, griff wie verrückt mit weißen Handschuhen in die Luft, als wenn er etwas drehen wollte, und stemmte gleichzeitig seine Füße gegen einen unsichtbaren Widerstand. Eine furchterregende Technik, denn ob man es nun glauben will oder nicht, die Bewegungen des Smokingträgers übertrugen sich eins zu eins auf die des Roboters im anderen Gebäude. Dieser stemmte im selben Moment seine ungelenken Metallbeine gegen den dicken Scherge, und seine Robotarme drehten wie wild an dessen Ellenbogen. Zufrieden beobachtete der Smoking-Mann das schmerzverzerrte Gesicht des menschlichen Ringkämpfers.

«Stop it! Hören Sie doch auf, Professor von Schlotter!» Markerschütternd war das Schreien von Scherge – dem üblen Gehilfen des noch viel übleren Professors – zu vernehmen.

«Tja, wirklich, es funktioniert, Scherge.» Und hämisch fing der Professor an, unter seiner Maskierung zu grinsen.

Nur seine finsteren Augen ließen ahnen, dass das Grinsen aufgesetzt war. «Pass auf! Ich drücke dich jetzt nur noch ein letztes Mal», giftete er keuchend weiter. Dabei schloss er demonstrativ seine rechte Hand zur Faust. «Aaauuuuu!» Scherge schrie jaulend auf, weil der Roboter im selben Moment gewaltig seine Hand quetschte, sodass das Knirschen der Knochen im Lautsprecher zu hören war. Auf den Minimonitoren waren die angstvoll geweiteten Augen von Scherge zu sehen.

«Genug! Super!» Mit diesen Worten stoppte der Professor die Aktion, denn auch Gobbots Augen näherten sich gefährlich denen von Scherge und starrten ihn bedrohlich an. Doch Schlotter und Scherge wussten, dass in die Augen des Roboters kleine Chipkameras implantiert waren.

Aber von Schlotter war nicht so recht zufrieden, denn was er Scherge gegenüber unbedingt verheimlichen musste – er war doch kein Weichei –: Er bekam tierische Schmerzen in seiner rechten Schulter bei dieser Aktion.

«Herrgott, tut das weh», fluchte er. «Ausgekugelt beim Bodenkampf?» Er drehte seine Schulter in alle Richtungen. «Zum Glück nicht. Aber zu gerne hätte ich meinen Liebling mehr gedrückt. Hö, hö!» Er sah grimmig auf den Monitor. «Ich werd auch nicht jünger. Schade eigentlich … Mist!», stieß er wegen der Schmerzen keuchend aus. Ein fieses Grinsen breitete sich auf seinem verzerrten Gesicht aus.

«Scherge! Verflucht. Dieser gigantische Roboter ist saumäßig stark! Hast du gesehen? Macht wirklich alles, was ich will. Bewegt sich völlig identisch mit all meinen Bewegungen! GOBBOT, du wunderbarer Götz-Robbot … In echt, ich bin begeistert. Du bist wirklich ich! Ebendeshalb hab ich dich ja auch GOBBOT getauft. Brav, GOBBOT! Brav!», säuselte er fast zärtlich, als würde er zu einem Hund sprechen. Und weiter hörte man: «SUPERGOBBOT – SUPERSCHLOT-

eine Luxation?

Wenn zwei Knochen sich gegeneinander im Gelenk verschieben, sprichst du vom **Auskugeln**, weil die Kugel des Knochenköpfchens aus dem Gelenk springt, und der Arzt von einer **Verrenkung** oder **Luxation**. Häufig werden dabei auch die Gelenkkapsel und/oder die Bänder beschädigt. Der Arzt renkt das Gelenk meistens unter Betäubung wieder ein und stellt es zum Ausheilen mit Schienen oder Gips still. Typisch für eine Luxation sind der starke **Schmerz**, die **Bewegungseinschränkung** und die **Schwellung**.

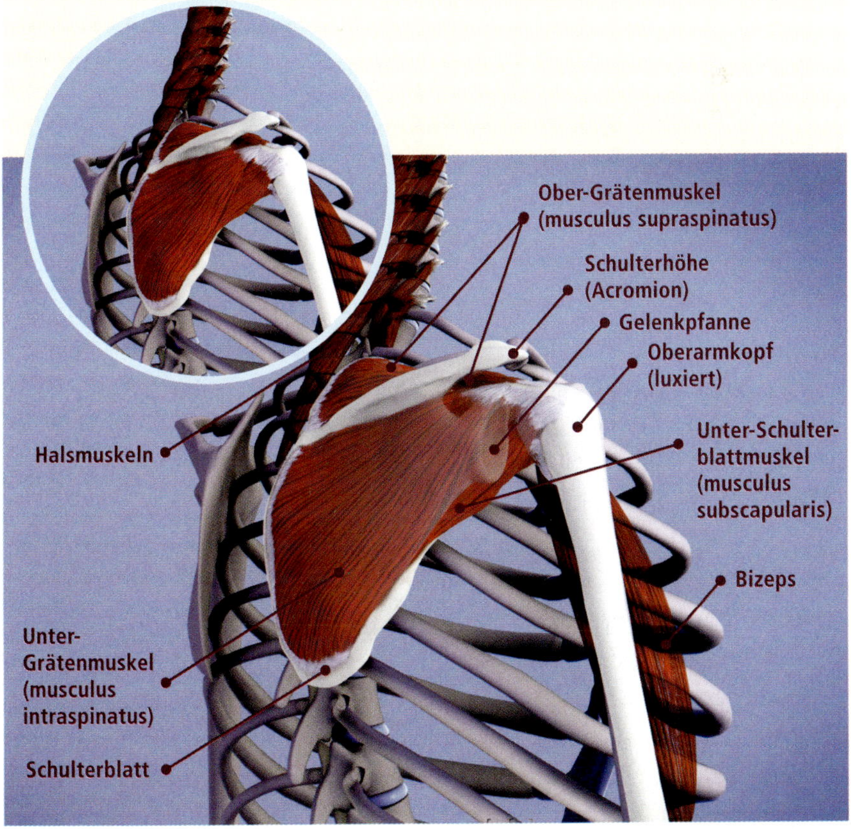

TER! Du bist mir schon eine einsame Klasse für sich! DU BIST EIN WAHRES GENIE, Professor Doktor Götz von und zu Schlotter.» Dabei klopfte er sich auf seine rechte Schulter.

Während dieser ekeligen Selbstbeweihräucherung nahm er mit spitzen Fingern seine Brille ab und hielt sie kurz demonstrativ in die Luft. Vorsichtig den Arm bewegend zog er sich triumphierend die Computerhandschuhe von den Händen – Finger für Finger – und wickelte sich langsam und andächtig die sehr breite schwarze Binde ab, die er unter dem Smoking getragen hatte. Sie sah wirklich aus, als wenn sie zum Anzug gehörte. Er faltete die Binde sehr gewissenhaft und setzte sich dann auf den Boden. Dabei zog er sich bedächtig die schwarzen Stiefeletten aus, entledigte sich auch der überknielangen Strümpfe und zweier sehr breiter Ellenbogenschoner aus elastischem Material, indem er sie langsam Stück für Stück herunterrollte.

«Professor, Sie sind einzigartig! Welch eine Wundertechnik Sie entwickelt haben. Das macht Ihnen so schnell keiner nach. Diese Software mit den Minichip-Sensoren in Ihrer Kleidung, die Ihre Bewegungen exakt auf Roboter überträgt, tut's einem richtig an.» Scherges Stimme wisperte stakkatoartig aus den Kopfhörern, die der Professor achtlos auf den Tisch geworfen hatte, wobei er sich im Nachbarzimmer schmerzverzerrt Hände und Arme massierte.

«Jeder hört auf mein Kommando, Scherge! Wir machen uns die Welt jetzt untertan. Hast du verstanden?»

«Jawohl, Herr Professor.» Man meinte, die zusammenschlagenden Hacken von Scherge zu vernehmen. «Was wird die Menschheit zittern, wenn wir erst alle Roboter mikrotisiert und in Menschen zur Manipulation der Gehirne eingeschleust haben, nicht wahr, Pro-

fessor.» Scherge kratzte sich am Kopf, dann fragte er zögerlich: «Aber was sollen die Gobbots denn eigentlich im Gehirn machen?»

«Dummkopf, elender Taugenichts! Das hab ich dir doch schon tausendmal erklärt.» Schlotter packte den völlig erschöpften Scherge am Kragen. «Ich habe sie so programmiert, dass sie das Zentrum im Gehirn angreifen, das für Gefühle zuständig ist. Dort schalten sie dann alle schönen Gefühle aus – Liebe, Mitgefühl, Freude und Nächstenliebe. All diese menschlichen Schwächen werden abgestellt. Zurück bleiben dann nur Neid, Hass und totaler Egoismus. Keine Gefühlsduselei mehr, keine Freundschaften oder glückliche Familien. Niemand mehr, der sich über den Sonnenschein freuen kann oder sich verliebt. Jeder ist für sich allein, eine Gemeinschaft wird es nicht mehr geben. Und was machen die Menschen, wenn sie sich nicht mehr gegenseitig haben?» Scherge nuschelte etwas Unverständliches. «Genau, sie werden auf mich hören. Ich werde eine Armee von Menschen besitzen, die nur mir gehorchen – und dann, dann werde ICH über die Welt herrschen. Tja, gegen meine Intelligenz ist eben kein Kraut gewachsen. Das hast du ja gerade richtig gespürt. Nicht wahr, Scherge? Auf geht's!» Er ballte kräftig die Faust zur Bestätigung und kicherte beängstigend in sich hinein.

Dann schaute er auf und registrierte das von neuem stoisch vor sich hin läutende Telefon.

«Was hindert dich eigentlich daran, ans Telefon zu gehen, Scherge?»

Scherge schlurfte finster dreinschauend zum Telefon und nahm es ab.

«Hat aufgelegt.»

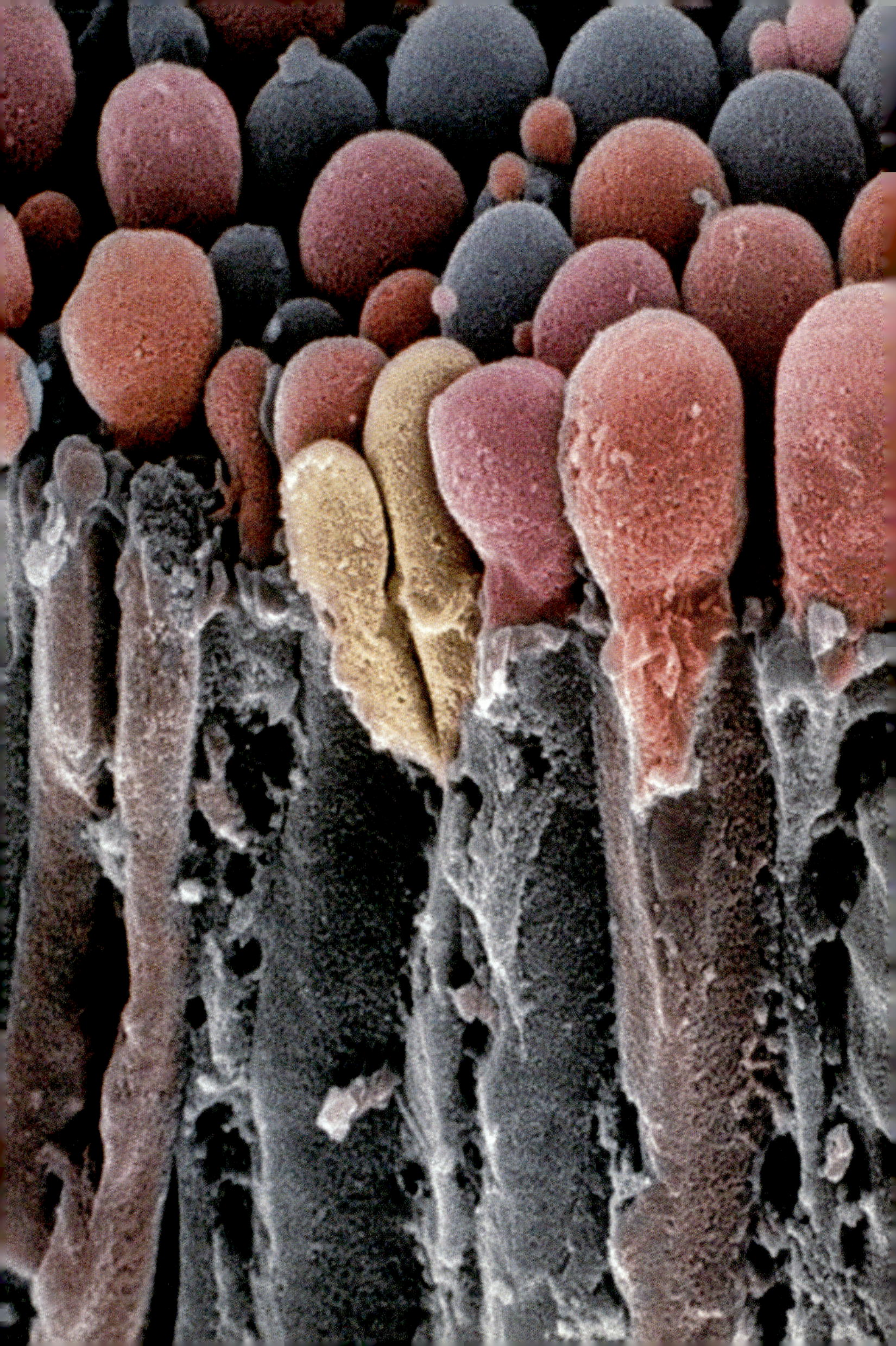

«Nachtigall, ick hör dir trapsen»

In der Villa Nachtigall war die Hölle los. Micro Minitec hatte gerade die ersten Flugversuche mit ihrem neuen Arztkoffer hinter sich. Wenn du jetzt meinst, dass sie mit dem Koffer unterm Arm irgendein Fluggerät testete, liegst du falsch. Nein, vielmehr testete sie ihre neueste Erfindung, den «fliegenden Arztkoffer»! Richtig gehört: Ihr Koffer hatte die Schwerkraft überwunden. Der «absolute Hammer», wie sie zu bemerken pflegte! Und der Koffer sauste in der Tat ständig hinter ihr her, sozusagen mit fliegenden Haaren. Denn der Koffer besaß ein Rotorblatt wie ein Helikopter mit haarähnlichen Lamellen. Je nachdem, wohin sie sich auch bewegte, er flog im Abstand von eineinhalb Metern hinterher. Mal rechts, mal links, treppauf, treppab und lächelte dabei herzhaft mit zwinkernden Kulleraugen. Diese großen Kulleraugen verloren sie nie aus dem Blick, und die hinter diesen Augen verborgenen Kameras sorgten dafür, dass das ungewöhnliche Fluggerät immer einen Sicherheitsabstand zu Micro und allem anderen einhielt, damit nichts seinen gefährlich schnell rotierenden Rotorblättern zu nah kam. «Micros Distance Flight – MDF», was so viel wie «Distanz-Fliegen» heißt, nannte sie dieses System, das sie zuerst in ihren mittlerweile heißbegehrten Energiesparautos getestet hatte. Rappel, Micros hennarotes Kaninchen, hoppelte vergnügt hinter dem Micro-Koffer-Gespann her, machte Luftsprünge wie ein übermütiger Hund und stolperte dabei das eine oder andere Mal über seine Schlappohren. Schwester Leoberta klatschte vor Vergnügen in die Hände und juchzte in ihrem unnachahmlichen Berliner Dialekt: «Nachtigall, ick hör dir trapsen. Mensch, Micro Minitec, wat haste da schon wieda anje-

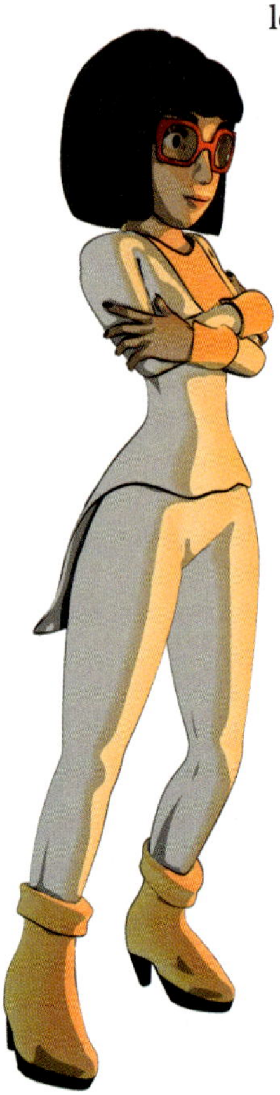

Solarenergie?

Sicherlich habt ihr im **Sommer** das Auto schon einmal ein paar Stunden auf den Parkplatz gestellt. Wenn ihr dann die Türen öffnet, ist es im Auto so heiß wie in einer **Sauna**. Auf die Sitze kann man sich dann gar nicht setzen, weil man sich sonst die Haut verbrennen würde, so viel Energie wurde dort in den Sitzbezügen gespeichert. Die Hitze im Auto und in den Sitzen entsteht durch Solarenergie, denn Solarenergie ist **Sonnenenergie**! Solarenergie kann auch ein Zimmer heizen, wenn die Sonnenstrahlen durch das Fenster scheinen. Heutzutage kann man die Energie der Sonne speichern und damit Wärme fürs Duschwasser und die Heizung gewinnen oder sogar Strom erzeugen. Dafür braucht man **Sonnenkollektoren** («Sonnensammler»). Diese Solar-Kollektoren werden meistens auf dem Dach eines Gebäudes angebracht und können die **Sonnenstrahlen** einfangen. Oft sieht man auch Kollektoren auf der Parkuhr. Der Strom für die Anzeige auf der Parkuhr kommt dann direkt von der Sonne!

Solarenergie ist sehr wertvoll, weil sie immer da ist, keine Abgase erzeugt und so unsere **Umwelt** schont. Und: Sie kostet nichts!

stellt. Een Koffer, der sich wie ’ne Nachtigall in die Lüfte schwingt.» Auch alle anderen Mitarbeiter und Techniker waren aus ihren Zimmern und Labors gekommen und applaudierten voller Begeisterung.

«Danke euch allen! War eine großartige Teamleistung, dieser Koffer. Vor allem, dass wir so viel von unseren Automobiltechniken übernehmen konnten: Solartechnologie für den Antrieb der Propeller auf der Kofferoberfläche und das MDF-System. Wirklich superklasse!»

«FRau Minitec», unterbrach ein Ingenieur mit russischem Akzent. «Öffnen doch mal deR KoffeR.» Er rollte das «R» überdeutlich. «In KoffeR auch UltRaschallgeRät und EKG füR Diagnose und LaboR, kleines. Mit Hilfe SolaR- und StRohmungstechnologie Sie bäkommen StRom voR Diagnose – Puls- und BlutdRuckmessung auch auttomatisch mögglich.» Micro Minitec lächelte vergnügt und staunte in der Tat Bauklötze, als sie den Kofferdeckel öffnete. Alles, was ein Arzt benötigt, war auf kleinstem Raum übersichtlich angeordnet: Medikamente, Verbände, Spritzen, Reflexhammer und die vom russischen Techniker erwähnten Geräte.

«Diese Solarenergie, die müsste man noch für etwas anderes nutzen können», dachte Micro Minitec, behielt ihre Überlegungen aber vorerst für sich. «Wie praktisch wäre es doch, wenn man die Sonnenstrahlen einfangen und zu jeder beliebigen Zeit wieder ausstrahlen könnte. Wie eine Taschenlampe mit natürlichem Licht, so müsste das dann aussehen.»

In diesem Moment größter Freude stürzte Nanolino herein, gefolgt von einer Horde aufgeregter Kinder. Mittendrin lag Jimmy auf einer Trage, begleitet von Dr. X.

«Ist alles vorbereitet?», rief er in den Raum. «Hey, was ist hier denn los? Kirmes oder was?»

«Nee, Doc, Besuch aus Tausendundeiner Nacht. Een Bruda vom fliejenden Teppich is jerade mal vorbeijeflogen!» Leoberta griente, die anderen kicherten, Dr. X stutzte.

«Bitte was? Schwester, ich verbitte mir diesen Unsinn. Seid ihr alle betrunken?»

Ein angestrengtes Hüsteln, das durch den Raum ging, verriet, dass mancher sich nur mit Mühe ein Lachen verkneifen konnte. Einer konnte nicht mehr an sich halten und krähte aus vollem Hals los. Zorneswolken schienen sich über Dr. X' Kopf zu bilden.

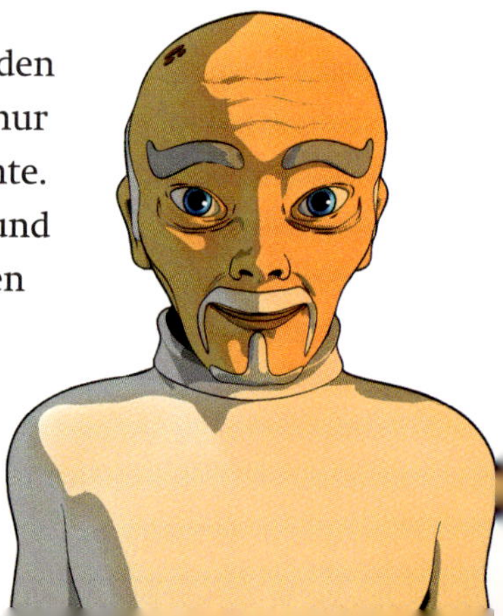

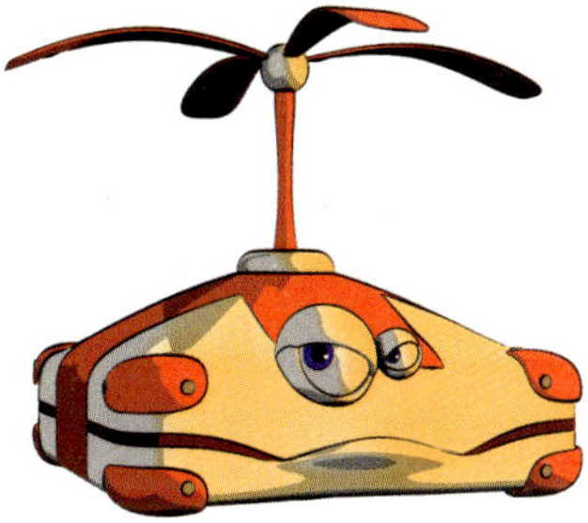

Er fühlte sich veralbert. Jetzt griff zum Glück Micro ein und lächelte den Doc versöhnlich an.

«Lieber Dr. Xiang» – das war Dr. X' vollständiger Name. «Es ist mir eine Ehre und ein großes Vergnügen, Ihnen meine neueste Erfindung zu präsentieren: den fliegenden Arztkoffer. Simsalabim!»

Sie klatschte in die Hände und rief: «Medico vobiscum!» Ein starkes Summen erklang, und der Koffer, der zuvor noch auf dem Boden gelegen hatte, erhob sich wieder in die Luft und brauste durch den Raum. Nano konnte sich gerade noch zur Seite ducken und sah ungläubig hinterher. Der Koffer landete zielsicher vor Micros Füßen und öffnete automatisch den Deckel. Dr. X war ganz aus dem Häuschen.

Die Kinder wichen erschrocken zurück, nur Nanolino beugte sich neugierig vor. Sein Traum, Arzt zu werden, hatte sich seit seinem letzten Abenteuer noch verstärkt. Daher betrachtete er die vielen kleinen Instrumente umso genauer. «Micro, meine wundervolle Minitec», stammelte Dr. X. «Das ist ja unglaublich, was du da wieder gezaubert hast.» Alle Anwesenden nickten begeistert, und den Kindern blieb der Mund offen stehen – genau genommen hatten sie ihre Münder aufgerissen, als der Koffer durch den Raum flog, und seitdem nicht mehr geschlossen.

«Schaut euch mal das kleine Ultraschallgerät an», rief Dr. X verzückt. Micro nahm den Schallkopf heraus und verteilte etwas Ultraschallgel darauf.

«Damit die Schallwellen besser auf festes Gewebe übertragen werden können», erklärte sie Nanolino.

Geschickt wie eine Basketballspielerin warf sie die leere Tube in eine weiter entfernt stehende Mülltonne.

«Halt, Moment, Micro, wisch das Gel nicht ab. Untersuch doch

Ultraschall?

Mit den Augen Bilder hören – das wäre doch toll, oder? Mit Ultraschall kannst du das! Jeder Internist oder Allgemeinarzt nutzt dieses **moderne Stethoskop**, um deinen Bauch «abzuhören». Über einen klitzekleinen Lautsprecher, den sogenannten **Schallkopf**, werden ganz viele feine Schallwellen gebündelt und über die Haut in den Körper eingestrahlt. Im Inneren werden die Schallwellen durch die unterschiedlich gestalteten Organe gebrochen, gestreut oder zurückgeworfen. Das ist wie beim Echo in den Bergen: «Wie heißt der Bürgermeister von Wesel …?» Ein kleiner Empfänger im Schallkopf nimmt die zurückkommenden **Echos** auf, das ist aber viel genauer als das «… Esel», das in den Bergen zurückschallt. Diese Echos werden am Bildschirm als Lichtpunkt dargestellt. Je nachdem, wie schnell oder stark die Echos zurückkommen, werden die Lichtpunkte weiß, grau oder schwarz. Viele Lichtpunkte zusammen ergeben ein Bild des Körperinneren. Damit kann man sogar ein kleines Brüder- oder Schwesterchen in Muttis Bauch beobachten.

Beim Ultraschall entsteht **keine Röntgenstrahlung**! Ultraschall ist jedoch ein Untersuchungsverfahren, bei dem mit hoher Schallenergie auf Zellen eingewirkt wird. Bisher sind Nebenwirkungen oder Schäden nicht bekannt.

mal Jimmys Knie!», warf Nanolino ein. »Deswegen sind wir doch gekommen, nicht wahr, Dr. X?»

«Ja, du hast recht. Obwohl Ultraschall eigentlich nicht die richtige Methode ist, um einen Meniskusschaden oder einen Kreuzbandriss festzustellen. Aber um zu sehen, ob ein Gelenkerguss oder eine Blutung ins Muskelgewebe vorliegt, ist dies schon eine große Hilfe.»

ein Kniegelenk?

Das Kniegelenk ist eine Besonderheit, es hat wie die Wirbelsäule einen Stoßdämpfer. Dieser ist zweigeteilt in einen Innen- und Außenmeniskus und besteht aus Faserknorpel. Der Innen- und Außenmeniskus besteht aus Faserknorpel, der bei zu starker Belastung einreißen kann. Man spricht dann auch von einem Meniskusriss.

Der Meniskus steht beidseitig mit dem Gelenkknorpel in Verbindung. Das Kniegelenk wird zusammengehalten durch das vordere und hintere Kreuzband. Diese Bänder überlagern sich, wie der Name schon sagt, kreuzförmig. Die Bänder sind am Schienbein und am Oberschenkelknochen knienah befestigt. Weiterhin gibt es noch Innen- und Außenbänder, die zusammen mit der Gelenkkapsel das Knie bei Seitwärtsbewegung stabilisieren. Vorne vor dem Knie hüpft fröhlich die Kniescheibe. Sie ist durch Sehnen mit der Ober- und Unterschenkelmuskulatur verbunden. Wenn dein Knie gereizt ist oder du einen Sportunfall hast, bei dem beispielsweise das Kreuzband reißt, kann es auch zu einem Gelenkerguss oder Einblutungen ins Gelenk kommen. «Ist das ein Kreuz mit den Bändern!»

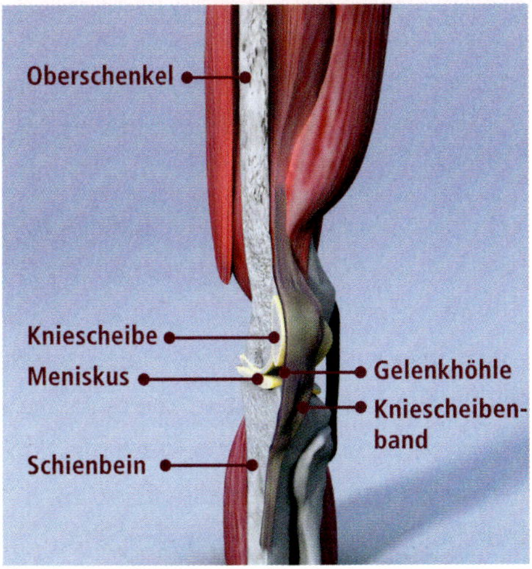

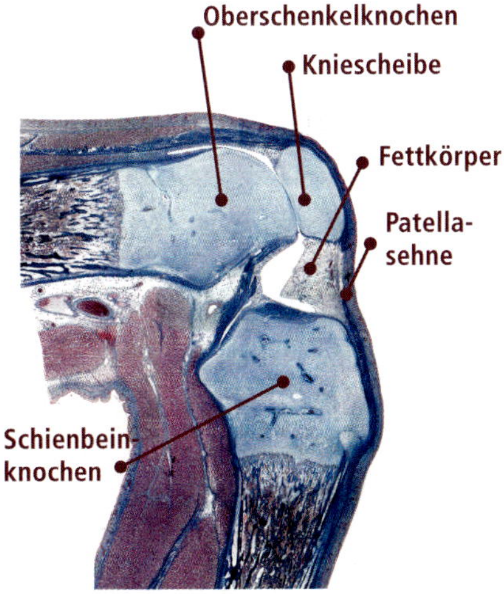

«So, Jimmy, dann wollen wir uns mal dein Knie angucken. Du brauchst keine Angst zu haben, das tut nicht weh. Ich werde schon mal zum Kernspinraum vorgehen, dort können wir gleich deinen Knie-Innenraum eingehend untersuchen.»

Dr. X ging fröhlich vor sich hin summend davon. Jimmy beobachtete finster Dr. X' Abgang. «Schön, dass alle hier so gut drauf sind!» – «Nano, kannst du mir mal helfen?» Micro Minitec begann vorsichtig mit der Untersuchung des Knies.

Operation Jimmy

«Sieh mal, Jimmy!» Dr. X zeigte auf das Knie, das überdimensional groß im Raum schwebte und sich drehte. Er griff in dieses leuchtende und durchsichtige Kniewunder hinein und zeigte den Kindern, die total verblüfft zuschauten, einen Querschnitt vom Knie auf einem holographisch im Raum sichtbaren Kernspinbild.

«Wie im Zirkus», murmelte einer. «Genau. Dr. X ist ein moderner Zauberer», rief Marie. «Was der alles kann!» Und in diesem Moment klappte Dr. X regelrecht das Knie virtuell in der Luft auf, indem er seine Handflächen auseinanderfaltete.

«Hier seht ihr die intakten Kreuzbänder – das vordere und hintere, da die Kniescheibe, hier unten den Außenmeniskus und dort den Innenmeniskus von Jimmy, der ganz fest mit dem Innenband verwachsen ist.»

«Wofür braucht man denn eigentlich so einen Meniskus, Doc?», fragte Marie keck. Dr. X beugte sich mit seinem Ohr näher zu Marie. «Wofür man den Meniskus braucht? Hör mal, das ist der Stoßdämpfer der Knie. Beide Knorpelflächen innen und außen vom Oberschenkel und Unterschenkel werden so abgepuffert und geschützt.» Alle Kinder umringten das schwebende Knie, sahen sich diese anatomische Speziallehrstudie konzentriert an und hörten gespannt zu.

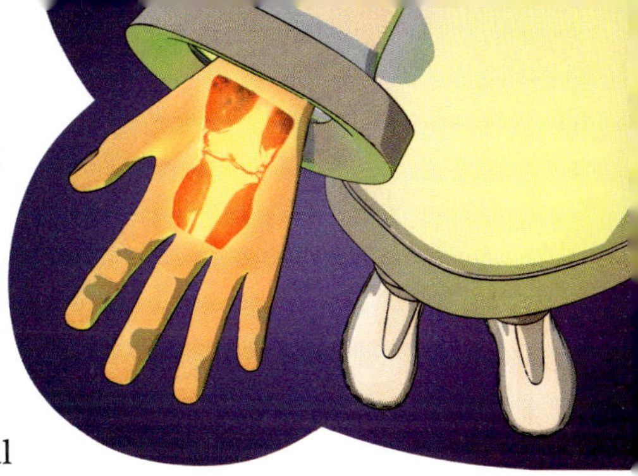

«Einen anschaulicheren Unterricht haben wir noch nie gehabt», äußerte der gegnerische Torwart anerkennend.

«Doch halt, was sehe ich hier? Mensch, Jimmy, da ist doch ’ne kleine Macke. Keine Sorge, aber ein klitzekleiner Riss im Außenmeniskus. Seht mal alle hierhin, seht ihr diese feine fadenförmige weiße Linie?» Dr. X zeigte mit seinem rechten Zeigefinger auf eine hauchdünne Linie im Bild, das er auf seiner linken Handfläche ausgebreitet hatte. Die Kinder nickten, und Marie wurde wieder rot. «So ’n Mist!», schluchzte sie, und Jimmy guckte verdattert fragend in die Runde: «Und was nun, lieber Dr. X? Habe ich Chancen zu überleben, komme ich durch, oder was ist los?» Er wollte witzig wirken, obwohl ihm gar nicht danach zumute war.

«Also, durch kommst du immer! Alles halb so schlimm, Jimmy. Und Fußball wirst du auch bald wieder spielen können. Früher hat

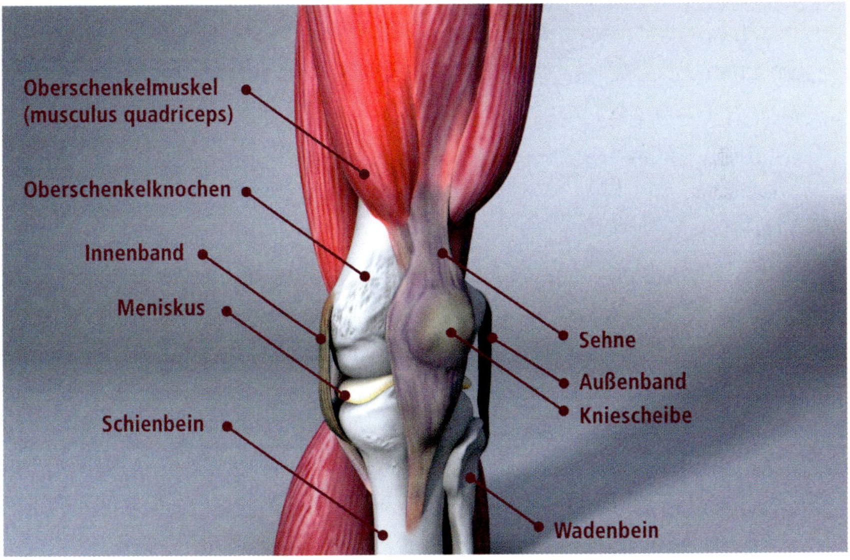

man so etwas operiert, heute können wir einen solch kleinen Riss nähen oder kleben. Bei dir ist das so winzig, dass man es kleben sollte. Und ein wenig den kleinen Erguss absaugen.» Jimmy schaute misstrauisch, oder, besser gesagt, er schielte fast vor Unbehagen. Seine Mannschaft rückte näher, fast so, als wollte sie ihn verteidigen.

«Das dauert höchstens 5 Minuten, Jimmy, und wir machen das in örtlicher Betäubung mit Lokalanästhesie. Mach dir mal wirklich keine Sorgen», mischte sich jetzt Micro Minitec ein. «Ein kleiner Pikser, und alles ist vorbei.»

«Oh, ja! Darf ich wieder mithelfen?» Nanolinos medizinische Neugier war grenzenlos. «Außerdem habe ich Jimmy mein Ehrenwort gegeben, dass ich ihm helfe und alles wieder in Ordnung kommt», schoss es ungestüm aus Nano heraus.

«Aber …», wollte Dr. X gerade sagen, da unterbrach ihn Micro und flüsterte ihm etwas ins Ohr. Der nickte scheinbar zustimmend und wandte sich an Jimmy.

«Also, Jimmy, wir rufen kurz deine Eltern an, ob wir diesen kleinen Eingriff durchführen dürfen. Du bist ja noch nicht volljährig. Unser neuer medizinischer Sportassistent Nanolino, den Micro und ich gerade in unser Sportteam berufen haben, wird dich mit begleiten sowie die Behandlungen unterstützen. Ist das okay so, Jimmy, Nanolino?»

Nano wusste gar nicht, wie ihm geschah. Ein Schauer der Erregung lief über seinen Rücken, ein strahlendes Lächeln ging von seinem ganzen Körper aus, und er brachte nur noch ein stammelndes «Da-a-anke sehr, nat-t-türlich. Welch eine Ehre!» hervor. Er verbeugte sich, Marie umarmte ihn schluchzend, und die Kinder gratulierten ihm, nachdem Jimmy sehr beruhigt und eindeutig seine Zustimmung erklärt hatte.

«Und nochmal: Es geht alles ganz schnell und schmerzlos, weil wir die ganze Behandlung in deinem Knie genauestens sehen können. Schwester, jetzt rück bitte mal zur Seite», frotzelte Dr. X Micro Minitec an.

WAS IST EIGENTLICH …

steril?

Ein Gespräch ohne Inhalt, Witz oder Tiefgang kann völlig «steril» sein. Das ist hier allerdings nicht gemeint. Sondern der Zustand von möglichst vollständiger **Keimfreiheit** bei medizinischen Geräten, Kleidung oder Verbandsstoffen. Dies nennt man steril. Bei der sogenannten Sterilisation werden Mikroorganismen und ihre Überlebensformen (Sporen) abgetötet oder so geschädigt, dass sie nicht mehr infizieren können. Ein Mensch – Mann oder Frau – kann auch «steril» sein, weil er **zeugungsunfähig** ist und keine Kinder bekommen kann.

WAS IST EIGENTLICH …

eine Sonde?

Hierbei handelt es sich nicht um ein Spionagewerkzeug oder einen Weltraumsatelliten, sondern um ein röhrenförmiges medizinisches Instrument zur Einleitung von Flüssigkeiten und Gasen (Medikamenten, Nahrung) in den Körper oder zur Gewinnung von Untersuchungsmaterial aus Körperhöhlen oder Organen (Biopsie-Sonden für Gewebsproben). Über Magensonden wird z. B. Nahrung zugeführt oder der Magen gespült. Über Infusionssonden werden Medikamente in die Blutbahn gebracht. Drainagesonden nach Operationen leiten Blut oder Eiter ab (z. B. aus dem Mittelohr). Therapiesonden werden zum Beispiel zum Einbringen von schmerzstillenden Medikamenten an die Bandscheibe eingesetzt. Sonden haben unterschiedliche Längen und Durchmesser und bestehen aus Metall oder Kunststoff.

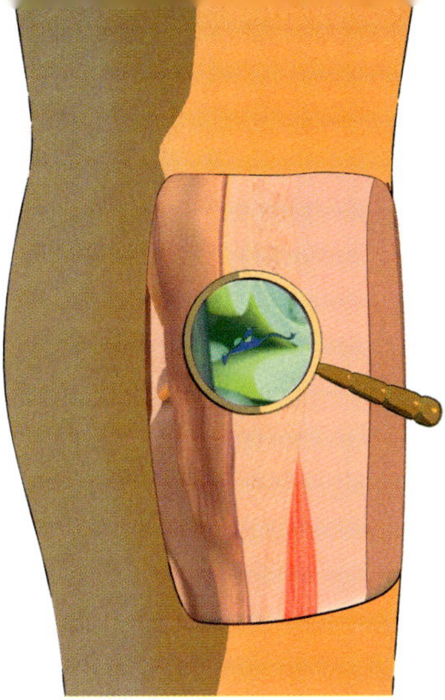

«Desinfektion, Tupfer, Sonde und Lokale bitte.» Mit «Lokale» meinte er das Betäubungsmittel. Dr. X stülpte sich die sterilen Handschuhe über seinen megalangen Kittel und beugte sich über Jimmys Knie.

Auf das Glas seiner Spezialbrille, ein Monokel, wurden Innenaufnahmen des Knies projiziert. Gleichzeitig konnte er mit dem anderen Auge, das nicht bebrillt war, normal sehen und so auch die feine Sonde mit seiner Hand genauestens steuern. «Echt genial!» Jimmy war tief beeindruckt, konnte er doch alles direkt auf dem Monitorbildschirm über seinem Kopf genau beobachten. Er war dermaßen abgelenkt, dass er überhaupt nicht bemerkte, wie Dr. X sein Knie betäubte.

Gebannt starrte er auf den Bildschirm über ihm und beobachtete, wie die Sondenverlängerung in das schwarz-weiße Kniegewölbe eindrang. Sah, wie sich plötzlich eine weiße Flüssigkeit ausbreitete und wie sie sich in dem Gewebe zwischen Adern, Sehnen und Muskeln verteilte. Aber das Spektakulärste sollte noch kommen: Micro Minitec hatte es wieder getan – sie hatte Nanolino geschrumpft! In seinem ersten Abenteuer in der Villa Nachtigall war Nano versehentlich geschrumpft worden und zusammen mit dem Kaninchen Rappel, das diese Reise eigentlich allein antreten sollte, in einem U-Boot in Micros Darm gelangt. Anschließend hatte er noch zwei weitere Reisen in das

WAS IST EIGENTLICH …

eine Nervenblockade?

Nervenleitungen kann man unterbrechen, etwa durch Druck, durch Hitze, Kälte, aber auch durch Medikamente. Zum Beispiel können **Lokalanästhetika** Nerven für einige Zeit betäuben. Das Gebiet, das man betäubt, ist damit gefühllos. Du spürst dann z. B. keine Hitze oder Kälte mehr oder auch nicht mehr das feine Streicheln der Haut. Auf diese Weise wird die Schmerzleitung zum Gehirn unterbrochen. Es gibt in allen Therapieansätzen und Kulturen unterschiedliche Formen der Nervenblockaden. Du findest sie beispielsweise in der Akupunktur, bei bestimmten Massagetechniken oder in Anästhesieverfahren in der Schulmedizin.

Innere des Körpers unternommen. Er war also inzwischen ein erfahrener U-Boot-Fahrer oder, wie Dr. X es nannte: ein Korponaut – ein Astronaut im «Körperall». Der erste überhaupt.

Dr. X schaltete per Sprachkommando ins Innere des U-Bootes um. Jetzt sah er dank der Spezialbrille Nanolinos Kopf lebensgroß vor sich und verfolgte eine Unterhaltung zwischen Nano und Micro. Nano war mittlerweile von Micro in seinem «Manta», so hieß das von Micro Minitec neuentwickelte U-Boot, zusammen mit etwas Betäubungsflüssigkeit in ein Röhrchen aufgezogen worden.

«Hallo, wo bist du?», unterbrach er das Gespräch der beiden, hielt sich das Röhrchen schmunzelnd vor das rechte Auge und schüttelte heftig die Mixtur.

«Stopp … hör auf … mir wird gleich schlecht!»

Nano wurde schon etwas grün um die Nase. «Achter…bahnf… ahren ist nichts … jaaaa, nichts … dagegen! Dr. X-X-X-X! Stopp, es reicht!» Jetzt presste er sich die Hand vor den Mund, als müsste er sich gleich übergeben. Das schien ansteckend zu sein: Auch Jimmy

WAS IST EIGENTLICH …

eine Gelenkkapsel?

Die Gelenkkapsel (Capsula articularis) gibt den Gelenken Stabilität durch ihr straffes Umhüllungsmaterial aus festem Bindegewebe. Die innere Schicht der Gelenkkapsel besteht aus elastischen **Fasern**, **Nerven** und **Gefäßen**. Diese ernähren das Innere des Gelenks mit **Synovia** – nicht zu verwechseln mit Nektar. Synovia schmiert auch gleichzeitig die Gelenke. Deshalb laufen sie auch «wie geschmiert».

schluckte und rief laut: «Halt, aufhören!», denn er hatte alles auf dem Monitor mit angesehen. Der Zwischenruf erschreckte den vergnügten Doktor, und er ließ fast das Röhrchen fallen.

«Oh, so sorry! Mensch, Nano – ich Esel! Hatte ganz vergessen, dass kleine Bewegungen hier draußen Tsunamis im Inneren des Röhrchens auslösen. Zudem bist du beim besten Willen nicht zu sehen.»

«Bin eben ein kleiner Wicht!»

«Ja … Das Betäubungsmittel sieht ganz normal aus; keine Eintrübungen, keine Verunreinigungen, vollkommen klar! Ich werde dich jetzt ganz langsam mit vorsichtigem Druck hinter die Kniescheibe bringen. In Ordnung, kleiner Medicus? Dann übernimmst du die Steuerung.»

«Oki, Doci! Bin einsatzbereit – Turbulenzen kommen schließlich in den besten Familien vor.»

Gesagt, getan – Nanolino setzte sich aufrecht hin und harrte der Dinge, die da kommen würden. Kurz blickte er noch eine unendlich lang erscheinende, metallisch glänzende Rutsche hinab, als er plötzlich mit der Geschwindigkeit eines Düsenjets durch das Kanüleninnere schoss und alsbald am Ende des Tunnels eine weiße Wand sah, die sich rasend schnell näherte.

Im Kniegebirge

Nano hatte Angst, die Beschleunigung würde seinen Kopf zerquetschen, da glitt der Manta in einen Riesenspalt, und vor dem Cockpit seines Schiffes erschienen wunderschöne Spiegelflächen: schöner und weißer als jeder Neuschnee, atemberaubender als jeder Gletscherspalt, glatter als jeder Spiegel. Das Licht des U-Boots tastete die Oberfläche ab, und sie glitten an der weißen «Bergwand» vorbei. Die Spiegelwand schien gar nicht aufzuhören. Weiß über weiß, das gelbe Licht des Mantas wurde reflektiert oder zurückgeworfen. Nanolino steuerte versonnen das Boot und vergaß Raum und Zeit.

«Oh, wie traumhaft, Dr. X! Jimmy, schade, dass du nicht selbst hier sein kannst.»

Ein Gefühl unendlicher Ruhe durchströmte Nano. Die Zeit schien jetzt tatsächlich stillzustehen. Minutenlange Stille. Keiner der Beobachter wagte es, die feierliche Stimmung zu stören.

«Das ist so unbeschreiblich schön hier, Leute! Seht nur diese flauschige Kissenlandschaft. Und das, was ist das?»

Die Scheinwerfer tasteten die stille, fremde Welt vor seinem Fenster ab und brachen sich in weißen Bergen, die aus Schaum oder Schnee zu bestehen schienen. Jimmy konnte es nicht fassen, dass es sich um sein Knie handeln sollte. Er war gedanklich genauso wie

WAS IST EIGENTLICH …

Knorpel?

Wenn es beim Fleischessen so knirscht zwischen den Zähnen, ist es meistens Knorpelgewebe. Knorpel findet sich in unterschiedlicher Ausprägung in deinen Gelenken. **Knorpelgewebe** besteht aus homogener Grundsubstanz und Fasern, ist nicht von Blutgefäßen durchzogen und hat eine sehr niedrige Stoffwechselaktivität. Nährstoffe und Sauerstoff werden nur durch Diffusion aufgenommen, die Regenerationskraft ist gering. Deshalb heilen Knorpelschäden auch schlecht. Es gibt drei Knorpelarten. **Hyaliner Knorpel** ist extrem druckfest, aber auch elastisch. Er sieht glasklar aus und überzieht die Knochengelenkenden. Der äußere Ring einer Bandscheibe (Wirbelkörperzwischenscheibe) und die Menisken (Zwischenpuffer im Kniegelenk) sind aus äußerst widerstandsfähigem **Faserknorpel** aufgebaut. Deine Ohrmuscheln und dein Kehlkopf zum Beispiel bestehen aus **elastischem Knorpel**. Dieser ist sehr biegsam.

Nanolinos Expedition ins Kniegebirge

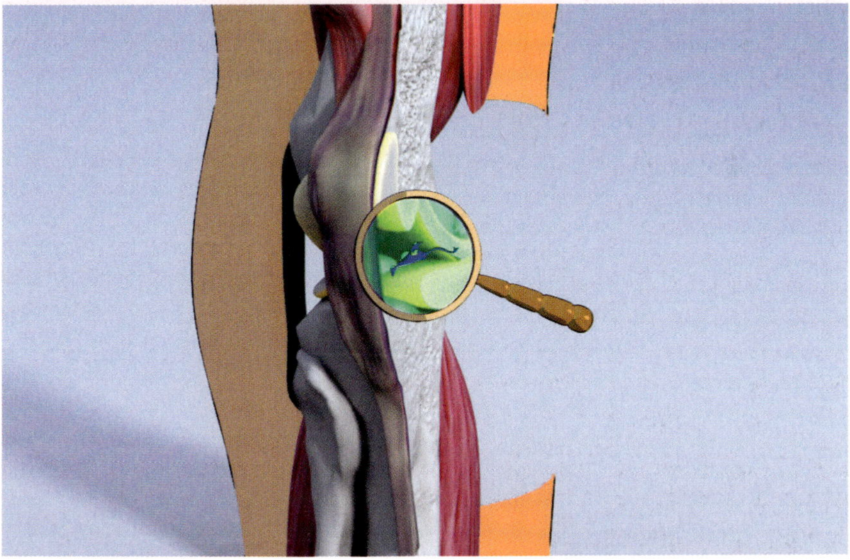

eine Arthrose und was eine Arthritis?

Damit hast du in jungen Jahren zum Glück nichts zu tun, aber leider finden sich schon bei Profisportlern ab 20 Jahren Verschleißerscheinungen in den **Gelenken**. Wenn die glasartigen Oberflächen deiner unzähligen Gelenkköpfe und Pfannen rauer bzw. durch Knochen ersetzt werden, spricht man von einer Arthrose. In deinem Alter ist dein Knorpel in allen Scharnieren, in den Fingern, Füßen, Beinen, Armen und der Wirbelsäule glatt wie Eis bzw. ein Spiegel. Eine stockende Reibung gibt es zum Glück noch nicht.

Bei starker Belastung und im Alter wird die Knorpelschicht dünner, die stoßdämpferähnlichen Eigenschaften des Knorpels nehmen ab, und weil der Knorpel schmilzt, wird die Höhe des Gelenkspalts geringer. Das kannst du gut im Röntgenbild sehen. Diese **Verschmälerung des Gelenkspalts** ist häufig mit Bewegungsschmerzen verbunden, vor allen Dingen am Morgen, wenn man «anläuft». Reibegeräusche, Morgensteifigkeit kommen dazu.

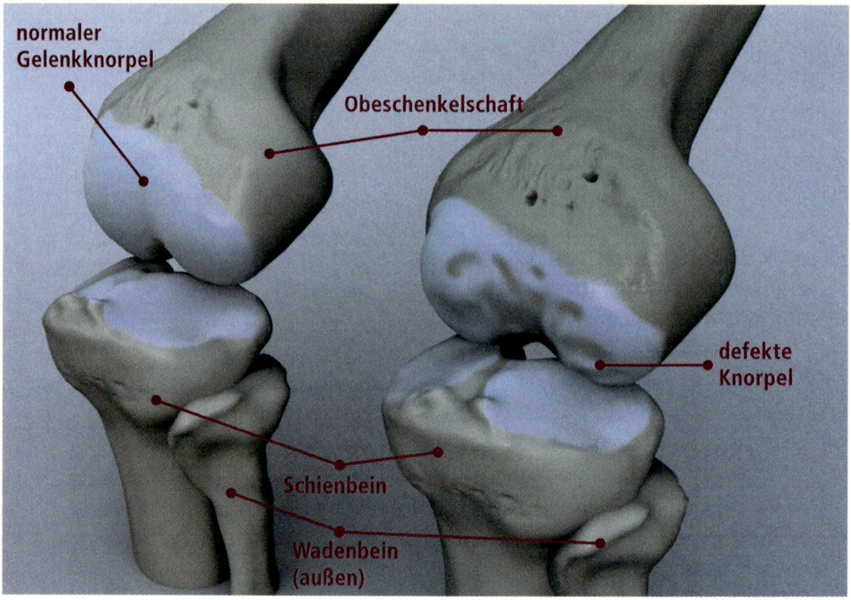

Wenn sich Gelenke z. B. nach einer Infektion oder Grippe entzünden und gleichzeitig dick und warm werden, spricht man von einer **Arthritis**. Die wird anders behandelt als der Verschleißschmerz einer **Arthrose**.

Was viele Menschen nicht wissen: Die meisten kleinen Gelenke finden sich in der Wirbelsäule. Sie verbinden zwei Wirbelkörper miteinander und ermöglichen dir das Drehen, Beugen und Strecken. Also pass gut auf deine Gelenke auf. Du kannst über 100 Jahre alt werden, ohne Schmerzen damit zu haben!

Nano in den Alpen und stellte sich vor, sich mit seinem Snowboard in diese grandiose Winterlandschaft zu stürzen. Seine Gedanken wurden durch Erklärungen von Micro Minitec unterbrochen.

«Du bist gerade eben am weißen Knorpel der Kniescheibe vorbeigeflogen. Noch ist die glatt wie ein Kinderpopo, aber im Alter kann sich das schon ändern. Bei einer Arthrose wird der Knorpel rau oder geht verloren oder wird stellenweise durch Knochen ersetzt. Dann verliert die Landschaft leider etwas von ihrer Schönheit … Deswegen kommt übrigens auch euer Opa Erwin einmal im Monat zu uns.» Sie wandte sich an Marie: «Seine Schmerzen im Hüftgelenk und sein Humpeln werden durch eine Arthrose ausgelöst. Aber zum Glück können wir ihm mit den richtigen Medikamenten erst einmal helfen. Später braucht er wahrscheinlich ein künstliches Gelenk.»

«Komm, jag den Kindern keinen Schreck ein», unterbrach sie Dr. X. «Die Schneeberge, die ihr jetzt hier seht, sind Fettpolster, die dein Gelenk schützen, Jimmy.»

«Aber die Kinder müssen doch wissen, was passieren kann im Alter, damit sie dem Knorpelabbau vorbeugen können.» Micro Minitec stampfte ärgerlich mit ihrem Stiefel auf. Man konnte richtig sehen, wie die kurzfristige Energiewelle die Akkus im Schuh auflud. Die Leuchtdioden flackerten vor Dankbarkeit lustig vor sich hin.

«Doch, Dr. X, ich habe schon viel verstanden», versuchte Nanolino die kurze Meinungsverschiedenheit zu schlichten. «Könnt ihr

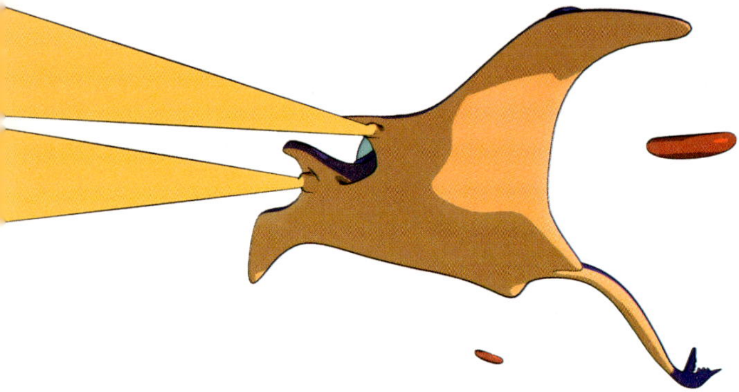

alles sehen, auch du, Jimmy? Wo ist denn nun der Riss im Kniegewölbe?», fuhr er fort.

«Ja, ja, mach weiter. Ist das irre hier! Das sind echt Wahnsinnsbilder!», sagte Jimmy begeistert. Da er keine Schmerzen hatte, hatte er fast völlig vergessen, warum er eigentlich in dem Behandlungszimmer lag. «Das ist ja auch gar nicht mein Knie», schien sein Gefühl ihm mitzuteilen.

«Bestechend, diese Technologie. Winzkameras von Staubkorngröße liefern solch gigantische Vergrößerungen, besser als in HDTV-Qualität. Papa würde Bauklötze staunen», rief er Micro und Dr. X zu, die sich über ihn beugten.

«Ja, so eine Kamera nimmt im Haushalt keinen Platz weg», witzelte Micro.

«Auf die Plätze – fertig – los. Jetzt musst du dich sputen, kleiner Medicus.» Dr. X klatschte in die Hände. «Achte auf das Querschnittsbild im linken Monitor, da haben wir den Weg zum Meniskus aufgezeichnet. Siehst du die grüne Linie?»

«Jau! Und was ist das für ein blinkendes rotes Licht dort?»

«Das ist dein momentaner Standort im ‹Schneegebirge›. Aber jetzt gib Gas!»

Nanolino trat auf das Beschleunigungspedal, es brauste gewaltig, und der Manta ließ seine Flügel auf- und abschwingen. Geschmeidig und elegant wie ein echter Mantarochen glitten sie über den Gelenkspalt, der sich wie eine Schlucht auftat. Beim Blick nach draußen entdeckte Nano streifig-weiße Wände in der merklich enger werdenden Höhle. Da waren zudem dunkle Stränge, die immer näher kamen und die hin und wieder von einem gewaltigen Zucken erfasst wurden. Etwas unheimlich war das schon.

«In den Alpen habe ich noch nie bewegte Berge erlebt. Obwohl ich schon im Fernsehen Bilder von Lawinen gesehen habe, wird das hier gleich auch brenzlig, Dr. X?»

«Ich versteh dich so schlecht … Was hattest du mich gefragt?» Dr. X klang entschuldigend. «Ich glaub, ich hab was im Ohr.» Nanolino wiederholte seine Frage noch einmal.

«Keine Sorge, Nano. Das sind Jimmys Muskeln. Auch wenn er nur leicht den Oberschenkel anspannt oder bewegt, wird die Kapsel gestrafft. Leider wird dann auch die Durchfahrt für dich schwieriger, da der Spalt enger wird. Bitte, bitte, Jimmy, versuch noch einige Minuten, ruhig liegen zu bleiben.» Jimmy gab sich die größte Mühe, still zu liegen. Bei dem Gedanken, dass ein zerquetschtes Mini-U-Boot für immer in seinem Knie stecken könnte, mit dem Skelett eines kleinwüchsigen Jungen darin, wurde ihm ganz mulmig.

Dr. X schaute ihn stolz an: «So ist es richtig, Jimmy, wie eine lebende Statue. Nur, warum schaust du so grimmig? Ist dir etwas auf den Magen geschlagen?»

«Alles bestens, Dr. X», antwortete er tapfer. «Aber Nano soll sich etwas beeilen. Mein Knie ist doch keine Touristenattraktion, die man stundenlang angaffen muss!»

«Jimmy hat recht! Du musst da jetzt durch!», entschied Micro Minitec energisch. «Musst dich durch die Mitte zwängen, denn der Riss ist innen. Siehst du: hier.» Sie markierten mit dem Mauszeiger den haarfeinen Einriss, sodass beide ihn auf ihren Monitoren sahen.

«Er ist zwar nur 2 mm lang, aber er kann bei Belastung, besonders beim Sport, größer werden.»

Nanolino war an der Außenseite des Meniskus angekommen und steuerte auf das Areal zu, wo sich der Spalt befinden sollte.

«Wo ist er nur?»

Unruhig suchten seine Augen den Horizont ab. Das Licht des Mantas glitt über weißes Gletschergelände. «Ich finde ihn einfach nicht. Sieht alles gleich aus, wie unberührter, frisch gefallener Schnee. Hier geht's nirgendwo rein.»

«Kleiner Mann im kleinen Fisch, sieh mal genau hin. Dort direkt vor deiner Nase ist der Spalt.» Dr. X vergrößerte den Bildausschnitt, und siehe da: Eine hauchdünne spaltförmige Öffnung wurde sichtbar.

«Da, da soll ich durch?» Nanolino fing an zu stammeln. «Das ist doch viel zu schmal.»

«Du wirst schon sehen, es geht», munterte ihn Micro Minitec auf. «Geht nicht gibt's nicht!»

Sie lachte: «Außerdem war dein Papa Bergmann. Der musste sich doch auch häufig durch engste Flöze zwängen, oder? Glück auf, kleiner Bergmann!»

Bei dem Gedanken an seinen verstorbenen Vater wurde Nano ganz weh ums Herz. Aber nur für einen kurzen Moment, dann schwoll ihm auf einmal die Brust. Er wollte es jetzt seinem Vater nachtun, griff energisch zum Steuerknüppel und steuerte direkt auf den Spalt zu.

«Wir stellen jetzt von außen die Flügel des Mantas starr und aktivieren den Luftantrieb, dann kommst du besser durch das Gebirge.»

Micro Minitec gab einige Sprachbefehle, holte den Manta ins Bild, und Jimmy sah, wie sich das U-Boot zwischen Meniskus und Gelenkknorpel durchzwängte. Er hielt den Atem an und drückte Nano die Daumen.

«Puh, ganz schön eng hier.» Es knackte gefährlich in der Kapsel, Nanolino zuckte zusammen. «Mensch Meier, Hauptsache, die hält dicht.»

«Keine Sorge, wir haben euch gerade noch weiter mikrotisiert, das wird reichen!» Micro Minitec nahm ihm die Sorge und erklärte den Automatikmechanismus des Mikrotisierens. «Wenn's enger wird, wirst du und alles in, um und mit dir auch kleiner. Dann knackt es auch manchmal im Gebälk.»

«Heißt das etwa, das Boot verfügt über einen eigenen Schrumpfmechanismus?»

«Nicht ganz, aber du hast es erfasst. Ich habe die Technik des

Schrumpfens weiter verfeinert. Irgendwann hatte ich die Idee, doch einfach mal eine Mikrotisierungsmaschine zu mikrotisieren. Und so habe ich eine Tischschrumpfmaschine gebaut, in der jetzt Jimmys Knie liegt.» Fast unbemerkt hatte sich inzwischen ein hasenähnliches Gebilde automatisch um das Knie gewickelt. Jimmy war auch ganz erstaunt, das zu hören.

«Interessant, und warum wird Jimmys Knie nicht mit mir zusammen verkleinert?»

«Ganz einfach, Nano», erklärte Micro. «Ich habe neulich einen Fokussierungsmodus entwickeln können, der wie eine Lupe wirkt. Nur das, was mitten im Fokus liegt, wird mikrotisiert, sonst nichts. Super, oder? Daher jetzt auch nur du und nicht mehr.»

«Zu schade, hätte bestimmt witzig ausgesehen, so 'n ganzer Kerl mit 'nem ‹Mikro-Schrumpf-Knie›. Aber echt, Micro, du bist 'ne Wucht. Und nebenbei: Das hier im Knie ist schon ein Gefühl wie die ‹zehnte Sohle unter Tage›, wie mein Vater es sicher genannt hätte – wie 1000 Meter unter der Erde im zehnten Stollen. Aber alles strahlend weiß, wunderschön und nicht schwarz wie Kohle.»

«Super, oder? Wie unser Schöpfer alles bis in die letzte Kleinigkeit und Winzigkeit hinein ausgetüftelt hat! Die spiegelglatten Flächen des Knorpels beispielsweise ermöglichen es dem Gelenk, ganz sanft zu gleiten, ja fast zu fließen. Das Wunderwerk Natur beeindruckt mich immer wieder!», sprudelten die Worte aus Dr. X, angesichts des Kunstwerks, das sich Leben nennt.

«Ja, einfach wundercrazy!» Nanolino staunte selbst über seine Wortschöpfung in Anbetracht des Wunders dieser Schöpfung, die sich da vor ihm ausbreitete.

Nanolino sah, dass er auf der Oberfläche des Meniskus angekommen war und nun unter dem gewaltigen Dach des Knorpels in die Mitte des Knies vordrang.

Plötzlich wurde die Sicht ganz weit. Vor ihm tat sich eine große Höhle auf. In der Mitte imponierte ein Mammutbaum mit zwei in

ein Kreuzband?

Falsch geraten. Es ist nicht ein Band, mit dem das Kreuz in der Kirche zusammengehalten wird. Das **Ligamentum cruciatum** – wie es von Ärzten genannt wird – besteht eigentlich aus zwei Bändern: einem vorderen und einem hinteren. Sie durchziehen das Kniegelenk, wobei sie sich kreuzen und so die Spannung aufbauen, die eine Verschiebung beider Gelenkanteile nach vorne und hinten verhindert. Dein Kniegelenk kann somit wie «geschmiert» laufen. Die Gelenkknorpel bewegen sich wie Zahnräder auf den Punkt genau gegeneinander.

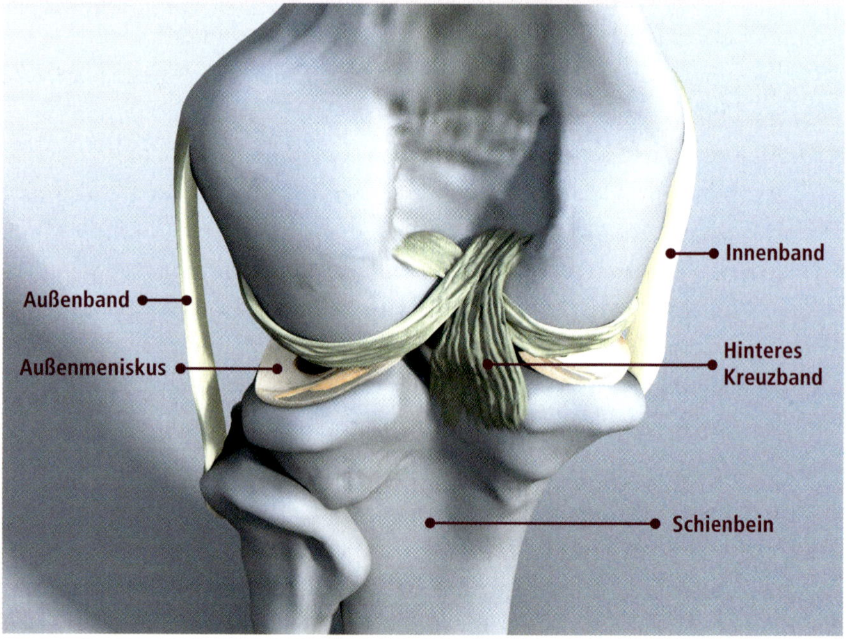

sich verdrehten riesigen Baumstämmen. Mit den starken Scheinwerfern des Mantas versuchte er Baumwipfel und Äste zu entdecken. Doch das Auge verlor sich im Unendlichen. Ein Baum hier in dieser

Höhle – er zweifelte und merkte, dass er sich innerlich schon weit von der irdischen Realität entfernt hatte. Er war in einer eigenen Welt, in einer anderen Realität – in einem neuen Kosmos, in dem außer ihm noch nie jemand gewesen war. «Vielleicht ist es da draußen für uns ja genauso», grübelte er. «Wir sehen den Himmel, die Sonne, den Mond oder die Sterne. Möglicherweise liegt dahinter, hinter oder neben unserem Kosmos eine ganz andere Welt, oder noch mehr Welten, ein anderer Kosmos. Wer weiß? Faszinierend!» In diesem Moment knarrte es in der Höhle. Es war ein unheimlicher, dumpfer Ton. Der gezwirbelte Stamm des Mammutbaumes verdrehte sich in sich selbst.

«Jimmy, noch einen Augenblick, pass bitte auf!», brüllte Micro Minitec ins Mikrophon. «Nicht bewegen, Nanolino ist fast angekommen, es wird sonst sehr gefährlich für ihn.»

«Ich muss mal!» Jimmy schubberte mit dem Hintern über die Liege und presste die Pobacken zusammen. Dabei drehte er auch sein Knie, in dem Nanolino gerade ins Grübeln geraten war.

«Bitte gedulde dich noch einen klitzekleinen Moment. Du hast doch keine Babyblase. Raufschlucken und ausspucken, empfiehlt meine Omi Rosa immer.»

«Was, Nanolino, du machst Scherze!»

«Hey, ihr da oben in der anderen Welt, mir ist hier unten gerade ein gigantischer Baum in die Quere gekommen. Fast hätte mich der Mammutbaum zwischen seinen zwei Stämmen zerquetscht. Und was für einen Lärm der macht! Hoffentlich bricht der Stamm nicht zusammen. Wenn dort der Riss sein sollte, Jimmy, dann weiß ich nicht weiter.»

«Lieber kleiner Medicus, kurz zu deiner Orientierung: Der Mammutbaum entpuppt sich beim genauen Hinsehen als das vordere und hintere Kreuzband von Jimmy. Die Bänder sind gegeneinandergespannt und halten von innen das Knie zusammen. Wenn eins der Bänder reißen sollte – wie es beim Fußball immer wieder vorkommt –, dann muss operiert werden, und der Spieler fällt für mehrere Monate aus.» Dr. X wollte unbedingt, dass sein neuer kleiner Sportassistent möglichst schnell die Anatomie verstand.

«Ach so! Und ich Idiot habe noch die Äste des Baumes gesucht. Weißt du, Dr. X, es ist so geheimnisvoll schön in dieser Höhlenwelt, dass ich hinter jeder Ecke irgendwelche Lebewesen erwarte. Pflanzen, Tiere, Menschen oder so. Komisch.»

«So, so.» Dr. X wurde nachdenklich. Nanolino hatte schon nicht ganz unrecht. «Im Kleinen ist es wie im Großen. Nur leben dort unten Zellen von vielen verschiedenen Gewebearten, Knorpel, Abwehrstoffen und Bestandteile der Schmierflüssigkeit», dachte er.

«Also, Nano. Beeil dich! Jimmy muss aufs Klo.» Micro wurde ärgerlich.

«Jau, hau rein, ich kann kaum noch halten.» Trotzdem sah Jimmy mit Faszination zu. «Dreh dich mal um. Der Riss ist genau gegenüber von dir.»

«Ja, ich weiß. Hab ihn auf der Karte schon entdeckt.»

Und tatsächlich, auf der anderen Seite klaffte ein kleines Loch in der weißen Wand – es war überhaupt nicht zu übersehen.

«So, du schwebst jetzt ganz vorsichtig ans Loch heran und führst mit dem rechten Joystick den Stachel des Mantas behutsam in den Spalt.»

«Aye, aye, Sir!» Nano salutierte grinsend und betätigte den Joystick. Zunächst zaghaft, aber da er die umgesetzten Bewegungen genau auf dem Monitor verfolgen konnte, wurde er mutiger. Der rüsselartige Stachel am Hinterteil des Mantas, genau dort, wo auch ein echter Mantarochen einen Stachel hat, richtete sich auf, krümmte sich nach vorn und ragte nun über das Cockpit hinaus. Das ganze Schiff schien in diesem Moment zu rumpeln, und der Stachel wurde länger und länger. Jimmy beobachtete auf dem Monitor über seinem Kopf, wie sich der ganze Manta aufblähte und größer wurde. Micro Minitec hatte nämlich die Automatik ausgeschaltet und auf «Makrotisieren» umgestellt.

«So, und jetzt den Rüssel rein und den Schalter ‹Medikamente› drücken, das macht unsere ‹Heilmunition› scharf.» Micro drängelte, sie wollte endlich aktiv werden.

«Ganz vorsichtig, Nanolino!» Sanft begleitete die Stimme von Dr. X jede Aktion von Nanolino. «Genau!»

Jimmy hielt den Atem an und machte sich dabei fast in die Hose – aber nicht vor Angst. «Jetzt drück den Knopf auf dem Joystick – ja, so. Super!» Und gezielt leitete Nanolino die Klebemasse in den Spalt, nachdem er diesen vorher noch mit Betäubungsspray besprüht hatte.

Jimmy war glücklich! Er hatte wirklich nichts gespürt. Nicht einmal ein Kribbeln.

«Super, Nanolino. Auf dich ist echt Verlass!»

Grossmutters Rezepte

Die verführerische Apfel-Karotten-Limonade

(FÜR 4 BIS 6 GLÄSER)

400 g Karotten
400 g säuerliche Äpfel
Saft von 1 Zitrone
Honig nach Geschmack
Mineralwasser, so viel du willst

Zunächst wäschst du die Karotten, schälst und zerkleinerst sie danach in kleine Stücke. Die Äpfel werden gewaschen und, wenn es kein Biogemüse ist, auch geschält, geviertelt und die Kerne entfernt. Mit einem Entsafter presst du den Karotten- und Apfelsaft heraus. Danach mit Honig und Zitronensaft abschmecken. Zum Abschluss kannst du den Saft nach Belieben und deinem Geschmack entsprechend mit Mineralwasser auffüllen.

«Ja, Nano, gut gemacht!», bestätigte Micro.

«Ähm, Entschuldigung, Mam!»

«Was gibt es, Jimmy?»

«Ich müsste jetzt wirklich mal dringend für kleine Jungs.»

«Sicher, sofort, aber vorher holen wir erst den kleinen Jungen aus dir raus.»

Jimmy glotzte verständnislos, dann aber ging ihm ein Licht auf, er lachte lauthals und wollte sich gar nicht mehr einkriegen.

Nach dem Abenteuer in Jimmys Knie saßen die Kinder im Garten der Villa Nachtigall. Mit selbstgemachter Apfellimonade, die Leoberta ihnen gebracht hatte, hockten sie im Kreis um Jimmy, der sein verbundenes Knie auf einer Liege ausstreckte.

WAS IST EIGENTLICH …

ein Kältespray?

Im Sport, aber auch zur Schmerztherapie wird Kälte gerne zur akuten Schmerzlinderung eingesetzt. Kälte wirkt abschwellend und blutstillend, da gereizte bzw. verletzte Gefäße sich durch Kälteeinwirkung verengen. Hierbei kommt es auch zu einer **Schmerzhemmung**. Eiswürfel, Kompressen oder kalte Wickel werden benutzt. Bei Sportveranstaltungen hat sich die Kälte aus Spraydosen bewährt, da diese einfach zu handhaben und mitzunehmen sind.

Nanolino und seine Freunde räkelten sich noch immer in der Sonne und schlürften Limonade, als sie ein immer lauter werdendes Motorgeräusch hörten. Es war Mister Schlau, der sie wie versprochen wieder abholen und anschließend nach Hause bringen wollte. Niemand hatte Lust, die Villa Nachtigall zu verlassen. Nur widerwillig nahmen sie Abschied von Leoberta, Micro und Dr. X. Als Nanolino Micro zum Abschied die Hand gab, drückte sie ihm heimlich einen zusammengefalteten kleinen Zettel in die Hand. Nanolino schaute sie fragend an, aber sie schüttelte nur beschwörend den Kopf und bedeutete ihm, den Zettel zu lesen.

Im Auto faltete er die Notiz auseinander und hatte Mühe, Micros Gekritzel zu entziffern: «Nanolino, ich brauche dringend deine Hilfe. Kannst du morgen nach dem Mittag vorbeikommen? Dann macht Dr. X sein Nickerchen. Behalte das für dich. Bis morgen, Micro»

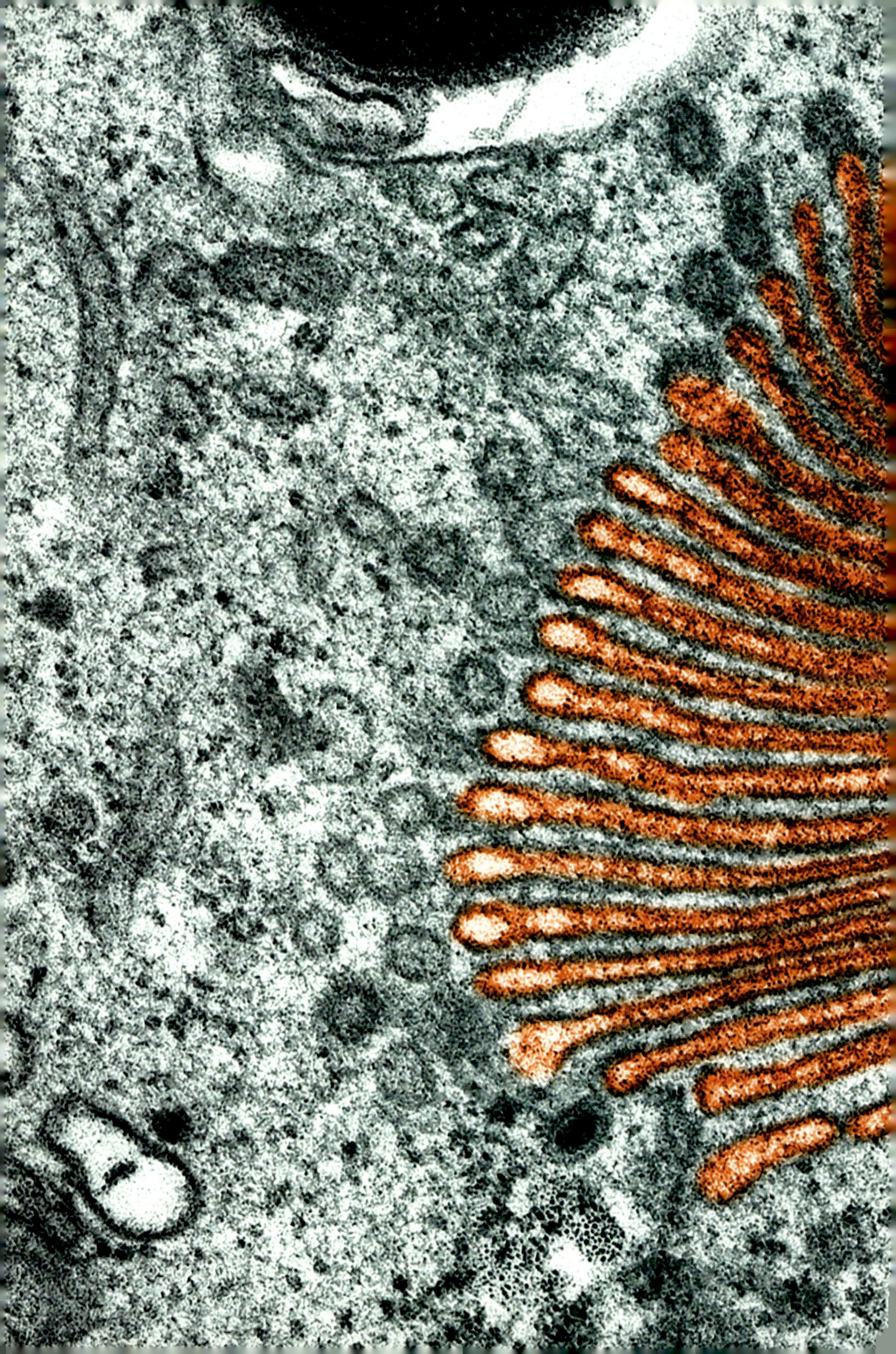

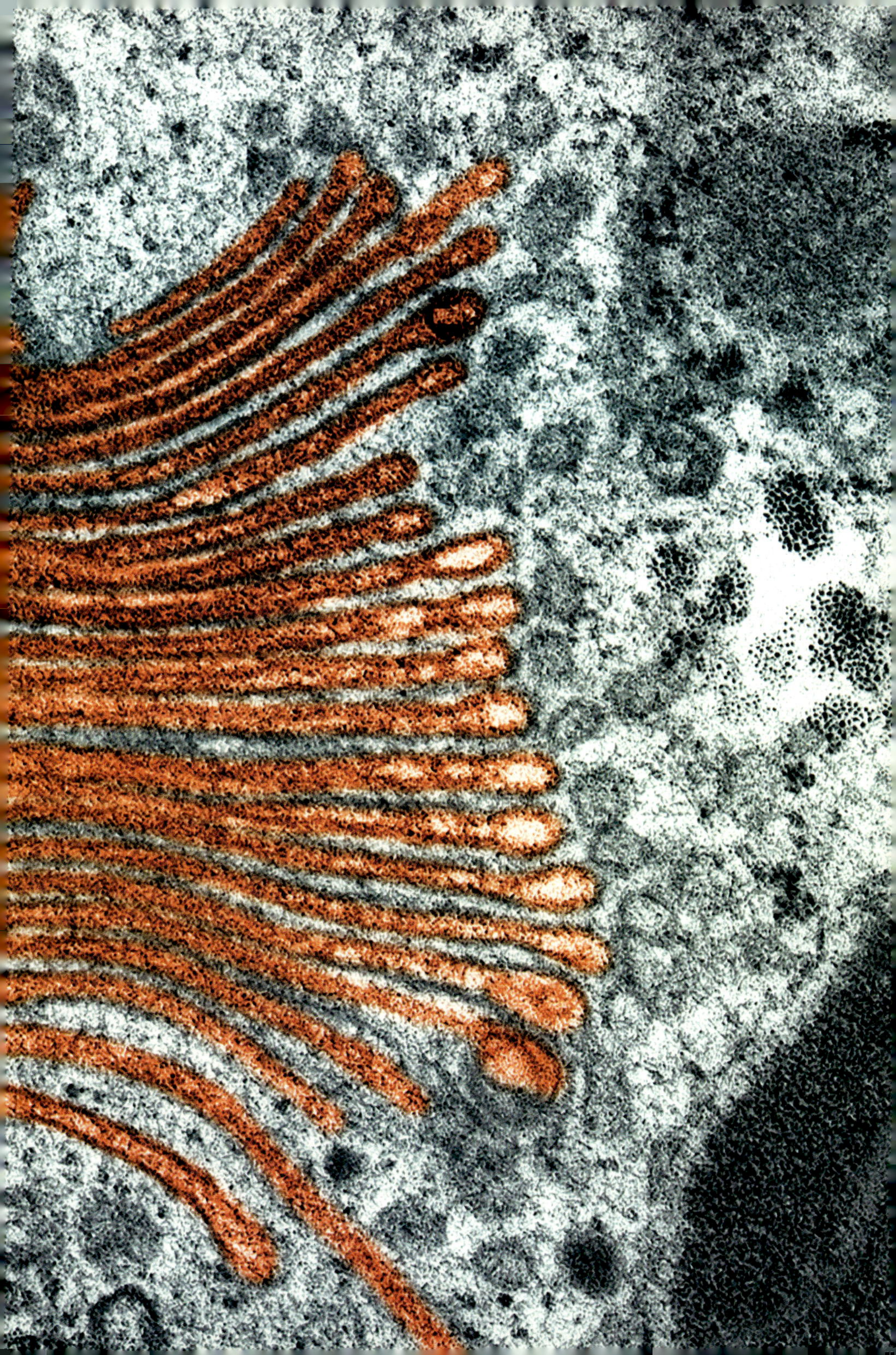

Fritzi lernt Gedanken lesen

Wie wild rasten Micro Minitecs Hände über die Tasten ihres Laptops. Sie hatte wieder einmal eine geniale Idee für eine Erfindung gehabt, und die floss nun sozusagen ungebremst von ihrem Gehirn in das ihres phantastischen Computers. «Fritzi» hatte sie ihn liebevoll getauft. Sie konnte mit dem Computer sprechen, und als Antwort bekam sie häufig ein «Aha» oder langgezogenes «Mmhhh». Auch gute Manieren hatte sie ihm beigebracht, so bedankte er sich häufig vornehm mit «Danke vielmals, Madame» oder «Danke für die Blumen» bei ihr, wenn sie ihn lobte. Dabei neigte sich die Monitorfläche leicht, als wolle er sich verbeugen, und ein grinsendes, transparentes kleines Gesicht erschien auf der Bildschirmoberfläche. Aber das Unglaublichste war: Sie hatte ein Verfahren entwickelt, durch das sie ihrem Computer ihre Empfindungen übermitteln konnte. Wenn sie lachte, lachte Fritzi manchmal kichernd mit, oder er heiterte sie auf, wenn sie sich ärgerte. Ihre Stimmung konnte er fühlen, denn Micro hatte ihn vor Jahren bereits mit Kamera, Mikrophon und Schweißsensoren auf den Laptoptasten ausgestattet.

Im Moment hatte Micro Minitec die Idee, dass es doch möglich sein müsste, allein durch Gedankenübertragung einen Brief zu schreiben, ein Bild zu malen, ein Auto oder Flugzeug zu steuern oder einfach nur das Licht anzuknipsen.

Phantastisch, oder? Ein Menschheitstraum würde wahr werden! Nicht mehr aufzustehen, um das Licht anzuschalten. Es wäre das Paradies auf Erden für Faulenzer! Man würde einfach an eine Pizza denken, das «denkende Telefon» würde den Rest übernehmen, und

VORSORGE-TIPPS VON DR. X

Entspanntes Sehen am Computer

Deine Augen können sehr müde werden, wenn du lange auf den Monitor starrst. Auch Nacken- oder Rückenschmerzen können auftreten.
Also – hier einige kleine Tipps:

1. Nie länger als 1 Schulstunde vor dem Computer sitzen.
2. Danach mindestens 15 Minuten Pause machen, das möchtest du in der Schule ja auch haben. Wenn du Lust hast, spiele Ball oder geh laufen oder ärgere deine Mutter, nein besser: Lach mit ihr zusammen.
3. Der Monitor sollte immer 60 bis 80 cm von deinen Augen entfernt sein.
4. Die Mitte des Monitors sollte auf Augenhöhe stehen, denn sonst hebst oder senkst du den Kopf, und dann kannst du ganz schnell Nackenschmerzen durch verspannte Muskeln bekommen.
5. Der Monitor sollte eine Bildschirmfrequenz von mindestens 72 Hz haben, sonst flackert das Bild, und deine Augen fangen auch an zu flackern.
6. Stelle bitte keine Halogenlampen direkt neben den Computer. Das kalte Licht strengt deine Augen unglaublich an.
7. Wenn du kannst, wechsele ab und zu deine Sitzposition: also mal gerade sitzen, um deine Rückenmuskeln zu trainieren, dann wieder ganz entspannt nach hinten lehnen. Das entlastet die Wirbelsäule sofort um 100 %. Und zwischendurch einfach aufstehen und stretchen.

ein paar Minuten später stünde der Pizzabote vor der Tür. Micro Minitec hatte aber nicht die Faultiere dieses Planeten im Sinn. Vielmehr waren ihr die vielen Menschen wichtig, die aufgrund einer körperlichen Beeinträchtigung in ihrem Alltag eingeschränkt sind. Menschen mit körperlichen oder geistigen Handicaps. «Alle Geschöpfe wie wir, jeder anders und einzigartig wie du und ich.

Welch ein Segen auch für Schlaganfallpatienten oder Taubstumme könnte das sein», dachte sie.

WAS IST EIGENTLICH ...

ein Schlaganfall?

Mich trifft der Schlag ... Aber noch viel schlimmer, als es der Volksmund ausdrückt, kann der wirkliche Schlaganfall, die plötzliche **Durchblutungsstörung** des Gehirns sein. Meistens geht dieser mit neurologischen (nervenbedingten) Störungen einher. Gesichtslähmungen mit **Sprachstörungen** oder gar Sprachverlust sind genauso zu finden wie **Lähmungen** von Armen oder Beinen. Meistens verläuft ein Schlaganfall einseitig. Eine gesamte Seite kann gelähmt sein. Schlaganfälle sind die zweithäufigste Todesursache. Wenn sich die Veränderungen innerhalb eines Tages zurückbilden, spricht man von einer **TIA** (vorübergehenden Durchblutungsstörung – transitorische ischämische Attacke). Frühzeitige Rehabilitation, viel Geduld und intensive emotionale Zuwendung sind die wichtigsten Heilmittel. Wer weiß, wie du dich fühlst, wenn du nicht mehr sprechen oder dich anderswie bemerkbar machen kannst. Denk immer daran, wenn du Menschen nach einem Schlaganfall im Rollstuhl begegnest.

Und Traurigkeit überfiel sie, als sie dabei an ihren Großvater dachte, der als Schlaganfallpatient plötzlich nicht mehr sprechen konnte und rechts halbseitig gelähmt war. Sie war damals noch ein Kind und verstand: Ganz allein mit seinen Gedanken und Bedürfnissen war er auf einmal. Niemand verstand ihn, auch sie nicht. Denn seine «Ah-ah-ah»-Laute und seine Grimassen waren kaum zu interpretieren – was ihn immer wieder sehr wütend machte und sie traurig. «Sein Denken und Fühlen ist in seinem Kopf wie in einem Käfig eingesperrt. Großvater denkt wahrscheinlich normal, bekommt alles in seiner Umgebung mit, aber kann sich nur mit sich selbst unterhalten. Weder schreiben kann er noch sich anderweitig mitteilen, noch nach seinen eigenen Bedürfnissen leben, was für ein Drama! Armer Opa. Ich werde was für dich erfinden!» Das war eigentlich der Anfang ihrer Forscherlaufbahn gewesen.

«Hör mal, Fritzi.»

«Ja, Madame», antwortet er prompt.

«Du hörst jetzt auf meine Gedanken.»

«Das mache ich doch schon, oder?»

Micro lächelte in sich hinein.

«Na klar», dachte sie. «Er ist eben nur so schlau, wie ich ihn programmiert habe. Aber Gedanken lassen sich nun mal nicht durch Mimik oder Gefühlsausbrüche vermitteln oder über den Schweiß meiner Hand übertragen, obwohl ich das bisher selbst geglaubt habe. Gefühle schon eher. Mehr ist einfach mit der heutigen Art der Programmierung nicht drin, und das ist eigentlich schon extraklasse», ging ihr durch den Kopf.

«Du hast schon recht, Fritzi. Doch jetzt geht mehr. Pass auf!»

Sie zog fröhlich ein kunterbuntes Stirnband über, das eine goldene, ovalförmige Folie in der Mitte hatte, die fast so aussah wie ein zweiter Mund, konzentrierte sich kurz und verbeugte sich andächtig vor ihrem Computer.

Sie fing an, langsam und gleichmäßig tief ein- und auszuatmen. Ihre Haltung änderte sich, sie saß nun aufrecht und entspannt und wiederholte in Gedanken: «A, B, C, D, E, F, G.»

Und tatsächlich: «A, B, C, D, E, F, G», antwortete Fritzi. «Und was nun?», fuhr er fort.

«S-E-I R-U-H-I-G, D-U S-C-H-L-A-F-M-Ü-T-Z-E», buchstabierte Micro weiter.

«D-U S-O-L-L-S-T S-C-H-R-E-I-B-E-N!»

Aber er buchstabierte nicht, sondern sprach wieder genau ihre Gedanken nach. Angestrengt dachte Micro nach, und der Lautsprecher des Computers teilte ihr ihre Gedanken mit: «ICH MUSS EINEN PROGRAMMFEHLER GEMACHT HABEN, ABER TROTZDEM SUPERSPITZENGEIL!» Sie strahlte über beide Wangen, Tränen der Freude kullerten über ihre Wangen, und sie sprang so spontan von ihrem Sessel, dass Rappel, ihr knallrotes Kaninchen, sich ängstlich in eine Ecke des Büros verkroch. Doch Micro Minitec suchte und entdeckte

WAS IST EIGENTLICH …

virtuell?

Wenn du den **Computer** anmachst, siehst du Dinge, die es nur im Computer, aber draußen in der **Wirklichkeit** gar nicht gibt. Wenn du zum Beispiel einen Brief am Computer schreibst, siehst du auf dem Bildschirm ein weißes Blatt Papier und auch die Schrift, aber tatsächlich sind es nur **Daten**, die dir vormachen, dass du auf ein Blatt schaust. Der Brief im Computer ist ein **virtueller** Brief, denn in Wirklichkeit gibt es ihn gar nicht. Du kannst den Brief ausdrucken, dann hast du einen **realen** Brief in der Hand. Den kannst du anfassen, in einen Briefumschlag stecken und ihn jederzeit herausholen. Aber virtuelle Dinge werden mit einem Computer hergestellt, und ohne einen Computer würde es sie nicht geben – die kannst du nicht in deinen Händen halten. Zum Beispiel Supermario oder andere Figuren aus einem **Computerspiel**. Im Computerspiel kannst du durch virtuelle Welten laufen – obwohl du gar nicht läufst – oder dich im Internet in virtuellen Räumen mit deinen Freunden treffen – die du meistens gar nicht kennst (**Chatrooms**).

es nach kurzer Zeit, nahm es zärtlich auf den Arm und stolzierte mit ihm – Kopf an Kopf kuschelnd – selig durch den Raum. «Endlich, Rappel! Was würde Großvater sich freuen. Oh, wie würde er sich freuen!»

Und sie warf Rappel fröhlich immer wieder in die Luft, der, da er ein außergewöhnlich mutiges Kaninchen war, die Behandlung sichtlich genoss.

«Morgen werde ich den Fehler in der Programmierung noch beseitigen und dann das ganze System auf meine neuen Amphibien-Fahrzeuge übertragen. Mit denen kannst du ab sofort ohne Lenkrad schwimmen, tauchen, fliegen und an Land fahren, Rappel. Alles mit demselben **Flug-Auto-Schwimm-Tauch-Mobil**. Habe es deshalb **FAST-Mobil** getauft. Es kann FAST alles und ist dabei auch noch ganz schön schnell oder ‹fast›, wie die Engländer sagen würden.» Rappel sah sie mit seinen großen Kulleraugen an. Plötzlich machte er einen Satz und hoppelte hinüber ins Behandlungszimmer von Dr. X.

«Hey, Rappel. Wo willst du denn hin?», rief Micro Minitec. «Ich wollte doch mit dir feiern.» Sie folgte ihrem Rappelchen und sah, dass es sich einen neuen Schlafplatz neben der Tür gesucht hatte. Aber, was war denn das? Das Kaninchen hatte es sich in der Motorradmütze von Opa Erwin bequem gemacht, seine Nase mümmelte zufrieden auf und ab.

«Nee, Rappel, da kannst du nicht liegen bleiben. Die muss ich Nanolinos Opa zurückgeben, der hat sie bestimmt beim letzten Mal hier vergessen.» Micro Minitec nahm die Mütze hoch und betrachtete sie nachdenklich. Ob ihr so ein Ding auch stand? Sie setzte die Motorradmütze auf und musterte sich eingehend im Spiegel.

«Na, sieht doch witzig aus», bewunderte sie sich und drehte sich vergnügt. Aber was war das? Diese kleine schwarze Brosche oder was auch immer in Stirnhöhe? Micro nahm die Mütze ab und untersuchte sie genau. Millimeter für Millimeter tastete sie die Motorradmütze ab, bis sie schließlich auf ein kleines, festes, schwarzes Etwas stieß. Eine böse Vorahnung beschlich sie, doch sie wollte ganz sicher sein. Schnell holte sie eine Lupe aus der Schublade des kleinen Schränkchens. Jetzt sah sie fast aus wie Sherlock Holmes – allseits bekannter Detektiv –, wie sie mit der Lupe so über Opa Erwins Kopfbedeckung saß. Tatsächlich! Sie hatte sich nicht getäuscht. Vorsichtig und mit Hilfe einer Pinzette zog sie eine winzig kleine Kamera hervor. Sie entdeckte einen kleinen Sender, von dem sie allerdings nicht wissen konnte, wo sein Empfänger stand. Ob sie das jemals wirklich herausfinden sollte? Sendete die Kamera die ganze Zeit, also auch jetzt? Igitt! Ihr wurde ganz schlecht bei dem Gedanken, dass andere die ganze Zeit Nanolinos Familie ausspioniert hatten.

Micro kannte nur eine Person, die dazu fähig war. Nur einer konnte Interesse daran haben, jeden Schritt und Tritt von Opa Erwin zu verfolgen: der üble Professor von Schlotter und sein mieser Kalfaktor Scherge. Er meldete sich also wieder zurück. Zu gerne hätte sie das Gerät noch untersucht, es juckte ihr in den Fingern – aber es gab nur eine Lösung: Die Kamera musste sofort zerstört werden, um weiteres Unheil zu vermeiden.

Micro beschloss, Nanolino und den anderen nichts von ihrer Entdeckung zu verraten – es würde sie nur beunruhigen. Stattdessen fiel ihr etwas Besseres ein.

«Genau, so wird's gemacht!» Sie lächelte in sich hinein.

Angst um Dr. X

Am nächsten Mittag machte sich Nanolino auf den Weg zur Villa Nachtigall. Er hatte niemandem Bescheid gesagt, wohin er wollte, sondern sich heimlich aus dem Staub gemacht. Was Micro Minitec wohl mit ihm vorhatte?

Sie erwartete ihn schon sehnsüchtig an der Eingangstür und führte ihn sofort in Dr. X' Zimmer. Dieser lag selig schnarchend auf seinem Sofa in der Ecke.

«Pst!» Micro legte einen Zeigefinger vor den Mund und zwinkerte Nanolino vergnügt zu.

«Ich mache mir schon seit einiger Zeit Sorgen um Dr. X.» Gedämpft erklärte sie ihm, warum sie ihn zu sich gebeten hatte. Zu häufig hatte sie ihr geliebter Doktor in letzter Zeit mit seinem unentwegten «Häh» genervt. Fast nach jedem Satz. Zu blöd war das einfach! «Häh, was hast du eben gesagt?» Dabei hielt er sich seine großen Pranken hinter beide Ohren. Das sah zwar total lustig aus, denn manchmal wackelte er auch mit seinen riesengroßen Händen, sodass sie wie schlabbernde Elefantenohren aussahen. Brauchte Dr. X jetzt ein Hörgerät, oder war er nur unaufmerksam oder chronisch übermüdet? Sie musste es herausfinden. Und nichts kam ihr dabei mehr gelegen als ihr kleiner Assistent.

WAS IST EIGENTLICH …

ein Ohr?

Du würdest torkeln und nicht mehr wissen, wo oben und unten ist, und wahrscheinlich ganz schwindelig sein, wenn dein Innenohr nicht intakt wäre. Mit dem Ohr kannst du mehr oder weniger hören, aber gleichzeitig ist das Ohr auch ein Gleichgewichtsorgan, das dir hilft, aufrecht zu stehen. Der hörende und der Gleichgewichtsteil deines Ohres liegen eng nebeneinander, obwohl sie ja ganz unterschiedliche Funktionen haben. Ungefähr 25 000 Sinneszellen ergeben einen Hörnerv, der mitten ins Gehirn läuft und im Hörzentrum in der Großhirnrinde landet. Hier werden alle Geräusche registriert, gefiltert und gespeichert. Das Verstehen und die Interpretation von Musik, der Sprache und vieler Geräusche wie z. B. des wunderbaren Zwitscherns von Vögeln wird an vielen Stellen im Gehirn verwertet.

Dein Ohr besteht aus einem Innenohr, einem Mittelohr und dem äußeren Ohr.

Im **Innenohr** befindet sich eine spiralförmige Schnecke, die in drei senkrecht zueinander stehenden Gängen mit Lymphe gefüllt ist. Diese sogenannte Endolymphe ist mit dem Mittelohr verbunden, ein Gang direkt mit dem sogenannten **Steigbügel** (stapes).

Dieser Steigbügel ist das verlängerte Glied von **Hammer** und **Amboss**, deinen klitzekleinen Hörknöchelchen im Bereich des **Mittelohres**. Der Hammer ist direkt mit dem Trommelfell verbunden. Das Trommelfell trennt den äußeren Gehörgang vom Innenohr. Treffen Schallwellen auf das Trommelfell, wird der Hammer in Bewegung gesetzt, der daraufhin den Amboss und die Steigbügel in einen ganz bestimmten Zitterrhythmus bringt. Die Höhle, in der sich diese Gehörknöchelchen befinden, nennt man die Paukenhöhle. Sie ist im Mittelohr mit dem Nasenrachenraum über die Ohrtrompete, die **Tube**, verbunden. Hier findet der Druckausgleich zwischen Mittel- und Außenohr statt und gleichzeitig auch zwischen Ohr und Nasenraum. Diese Tube verstopft immer wieder, wenn du fliegst, z. B. beim Anstieg des Flugzeugs und beim Absinken des Flugzeugs, meistens bei der Landung. Deswegen wäre es gut, wenn du in solchen Fällen stark schluckst bzw. ein Kaugummi kaust. Dadurch kannst du den Druck in der Paukenhöhle verringern. Manchmal hilft auch starkes Gähnen oder das Pressen bei zugehaltener Nase. Wenn sich der Druck in der Paukenhöhle aufbaut, kann man auch schlechter hören.

Das **äußere Ohr** ist eigentlich nur eine trichterförmige Ohrmuschel, die wir im Gegensatz zu den Tieren nicht bewegen können. Doch halt – einige von euch können auch die Ohren hoch- und runterziehen, meistens aber nur mit den Fingern. Die Schallwellen von außen dringen quasi wie über einen Trichter in das Ohr ein und werden aufs Trommelfell geleitet.

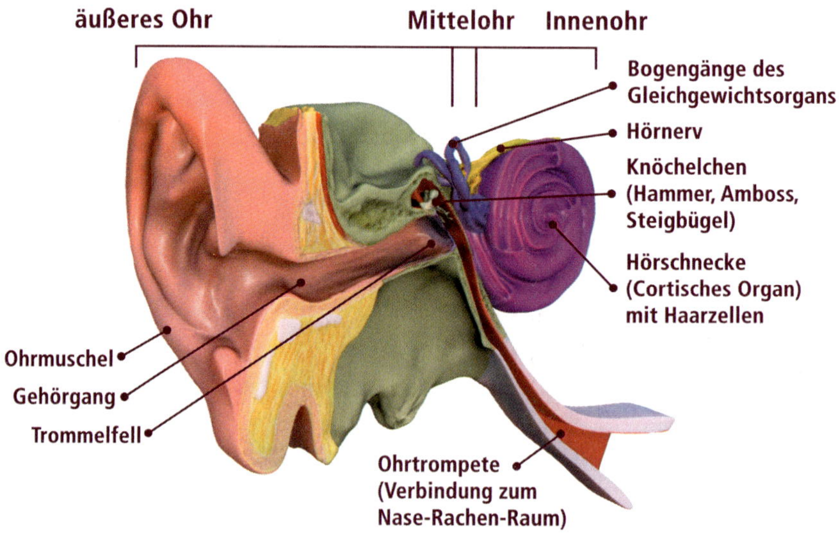

Nur Dr. X sollte davon nichts wissen, denn er würde aus Eitelkeit nicht zugeben wollen, dass er schlecht hörte. Schon mehrmals hatte sie ihn angesprochen, doch jedes Mal winkte er ab und sagte, er habe vielleicht nur etwas Wasser im Ohr, und außerdem würde Micro in letzter Zeit zunehmend nuscheln. Deshalb hatte sie nun Nanolino ins Vertrauen gezogen, der natürlich sofort für ihre Vorschläge Feuer und Flamme war.

«Vielleicht ein neues Abenteuer als Korponaut», schoss es ihm durch den Kopf. «Und dann könnte ich doch dabei auch Dr. X helfen, von dem ich so viel gelernt habe.»

Micro Minitec erklärte ihm genau ihre neuen Erfindungen. Sie hatte zwei neue Mikrotisierungssysteme entwickelt: eine Tischmaschine und einen haushohen Superturbo-Quaser mit zwei Toren. Nanolino hatte sie vor kurzem überrascht, als sie gedankenversunken mit einem großen Schraubenzieher an einem häschenartigen Gebilde fummelte, das vor ihr auf dem Tisch stand.

Durch blau schimmerndes Glas in der Mitte einer hasenartigen Skulptur sah man ein kleines grünes Auto mit rot blinkendem Licht auf einem durchsichtigen Dach, das einer Tauchglocke glich. Auf der Kühlerhaube hatte es ein rotes Kreuz.

«Sieht aus wie Rappel!» Er war entzückt.

«Nano, das hier ist meine neue Tischschrumpfmaschine. Darin verkleinere ich gerade ein Modellauto, mit dem du bald Ausflüge ins Körperinnere machen kannst.»

«Au, toll!»

«Dieses Auto kann einfach alles: rollen, schwimmen, fliegen und tauchen. Sieh mal hier, wie sich die Räder einziehen und die Gleitflossen herausschieben.»

Sie drehte vorsichtig an einem kleinen Drehknopf.

«Ein richtiges Nanomobil, kleiner Medicus. Extra für dich als nachträgliches Weihnachtsgeschenk oder so.» Zusehends wurde das Gefährt kleiner und kleiner. Das war besser als Weihnachten und Geburtstag an einem Tag, Nano fühlte sich wie im siebten Himmel.

«Danke, Micro Minitec», hauchte er.

«Gerne. Aber jetzt komm schnell mit zur Crème de la Crème. Mein Superturbobeamer.» Stolz zeigte sie auf ein großes, aber durch die zartgrüne Transparenz des wurstförmigen Glaskörpers zierlich erscheinendes Gebilde, das an einem überdimensionalen roten Blutkörperchen mit großen goldenen Zahnrädern befestigt war.

Dieses Ungetüm von Maschine sah aus wie ein liegendes Reagenzglas mit beidseitigen Öffnungen, die mit goldenen Kappen verschlos-

Wie hörst du eigentlich Musik?

Bis der neue Hit aus dem Radio in deinem Gehirn ankommt, passieren unglaubliche Dinge: Schallwellen zwischen 16 und 20 000 Hertz werden von deinem Trommelfell aufgenommen und blitzschnell – nicht im Schneckentempo – von den 3500 Nervenzellen deiner Schnecke registriert. Die Töne der Musik schwingen gleichzeitig in vielen Frequenzen. Der Kammerton a (das eingestrichene a) allerdings ausschließlich in 440 Hertz. Tiefe Töne schieben sich weit in die Tiefe, hohe werden gleich am Anfang der Schnecke «zur Schnecke gemacht». Von hier geht's weiter per Express über die Nervenbahnen zum Hirnstamm. Dort wird die Musikrichtung, die Lautstärke und die Tonhöhe erkannt. Die Erregung wird zu den beiden Hörwindungen (auditorischer Kortex 9 mit 100 Millionen Zellen) weitergeleitet, die das Feintuning, die Feinabstimmung, übernehmen. Die Hörzentren sitzen etwa 1 cm über deinen Ohren im sogenannten Schläfenlappen. Komisch, dass die Musik nur über Umwege dorthin gelangt. Ginge doch einfacher, oder? Doch selbst hier nimmt dein Gehirn die tolle Musik noch nicht als Ganzes wahr. Bewusst vernimmst du erst die Musik und entscheidest, ob sie dir guttut oder dich nervt, wenn viele andere Regionen von Schläfe, Thalamus, Limbischem System oder Kleinhirn mitmachen: **Musik ist überall** in deinem Gehirn – ein wundervoller Konzertsaal in einer Schale, deinem Schädel. Sei ganz still und genieße sie.

sen wurden. Die Verschlüsse waren mit den Zahnrädern verbunden und öffneten sich automatisch, wenn von außen oder innen eine Bewegung in unmittelbarer Nähe registriert wurde. Die witzig aussehenden Kappen waren gerade vollständig geöffnet, und Nanolino machte es sich dort sofort auf einem Stuhl bequem und harrte der Dinge, die mit ihm und um ihn herum geschahen. Er fühlte sich wie in einer Höhle, nur dass die Höhlenwände sich seitlich auf ihn zubewegten und in genügendem Sicherheitsabstand stoppten. Denn die

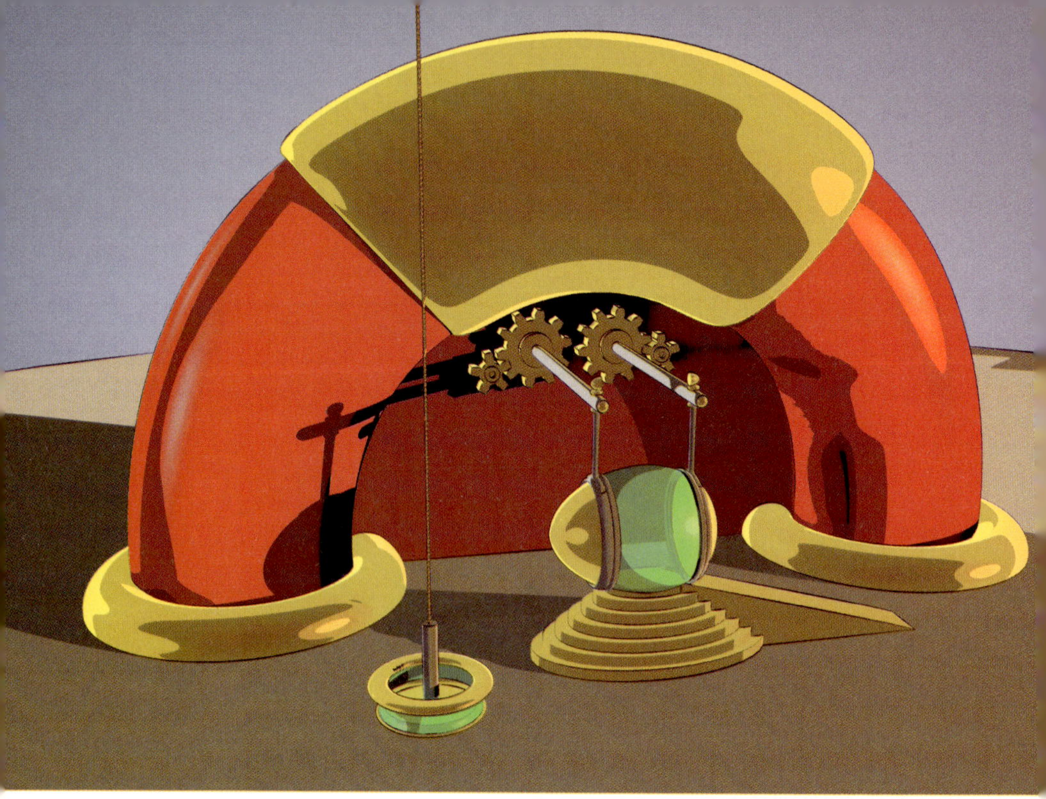

große Öffnung des Innenraums konnte neuerdings flexibel auf fast 5 Meter verbreitert werden und war bis auf Stuhlbreite variierbar.

Nanolino lümmelte sich gemütlich in seinen Sessel und amüsierte sich sofort köstlich über einen Comic-Film, der auf der Leinwand vor ihm ablief. «Besser als in jedem Kino! Micro hat wirklich an alles gedacht», schoss es ihm durch den Kopf.

Mit großer Lust hatte Micro Minitec ihre Schrumpfmaschinen weiterentwickelt. Große Gegenstände wie eine Mikrotisiermaschine oder – wenn sie wollte – auch kleine Häuser konnte sie jetzt erstmalig mikrotisieren, ebenso ihre Solarmobile und andere Fahrzeuge. Vor allem für die Weiterentwicklung des U-Bootes und all die anderen neuen Korponauten-Fortbewegungsmittel hatte sie sich unermüdlich Tag und Nacht in die Mikrotisierungs-Forschung gestürzt.

Jedes Gefährt konnte jetzt in den Turbobeamer hineinfahren und zusammen mit den kindlichen Insassen verkleinert werden. «Hoffentlich funktioniert das bald auch mal mit Erwachsenen.» Oh, war sie neugierig, ja fast ungeduldig! Zu gerne hätte sie Nanolino selbst begleitet. Aber leider genossen nur Kinder, Tierkinder und leblose Materialien diese Gunst der Zeit.

Aber auch farblich und oberflächenmäßig hatte sie das Schrumpfsystem weiterentwickelt. Es sah jetzt eher aus wie ein Baguette oder Hot Dog.

«Und ich bin wieder die Fleischfüllung», merkte Nano neckisch an, als er die neue Maschine in Augenschein genommen hatte.

«Genau, warum soll es dir anders ergehen als den anderen armen Würstchen», witzelte Micro Minitec.

Ein kleiner Mann im Ohr

Die Mikrotisierung ging viel schneller als je zuvor.

Nanolino war in der Tiefe der Gehörgänge von Dr. X angelangt. Die erste Strecke legte er noch zu Fuß zurück. Auch der kleine Arztkoffer flog ihm auf Schritt und Tritt hinterher. Sah richtig witzig aus, dieses Gespann. Dann wurde der Weg ihm aber doch zu weit, und er setzte sich in das kleine Auto, das lautlos in sicherer Distanz hinter ihm hergerollt war. Ein ungewöhnliches Gefährt. Batteriebetrieben war es und konnte durch Körperwärme aufgeladen werden. Es sah zwar nicht ganz so aus wie die alte Aquarius, mit der er den unheimlichen Kampf gegen Gobbot damals im Körper

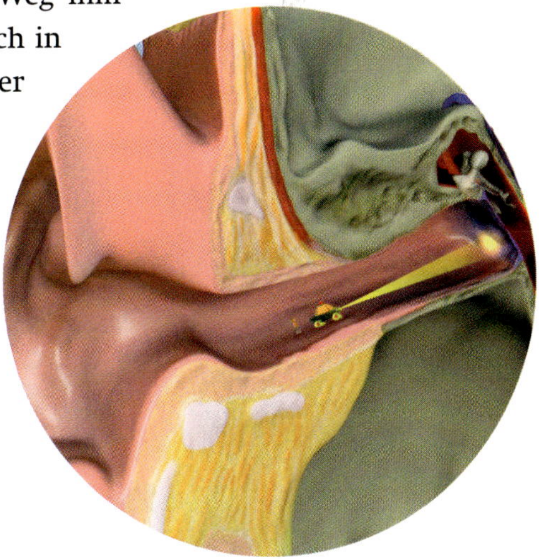

WAS IST EIGENTLICH …

Gebärdensprache?

Bestimmt kennt ihr die eine oder andere Geheimsprache, bei der man sich nur mit Hilfe der Hände verständigt. Zum Beispiel im Unterricht, damit der Lehrer euch nicht beim Quatschen erwischt, oder um über viele Tische hinweg mit einem Freund den nächsten Streich auszuhecken.

Die Gebärdensprache funktioniert ganz ähnlich, nur dass sie für Gehörlose oder auch stark schwerhörige Menschen fast die einzige Möglichkeit ist, sich direkt mit einem anderen Menschen zu unterhalten. Gebärden ersetzen in der Gebärdensprache die Wörter der gesprochenen Sprache. Die Gebärden können aus verschiedenen Körperbewegungen zusammengesetzt werden. Vor allem verständigt man sich mit den Händen und zusätzlich starker Mimik (Gesichtsausdruck) und sogenanntem Mundbild (lautlos gesprochene Wörter). Auch Körperhaltungen dienen in der Gebärdensprache als Ausdrucksmittel.

Die Gebärdensprache unterscheidet sich von Land zu Land. Seit einiger Zeit gibt es aber eine internationale Gebärdensprache, sodass sich Gehörlose auch mit Gebärdensprechern aus anderen Ländern verständigen können. Bei der gesprochenen Sprache erfüllt das Englische als Sprache, die in vielen Ländern zumindest verstanden wird, eine ähnliche Funktion.

seines Opas erfolgreich bestanden hatte. Einem Blutkörperchen sah es aber schon ähnlich, allerdings leuchtete es giftgrün und war mit Rädern und Flügeln bestückt. Zusätzlich hörte es auf Wortbefehle und Gestensteuerung seiner Hände.

«Du musst freundlich mit ihm sprechen», weihte ihn Micro Minitec stolz ein, «und einfach mit deinen Händen zeigen, was du willst. Dein Nanomobil versteht die Gebärdensprache, die für taube oder taubstumme Menschen entwickelt wurde.»

Nanolino glaubte, falsch gehört zu haben. Doch dann explodierte seine Stimmung. So sehr freute er sich schon darauf, damit durch den Körper zu «düsen», wie er sagte.

«Gebärdensprache? Habe ich nie gelernt. An mich hat mal wieder keiner gedacht.» Nano war beunruhigt.

«Keine Sorge, die bringe ich dir bald bei.» Sein Gesicht hellte sich auf. «Jetzt reichen erst einmal ganz einfache Befehle mit deinen Händen und Fingern: auf, ab, rechts, links, stopp usw., und außerdem versteht das Nanomobil natürlich deine Stimme beziehungsweise Befehle von dir.»

Nanolino war höchst zufrieden und bereit für ein neues Abenteuer.

Jetzt, im Gehörgang von Dr. X, winkte Nanolino den kleinen Wagen mit seinem Finger vorsichtig nach links und hielt kurze Zeit später die Handflächen mit gestreckten Armen demonstrativ von sich weg. Das Gefährt bewegte sich daraufhin langsam in Richtung seiner Finger und blieb stehen. Nano stieg aus. Mit dem Zeigefinger lockend holte er das Auto wieder zu sich heran. Er ging dabei mit dem Fahrzeug genauso zärtlich und behutsam um wie mit seinem Hund Kannickel: «Komm schon, Autolein, komm, aber gaaanz langsam. Okay so, sitz – oh, sorry, stopp» – vergnügt lachte er in sich hinein. «Bitte die Tür öffnen.» Und in der Tat blieb sein kleines Nanomobil seitlich von ihm stehen, und die Tür zum Cockpit öffnete sich leise.

«Danke vielmals.» Voller Freude stieg Nanolino ein.

Gerade noch rechtzeitig. Denn Dr. X zuppelte nervös an seinem Ohr, nun mit seinem kleinen Finger, der weiter hineinreichte als die anderen. Nanolino bemerkte erschrocken eine Verdunkelung des Höhlenganges, beobachtete nervös, wie sich die Wände flatterartig bewegten, und schrie: «Nichts wie los!» Der Wagen machte einen gewaltigen Satz nach vorne, als würde er mit allen Rädern hochspringen, und düste los. Vor ihnen schimmerte in weiter Ferne eine silberne Wand.

«Er schnarcht ruhig weiter. Keine Sorge, kleiner Medicus», beruhigte ihn Micro Minitec von außen.

«Ich bin ‹der kleine Mann im Ohr› und bereit für jede Herausfor-

Homöopathie?

Ähnliches wird durch Ähnliches geheilt – so lautet der Grundsatz der Homöopathie. Ein Arzt namens Hahnemann hat schon vor 200 Jahren erkannt, dass eine bestimmte Pflanze wie beispielsweise die Chinarinde einerseits die Malaria – eine fiebrige Tropenkrankheit – heilen kann und andererseits bei gesunden Menschen malariaähnliche Symptome hervorruft. Verrückt, oder? Dieselbe Pflanze kann heilen oder ähnliche Krankheitsanzeichen wie Fieber, Erbrechen usw. auslösen, die geheilt werden sollen!

In vielen Selbstversuchen probierte Hahnemann unzählige Pflanzen und Mineralien aus. Da viele Substanzen giftig sind, verdünnte er sie. Heute werden diese Heilsubstanzen auf besondere Weise mit Alkohol und Wasser so stark «verschüttelt» bzw. verdünnt, dass kaum noch oder fast keine Bestandteile mehr in den Medikamenten nachweisbar sind. Man spricht dann von der «Potenzierung», und diese wird in Zahlen dargestellt. So bedeutet die Potenz D1 eine Mischung im Verhältnis von 1 zu 10 (ein Tropfen Substanz auf 10 Tropfen Wasser, 1 ml auf 10 ml) und D2 ein Verhältnis von 1 zu 100 (1 ml auf 100 ml). Wenn man über D24 (1 auf 1 000 000 000 000 000 000 000 000, also 24 Nullen) hinausgeht, ist die homöopathische Arznei so weit verdünnt, dass kein einziges Molekül der Ausgangssubstanz mehr enthalten ist. Hahnemann sprach davon, dass sich die Substanz in diesem Verdünnungsverhältnis nur noch energetisch auf den Körper auswirkt. Doch bis heute gibt es keine wissenschaftliche Erklärung für etwaige Wirkungen der Homöpathie auf den Organismus. Aber: Homöopathische Mittel wirken erstaunlicherweise. Dies wird zwar meistens durch die Schulmedizin bezweifelt, aber es gibt selbst bei Tieren, bei Hunden oder Pferden ernst zu nehmende Erfolge. Auch neuere Studien beweisen zunehmend einzelne Wirkungen, ohne den Wirkmechanismus zu verstehen. Seltsam, oder? Immer mehr Ärzte integrieren mittlerweile homöopathische Behandlungen in ihre Behandlungskonzepte.

derung», antwortete Nano mutig. «Das da vorne muss das Trommelfell sein.» Während er mit offenem Mund staunend darauf zeigte, stieg er überwältigt aus. Und hastdunichtgesehen flog der Koffer hinterher und glitt elegant neben ihm zu Boden.

Nano zeigte auf die große Wand, die sich vor ihm auftürmte, und sprach zu seinem Koffer fast wie zu einem Hund: «Sieh mal, wie wunderwunderschön! Oh, und erst diese gigantischen Schwingungen in der Wand. Sieht super aus, wie ein Segel im Wind, und so hoch wie das höchste Hochhaus, das ich je gesehen habe. So wahnsinnig zart, so silbrig und gleichzeitig transparent.» Er hielt sich die Hand vor den Mund, schaudernd und fasziniert zugleich schaute er die glatte Wolkenkratzerwand vor ihm hinauf. «Ein wunderschönes Segel, aber … leider kein Durchkommen, Micro Minitec. Ich fürchte, dass mein Ausflug leider genauso schnell vorbei ist, wie er begonnen hat.»

«Steig endlich wieder ein und fahr bitte näher ran. Kannst du etwas durch das Segel sehen?» Nanolino verstärkte das Licht und vergrößerte den Ausschnitt auf seinem Monitor. Etwas geknickt und lustloser als sonst bediente er die Armaturen. «Hat ja doch alles keinen Zweck», dachte er nicht mehr ganz so hoffnungsfroh. Plötzlich sah er durch das Segel vor ihm ein großes Gebilde, das wie ein überdimensional großer Trommelstock aussah. Eine dem Segel anliegende Säule, die sich scheinbar im gleichen Rhythmus hoch und runter, vor und zurück bewegte wie die Wand selbst.

«Was ist denn das?», fragte er zwar noch ein wenig lustlos, aber doch schon wieder neugierig genug.

«Hör mal, Nano. Das ist der klitzekleine Hammer im Innenohr, der auf den sogenannten Amboss schlägt und dabei den Schall vom Trommelfell, mit dem er verwachsen ist, über kleine Knöchelchen ins Innenohr überträgt. Und wenn du nicht so gelangweilt wärst, hättest du längst das kleine Löchlein im großen Segel bemerkt, durch das du hindurchschlüpfen kannst, du Lümmel.»

Nanolino wurde knallrot. «Bin ich denn zu blöd, oder was?», dachte er. «Wo soll denn da ein Durchkommen sein?»

WAS IST EIGENTLICH …

eine Trommelfellperforation?

Pass bitte auf mit Wattestäbchen oder anderen spitzen Gegenständen im Ohr. Sie gehören dort nicht hin, auch wenn das Ohr noch so juckt. Zu schnell ist das Trommelfell durchbohrt. Auch ein Schlag aufs Ohr oder Tauchen ohne Druckausgleich können eine solche Perforation erzeugen, aber auch eine Mittelohrentzündung mit eitrig-blutendem Ausfluss. Stechende Schmerzen und plötzlicher Hörverlust sind die Folge. Kleinere Einrisse können mit einem sterilen Ohrverband abheilen, größere müssen operiert werden. Jeder Keim im Ohr kann bei einer Perforation nach innen verschleppt werden. Deshalb beim kleinsten Verdacht **niemals Ohrentropfen** geben oder Spülungen durchführen. Auch Duschen und Haarewaschen sind verboten, es könnte Wasser ins Ohr dringen.

«Das geht doch gar nicht, Micro!», rief er hilflos.

«Doch, da muss ein Durchgang sein. Dr. X hat als Kind im Krieg bei einer Minenexplosion in seiner Nähe einen Trommelfellriss erlitten. Damals haben die Ärzte den Riss nur notdürftig reparieren können. Bis heute darf er nicht tauchen, weil sonst Wasser in sein Ohr kommen könnte und er die Orientierung unter Wasser verlieren würde.»

«Wieso das denn?» Jetzt wurde Nano wieder hellwach.

«Ja, er würde nicht mehr merken, wo oben und unten ist, weil im Ohr ein wesentlicher Teil unseres Gleichgewichtsorgans liegt. In den Bogengängen, die du bald dort drinnen sehen könntest, wenn du jetzt nicht so blind wärest.» Das Rot seiner Haut wechselte nun zu Tiefrot, und ihm wurde ganz heiß.

«Okay, okay. Ich suche schon», stammelte Nanolino und ließ die Scheinwerfer des Nanomobils steil nach oben und danach nach unten leuchten.

Grossmutters Rezepte

Nasenspülung leicht gemacht

Hört sich blöd an, ist aber total einfach und wirkt Wunder! Die Spülung ist babyleicht durchzuführen und aktiviert die Schleimhautabschwellung. Die Inder haben solche Nasenspülungen schon vor vielen tausend Jahren zur täglichen Körperpflege genutzt. Hierzu lässt du einfach Wasser bei vornübergebeugtem Kopf in deine hohle Hand laufen, saugst es durch die Nasenlöcher ein und spuckst das Wasser durch den Mund wieder raus. Geübte saugen das Wasser durch ein Nasenloch ein und stoßen es durchs andere wieder aus. Du kannst die Spülung mehrmals am Tag wiederholen. Warmes Wasser solltest du nutzen, wenn dir kalt ist oder du fröstelst. Es gibt aber mittlerweile auch Nasenduschen in der Apotheke zu kaufen. Sie sehen wie kleine Gießkannen aus – du begießt deine Nase dann ja auch damit. Zumindest, wenn du erkältet bist.

«Ich sehe was, was du nicht siehst. Und das ist rot», rief Micro Minitec fröhlich von außen ins Mikrophon. Sie konnte ja über die eingebaute Kamera von draußen das ganze Blickfeld von Nanolino im Inneren mit ansehen. Jetzt drohte das Rot Nanolinos Kopf zum Platzen zu bringen, denn er fühlte sich ertappt. Doch Micro meinte nur den kleinen Spalt am Unterrand des Segels und nicht Nanos Kopf, der sie in diesem Moment nun wirklich nicht interessierte.

«Da unten, Nanolino.»

«Wo?» Er schaut gebannt auf die riesige silbrige Gewölbewand, konnte aber beim besten Willen nichts ausmachen. Er sprang hastig aus dem Nanomobil und lief direkt an die gigantische Trommelfellwand heran, die sich vor ihm auftürmte. Mit seiner Stirnlampe leuchtete er kreuz und quer die schwingende Wand vor sich ab. Aber er konnte nichts finden. Aufgeregt ging er auf und ab und untersuchte dabei auch das zarte Fell akribisch mit seinen Händen. Es vibrierte angenehm in seinen Fingern. Nichts zu finden! Frustriert kletterte er zurück in seinen Sitz.

«Mensch, da! Da unten rechts; sieh doch nur, Nanolino. Ein kleiner Spalt bloß, doch groß genug, um durchzuschlüpfen.» Dann sah er es auch, nachdem er den Vergrößerungsfaktor der Kamera auf unendliche Maximierung gestellt hatte. Sein Herz hüpfte, vor Freude überwältigt. «Nichts wie durch», rief er und spornte sein winziges Nanomobil an, nach rechts unten zum geröteten Einriss zu rollen.

Ein beeindruckendes, rot leuchtendes Gewölbe tat sich vor ihm auf. In der Mitte über ihm schwebte ein altarähnliches Gebilde, auf das unentwegt der von außen sichtbare Hammer klopfte.

«Kling, klong, klickkling, klang, klung, klong», hörte er es hämmern. Immer wieder und immer wieder in anderen Rhythmen und Klanglängen. Er drehte die Verstärker der Innen-Lautsprecher weiter auf. «Kling, klong, kling, klong. Einzigartig! Das ist besser als jeder Schlagzeugtrommelwirbel, den ich je gehört habe, Micro Minitec. So schön, so gewaltig dieser schwebende Altar und, und …» Er stockte. «Vielleicht ist dies der Raum der Seele. Was für eine Urgewalt!»

«Siehst du. Das habe ich dir doch versprochen. Der Sitz der Seele? Vielleicht auch. Wer weiß? Aber …»

«Ja, Micro, wirklich. Hier wird man richtig andächtig. Meine Seele schwingt, das merke ich genau. Welch ungeheure Kraft geht von hier aus. Es fehlt nur die Musik. Mit Pauken und Trompeten …», fiel ihm ein, «nur fehlen die Trompeten.»

Micro lachte aus vollem Hals.

«Du bist ja auch in der Paukenhöhle, so nennen wir diesen Raum. Klar, die Schallwellen übertragen sich vom Trommelfell auf den Hammer – der Stiel ist ja, wie du gesehen hast, mit dem Fell verbunden. Also von hier werden die Schallwellen aus der Luft auf eine Knochenleitung umgestellt. Der knöcherne Hammer – übrigens der kleinste Knochen im Körper – schlägt auf den Amboss, und dieser überträgt die Wellen auf den Steigbügel, den dort.»

Grossmutters Heilpflanzen

Hagebutte

So bezeichnet man die Früchte verschiedener Rosenarten. Wahrscheinlich hast du mit den Samen als Juckpulver schon deine Freunde geärgert. Aber die Schale ist extrem heilsam. Du kannst sie einfach so essen – von den Kernen abpulen – oder Marmelade daraus herstellen. Die Marmelade fördert den Appetit und ist extrem reich an Vitamin C. Aus der getrockneten Schale der Hagebutte kann man einen vitaminreichen Aufguss machen. Das Mus eignet sich besonders wegen seiner austreibenden Wirkung und wird wie der Aufguss gegen Gicht und Rheuma verwendet. Aus den Kernen kann ein Öl gewonnen werden, das zur Hautpflege verwendet wird. Das Pulver der Hagebutte kann bei Arthrose-Erkrankungen eingesetzt werden – eine Forschergruppe identifizierte 2003 einen in der wilden Hagebutte vorkommenden therapeutischen Inhaltsstoff.

«Wo – ach ja, dort. Ja, ja, ich sehe ihn, aber schade, leider kein Pferd in der Nähe.» Jetzt lachte Micro Minitec noch lauter.

«Nein, natürlich nicht. Ich habe auch keins für dich mikrotisiert.» Jetzt wieherten beide vor Lachen. «Zu schade, dann könnte ich jetzt das Pferd wechseln und von meinem Nanomobil umsteigen.» Micro stotterte lachend weiter: «Also, der Steigbügel ist über seinen Boden mit deiner Schnecke verbunden – sorry, also nicht …» Aber bevor sie ihm mitteilen konnte, dass sie sich versprochen hatte, fiel er ihr lachend ins Wort.

«Meinst du damit vielleicht meine Schwester, Marie? Hast du die auch hier drin versteckt? Na warte …»

WAS IST EIGENTLICH …

Hören?

Wenn eine Schallwelle vom Trommelfell auf die Gehörknöchelchen übertragen wird, wird auch der dritte Gang der mit **Endolymphe** gefüllten Schnecke aktiviert. Hier ist die **Bodenplatte des Steigbügels** im sogenannten **ovalen Fenster** mit dem Flüssigkeitsraum verbunden. Die Flüssigkeit nimmt die Erregung auf, die Bodenplatte wird erschüttert, die Endolymphe gerät in Schwingungen und reizt mit der so entstehenden Flüssigkeitswelle kleine Härchen, die am Grunde des Schneckengangs liegen. In den Hörzellen entsteht ein **elektrisches Signal**, das zum Gehirn geleitet wird. Wie stark diese **Hörzellen** erregt werden, hängt ganz von der Stärke, dem Rhythmus und der Frequenz der Schallwellen ab. Tiefe Töne von 16 Hertz kann dein Ohr genauso wahrnehmen wie hohe Töne von 20 000 Hertz, mehr in der Regel nicht! Fledermäuse verständigen sich beispielsweise in einem ganz anderen Frequenzbereich, den du leider nicht hören kannst. Du selbst hörst meistens besser als ältere

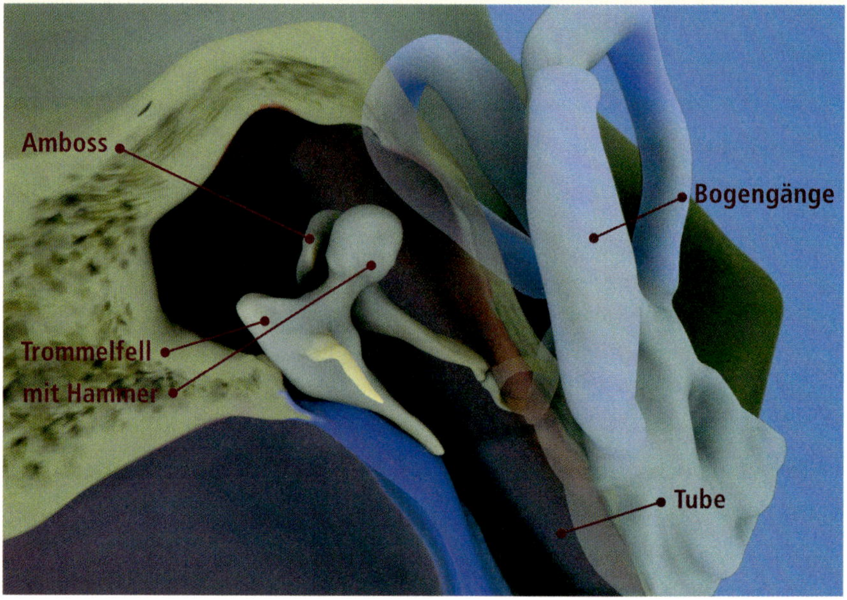

Menschen. Dein normaler täglicher Frequenzbereich liegt zwischen 2000 und 5000 Hertz. Ältere Menschen sind häufig im oberen Bereich zwischen 5000 und 20 000 Hertz hörgeschädigt.

Sollten deine Großeltern schwerhörig sein oder werden, kannst du ihnen empfehlen, sich moderne Hörgeräte auszusuchen, die den ausgefallenen Frequenzbereich, der im Hörtest sichtbar ist, gezielt stimulieren. Alte Hörgeräte haben immer die Frequenzen eines gesamten Spektrums von 16 000 bis 20 000 Hertz aktiviert und verstärkt. Damit wurden auch Töne, die der Hörgeschädigte noch hören kann, extrem laut, sodass alte Menschen in der Regel ihre Hörgeräte lieber auf geringe Lautstärke einstellen. Deshalb verstehen sie dich manchmal auch nicht und sind brummelig.

«Ach herrje, nein. Was du auch immer denkst. Eine Schnecke hat doch jeder im Ohr, sonst könntest du nicht hören. In dieser wundervollen Schnecke findest du ganz zarte Härchen, welche die unterschiedlichen Frequenzen von Geräuschen in elektrische Signale umwandeln.»

«Und dann hört man dort die Musik?»

«Nein, leider nicht, sondern die vielen Millionen Frequenzen und Rhythmen von Instrumenten, von Gesprochenem oder auch Geräuschen erregen ganz winzige Nerven, die dann erst alles Aufgenommene – fast wie ein Mikrophon – als elektrische Impulse ins Gehirn weiterleiten, auf den sogenannten Hörbahnen. Das ganze Gehirn bzw. spezielle Zentren fügen alles zusammen. Dort erst hört und fühlt das Gehirn die Musik oder deine Witze. An verschiedenen Stellen dort oben eben und nicht in deinen schmutzigen Ohren.» Und sie zeigte auf ihren Kopf. Nanolino rümpfte die Nase.

«Puh, ist das kompliziert.» Er dachte nach. «Und was soll ich dann hier drin? Ich will lieber nochmal zum Gehirn …» Sofort erinnerte er sich an seinen furchtbaren Traum, und seine kleine Stirn legte sich in Sorgenfalten. War mit Opa wirklich alles in Ordnung? Nach ihrem ersten Abenteuer war er wie ausgewechselt gewesen, doch schon bald waren seine Launen zurückgekehrt und von Tag zu Tag schlimmer geworden. Vielleicht steckte mehr dahinter, vielleicht hatte Schlotter tatsächlich seine Hände im Spiel. Aber nein, das war doch nur ein Traum. Trotzdem: Vielleicht sollte er mal mit Omi, oder besser mit Dr. X oder Micro Minitec, über seine Befürchtungen sprechen.

«Microoooooo!» Doch bevor er seinen Gedanken Luft machen konnte, segelte das ganze U-Boot auf einmal kopfüber durch die Paukenhöhle. Schoss gegen die Wände, kugelte sich mehrfach und plumpste gegen Amboss und Steigbügel und drohte unter den Hammer zu geraten.

«No», schrie Nano panisch. «Nein, Micro, Hilfe, der Haaammmmmmmmer!» Denn sie flogen schnurstracks auf ihn zu. «Neieieieiennnnn. Miiicroooooo, Dr. XXXXXX? Schei… Mist … jetzt werden wir langgemacht», dachte er noch, da sackten sie plötzlich senkrecht ab und landeten … sanft auf dem Höhlengrund.

Was war passiert? Dr. X hatte sich massiv am Ohr gejuckt und im Traum seinen Kopf geschüttelt, als wollte er eine Fliege vom Kopf wegschleudern. Micro Minitec nahm ihn darauf sofort sanft in den Arm und bettete seinen Kopf vorsichtig auf dem Tisch in einem Kissen. Gleichzeitig übernahm sie die Steuerung des kleinen Wagens von außen und aktivierte den Luftkissen-Bremsmechanismus, der Nanolino sanft zu Boden schweben ließ.

«Geschafft», flüsterte sie. «Bist du heil oder … was ist los, kleiner Forscher?» Nano hatte ja bereits einiges im Experimentierumfeld von Micro Minitec miterlebt. Aber das hier war schon harter Tobak gewesen. Trotzdem versuchte er sich aufzumuntern: «Fast wäre ich unter den Hammer geraten! Und dann hättest du mich im Krankenhaus im Zimmer 1 bis 10 besuchen können, so platt wäre ich gewesen. Platter als jede Flunder.» Und schon lachten sie wieder.

Zur Schnecke gemacht

Das Nanomobil stand nicht gerade stabil, wo es gelandet war, sondern kippelte ein wenig. Unter sich erblickte Nano eine tiefe Schlucht, die ihm wie eine endlose Rutschbahn erschien.

«Hör mal, wo stecke ich denn jetzt schon wieder? Über mir ein pferdeloser Steigbügel und unter mir wieder einmal nur gähnende Leere und …? Mensch, Micro, was für eine unheimliche Geister-Rutschbahn!» Nanolino erschrak. Gegenwind ließ plötzlich das ganze Gefährt wackeln. Und auf einmal fühlte er sich ziemlich allein, ja richtig verlassen. Bei allen vorherigen Expeditionen mit den anderen Schrumpf-U-Booten war er in ständiger Begleitung gewesen. Rappel – Micros Zauberkaninchen – konnte ihm zwar auf ihrem damaligen Ausflug in die Katakomben von Micro Minitecs Darm nicht wirklich helfen, aber hatte ihn gehörig aufgemuntert, und Marie war eine tolle Hilfe bei der Überwältigung von Gobbot gewesen. «Gemeinsam sind wir unausstehlich», brummelte er und sehnte sich nach ihr. Die Turbulenzen von vorhin hatten scheinbar doch Spuren hinterlassen. «Genau!» Micro bezog diese Aussage von Nano auf sich selbst und spornte ihn sofort weiter an. «Los, wir fliegen jetzt endlich in die Schnecke, und du findest raus, warum dieser liebe Penner hier so schlecht hört.»

«Wir fliegen jetzt wohin? Wie denn das schon wieder?»

«Unter dir siehst du eine Röhre – deine ‹Geister-Rutschbahn›. Da rutschen wir aber nicht runter.»

«Zu schade!»

«Wir würden wieder einmal im Rachennotenzeichen landen. Da warst du doch schon mal.»

«Na klar. Kenne mich bestens aus», erwiderte er stolz.

«Nein, das lassen wir jetzt schön sein. Übrigens, wir nennen diese Röhre dort Tube. Mit ihr entsteht der Druckausgleich zwischen Ohr, Nase und Mundhöhle.»

WAS SIND EIGENTLICH …

die Luftwege?

«Über den Wolken muss die Freiheit wohl grenzenlos sein …» Aber die Luftwege, auf denen wir in den Urlaub fliegen, sind hier nicht gemeint, sondern deine Nase, der Rachen, der Kehlkopf und die Luftröhre. Zu unterscheiden sind nämlich obere und untere Luftwege. Letztere beginnen unterhalb deines Kehlkopfes, und darüber befinden sich die oberen Luftwege. Über die Nase nimmst du Sauerstoff auf und atmest die Abfallgase, hauptsächlich den Kohlendioxid, im Körper wieder aus, manchmal auch über den Mund. In der Nase werden aber auch Fremdkörperteilchen gefiltert, Staub zum Beispiel. Dies passiert auch in den unteren Luftwegen. Gleichzeitig wird die gesamte Atemluft befeuchtet und erwärmt. Du hast also eine eigene kleine Klimaanlage. Die Nase ist im Inneren in drei Teile untergliedert, diese Nasengänge sind mit Schleimhaut bekleidet. Hier werden auch die feinstofflichen Teilchen abgefangen und können einen Nies- oder Hustenreflex auslösen.

Deine Schleimhaut in der Nase ist ganz stark durchblutet, sodass die Luft richtig vorgeheizt wird, fast auf Körpertemperatur, wenn sie am Kehlkopf angelangt ist, sogar wenn es draußen sehr kalt ist.

Die Anfeuchtung in der Nase, den Nasenhöhlen und der Luftröhre erfolgt durch schleimbildende Drüsen, sodass die Luft, wenn sie in die Lunge eintritt, fast 100%ige Luftfeuchtigkeit hat.

Die Nase ist mit dem Ohr über die Eustachische Röhre, die sogenannte Tube, zum Druckausgleich und mit vielen Nasennebenhöhlen über wunderbare Miniaturtunnel verbunden. Es gibt beispielsweise beidseits von der Nase die Kieferhöhlen, oberhalb von der Nase die Stirnbeinhöhlen, aber auch die Keilbeinhöhle und andere mehr. Wie schön wäre es, wenn du einmal Korponaut werden könntest, um dieses Höhlensystem von innen zu bewundern …

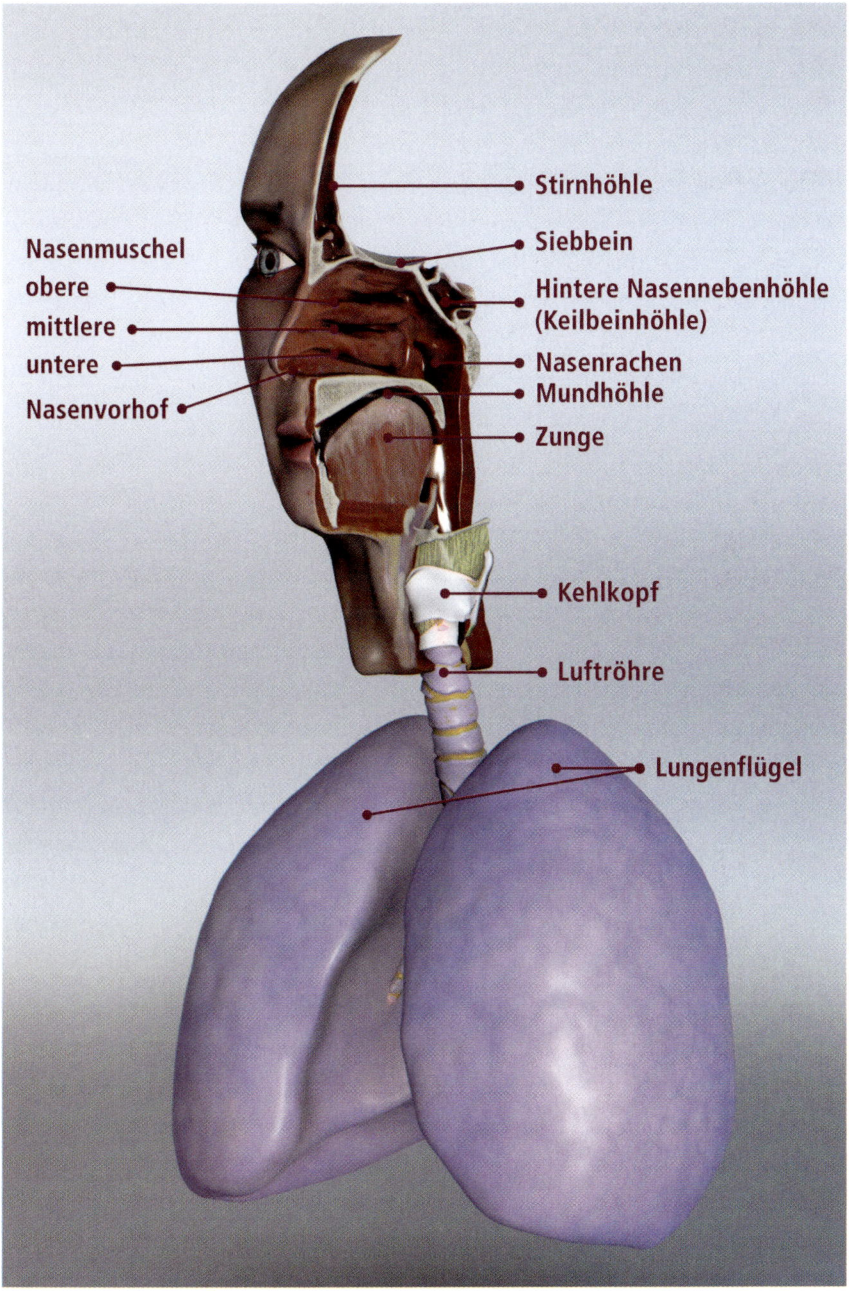
Stirnhöhle
Siebbein
Nasenmuschel
obere
mittlere
untere
Nasenvorhof
Hintere Nasennebenhöhle
(Keilbeinhöhle)
Nasenrachen
Mundhöhle
Zunge
Kehlkopf
Luftröhre
Lungenflügel

WAS IST EIGENTLICH …

Riechen?

Ohne Riechen käme wahrscheinlich eine Ameise oder Biene nicht zurück zu ihrem Nest. Riechen spielt eine zentrale Rolle in der Insektenwelt, aber auch beim Menschen. «Du duftest so herrlich» oder «Ich kann dich nicht riechen» sind Redensarten, die auf einen unserer wichtigsten Sinne hinweisen. Was du wahrscheinlich bewusst noch nicht bemerkt hast: Von allen Gegenständen oder Lebewesen geht ein spezifischer individueller Geruch aus. Von feuchter Erde vor deinem Haus, von Orangen genauso wie von einem Vogel, einer Pflanze oder einem Menschen, sogar von einem Metallmesser. Daher kannst du über Gerüche unterscheiden lernen. Ein Gedächtnis für Gerüche besitzt du auch.

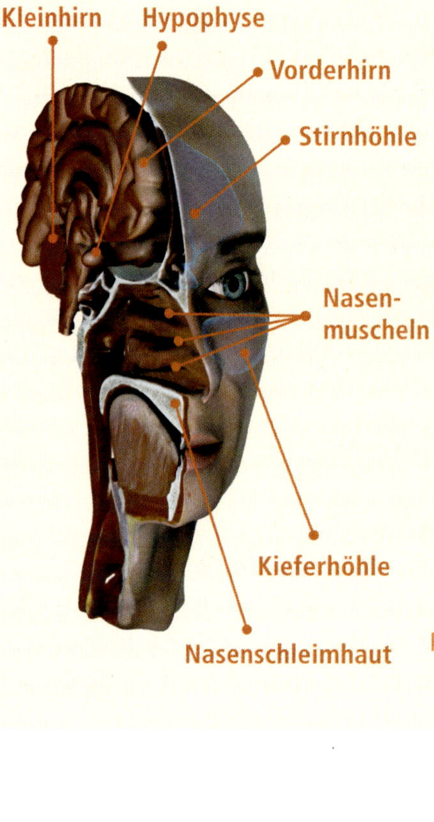

Das Riechen ist eigentlich ein elektrischer Vorgang. Kleinste chemische Bestandteile von Duftstoffen, möglicherweise Moleküle, reizen Bündel feiner Riechfäden in der Nase. Diese liegen im oberen Bereich der Nase. Der Duft dringt von hier über die Siebbeinzellen bis zum Riechkolben des Gehirns vor. Hier wird entschieden, ob ein Duft wohltuend, belästigend oder sogar heilsam ist. Seit Jahrtausenden wird über Düfte bzw. Aromastoffe therapiert, oder aber es werden andere Menschen durch Parfüms betört … oder gestört.

«Ach, deswegen der Gegenwind hier?» Nanolino überlegte kurz. «Ist das auch der Druck im Ohr, den ich beim Fliegen oder Tauchen spüre? Wenn ich gähne oder die Nase zuhalte und kräftig hineinblase, wird's mit dem schmerzhaften Druck sofort besser.»

«Genau. Ganz schön schlau. Jetzt verstehe ich endlich, warum dich Dr. X zum Assi ernannt hat.» Sie grinste in sich hinein.

«Du musst auf die Tube drücken, sagte mein Vater früher immer.» Jetzt wurde er richtig übermütig.

«Ja, klar. Das müssen wir jetzt auch! Und zwar sofort. Aber das meint was ganz anderes: rasend schnell werden.» Nanolino schaute ein wenig hilflos vor sich hin.

«Also nochmal. Da runter geht's nicht entlang, sondern ihr müsst zum Steigbügel hochfliegen und euch dann unter der Grundplatte durchquetschen, um in die Schnecke zu schwimmen.»

«Fliegen, schwimmen, fahren. Wie denn das?»

«Dein Nanomobil kann alles. Fast alles, es ist doch dein supermodernes FAST-Mobil. Das habe ich dir doch bereits vor der Abreise erklärt, oder? Aus Rädern werden Flossen, und Flügel wachsen auch gleich … Also los, keine Zeit verlieren. Verlass dich jetzt voll und ganz auf mich. Ich bringe dich dorthin, bevor Dr. X aufwacht.»

«Was du schon wieder alles ausgetüftelt hast!» Und ehe Nanolino überhaupt nachdenken konnte, schoss das FAST-Mobil raketenmäßig durch die Höhle, direkt unter dem Steigbügel weg durch das ovale Fenster – so nennt man den Eingang zur Schnecke –, und schwamm plötzlich seelenruhig in klarer See.

«Wow», war das Einzige, was Nano sagen konnte.

«Wie meinen der Herr?»

«Wow, hier flimmert es gewaltig unter Wasser.»

«Und ich dachte, du meinst meine neue Raketen-Klebetechnik!»

«Supergut – aber das ist schon total normal für mich, Dr. Minitec. Bei dir wundert mich wirklich gar nichts mehr. Doch hier drinnen ist das soooooo schön, schöner geht's kaum. Schade, dass du jetzt nicht bei mir sein kannst!»

«Ja, ja.» Ihre Stimme klang leicht geknickt.

«Du müsstest das mal direkt vor Ort hier erleben. Wohin das Auge nur blickt, lauter flimmernde feine, haarige Pflanzen. Ach Quatsch, hier gibt's ja keine Pflanzen. Die Haare hier sehen nur aus wie Algen unter Wasser. Wie Algen, die sich in der Brandung des Meeres gemächlich gegeneinander bewegen.»

«Ja, genau, das sind die Frequenz-Tastorgane des Ohrs.» Und nach kurzer Pause des Nachdenkens sagte sie verschmitzt: «Hör mal!»

«Ich hör nichts.»

«Gut hören kann er schlecht.» Sie schmunzelte.

«Wie, ich? Ich hör wirklich nichts. Bin ich jetzt taub, oder was?»

«Ach, ich mein doch nicht dich, sondern unseren Dr. Knuddelbär hier. Denk an unsere Mission.»

«Du meinst unsere Mission: hörlos im All?» Und endlich lachten sie wieder.

«Nein, hörlos im Alter oder so. Spaß beiseite. Nano, was du da vor dir siehst, sind die Härchen, von denen ich dir erzählt habe. Jedes Flimmerhaar ist mit ganz, ganz feinen Nerven verbunden, die eine bestimmte Frequenz messen. Hohe Stimmen beispielsweise erzeugen ganz viele Schwingungen eines genau zu bestimmenden hohen Frequenzspektrums, bei tiefen ist das umgekehrt.»

«Wirklich, Micro Minitec, ich höre hier drinnen rein gar nichts.»

«Genau, das passiert ja eben im Gehirn.»

«Ach ja, habe ich schon wieder vergessen.» Nanolino kratzte sich am Kopf.

«Und was soll ich nun tun auf dieser ‹Hörlos-im-All-Mission›, liebe Frau Doktor?»

«Du schwimmst jetzt mit dem Boot von Härchen zu Härchen und versuchst rauszufinden, wo möglicherweise einzelne unbeweglich geworden sein könnten.»

«Ui-jui-jui. Wenn mir das mal gelingt!»

«Übrigens, vorne bei dir beginnt das hohe Frequenzspektrum,

WAS IST EIGENTLICH …

ein Hörgerät?

Hörgeräte ermöglichen Menschen, die einen Hörschaden haben, besser zu hören. Früher hielten sich die Betroffenen einfach ein Hörrohr an das Ohr. Heute sind diese Miniverstärker reinste Technikwunder. Es gibt Digitalgeräte, die so klein sind, dass sie in den Gehörgang passen und von außen kaum zu erkennen sind. Andere Hörgeräte werden hinter das Ohr geklemmt, und ein kleiner Schlauch führt in das Ohr hinein.

Der Schall wird von dem Gerät aufgefangen und so verstärkt, dass der Patient möglichst gut hört. Dabei muss beachtet werden, welche Art Hörschaden vorliegt, damit der Patient nicht noch schlechter hört als vorher. Trotz ausgefeilter Technik kann bisher noch kein Gerät das Hörvermögen vollständig wiederherstellen. Auf der anderen Seite ermöglicht es vielen Menschen, die gar nicht mehr hören können, zumindest einige Geräusche über die Ohren wahrzunehmen. Sicherlich werden sich die Forscher auf diesem Gebiet noch viel einfallen lassen. Es gibt bereits Implantate fürs Hören.

und ganz hinten am Ende des Schneckengewölbes befindet sich das tiefe Spektrum.»

«Und wie definieren wir die einzelnen Frequenzen genau?»

«Wenn wir uns jetzt beeilen, spiele ich hier draußen auf meinem Frequenzgenerator die fürs menschliche Ohr hörbaren Töne von tief bis hoch einzeln durch – jede Frequenz nur 3 Sekunden, und du fliegst einfach von Haar zu Haar und registrierst die Bewegung. Nochmal zum Mitschreiben», dozierte sie verschmitzt: «Der Ton wird durch die Luft über das Trommelfell auf die Gehörknöchelkette übertragen und von dort in die Schnecke zu dir. Dein vor dir liegendes ‹Algenmeer› wird durch den Druck

bewegt, den der Steigbügel auf die Lymphflüssigkeit ausübt. Und jede ‹Alge› reagiert auf eine bestimmte Tonhöhe. Capito?»

«Aye, aye, Madame. Ein korponautischer Hörtest sozusagen!»

Auf ging's. Ein tiefes Brummen erfüllte den Raum, in dem Dr. X genüsslich schlummerte, gefolgt von immer höher werdenden Tönen. Das brachte die «Algen» in Bewegung. Nanolino tanzte quasi in seinem blutkörperchenähnlichen Nanomobil auf den einzelnen Haarspitzen und juchzte vor Freude. Er sprang von Haar zu Haar, drehte Pirouetten und andere Tanzfiguren.

«Bloß keine Haarspaltereien, Micro Minitec, und hoffentlich hat Dr. X nachher keinen Haarspitzenkater», rief er vergnügt. Er dachte hierbei nicht an eine Katze, sondern an die üblen Auswirkungen nach Alkoholgenuss, bei denen Gehirnzellen stark in Mitleidenschaft gezogen werden. Den Schmerz nach Alkohol nennt der Volksmund bekannterweise: Kater. Beide lachten wieder.

«Juppheidi, juhu.» Er sprang und tanzte und juchzte.

«Hey, was nuuuuun? Stopp!» Plötzlich plumpste er gewaltig nach unten. Über ihm ragten feine Stämme weit in die Luft, so weit seine Augen reichten.

«Ein Gefühl wie im Urwald. Über mir gigantische Bäume, unter mir bewegter Boden.» Auf einmal bewegte sich das Nachbarhaar auf ihn zu, dann das andere. Sie schwangen gewaltig aus und klappten über Nano zusammen. Micro Minitec testete von außen wiederholt die Frequenzen.

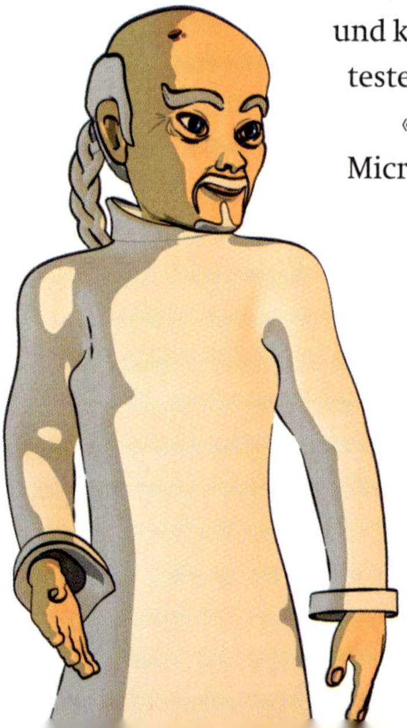

«Hier passiert nichts bei mir in der Mitte, Micro. Tote Hose.»

«Siehst du, jetzt haben wir's endlich gefunden. Ein echter Ausfall in den hohen Frequenzen. Mal sehen, ob noch mehr geschädigt ist?» Und wirklich fanden sie noch eine Reihe anderer schwächelnder Bezirke am Ende der Schnecke. Dr. X schüttelte sich im Traum.

«Jetzt müssen wir uns beeilen, Dr. X wacht gleich auf. Das hast du super gemacht, kleiner Medicus. Jetzt ruh dich bitte aus, ich übernehm die Steuerung.»

Kurze Zeit später saß Nanolino wieder neben Micro Minitec und wartete darauf, dass Dr. X aufwachte, ganz stolz, dass er einmal mehr als Korponaut helfen konnte.

Mit dem Wissen um die speziellen Frequenzen, die in der Schnecke ausgefallen waren, wollte Micro Minitec ihrem Dr. X ein spezielles winziges Hörgerät bauen, das nur diese Frequenzen verstärkte. Alle anderen würden in Ruhe gelassen.

«Herkömmliche Hörgeräte verstärken die Aktivität aller Härchen. Und damit hört der Geschädigte auf einmal alle Geräusche um sich herum manchmal sehr laut; häufig leider viel zu laut – und stellt deshalb lieber das Gerät wieder ab oder viel zu leise ein, weil es ihm wehtut», erklärte sie ihrem kleinen Gehilfen nach der Hör-Expedition.

Einige Tage später war das Hörgerät dann fertig, und Dr. X bedankte sich überschäumend bei seiner Assistentin. «Meine geliebte Frau Doktor, was für ein wunderbares Geschenk haben Sie mir mal wieder bereitet. Sie sind einfach genial und Hellseherin obendrein. Woher wussten Sie, was mir fehlt?»

Sie lächelte verschmitzt zurück und nahm sich ganz fest vor, Nanolino von Herzen zu danken, sobald sie ihn wiedersehen sollte.

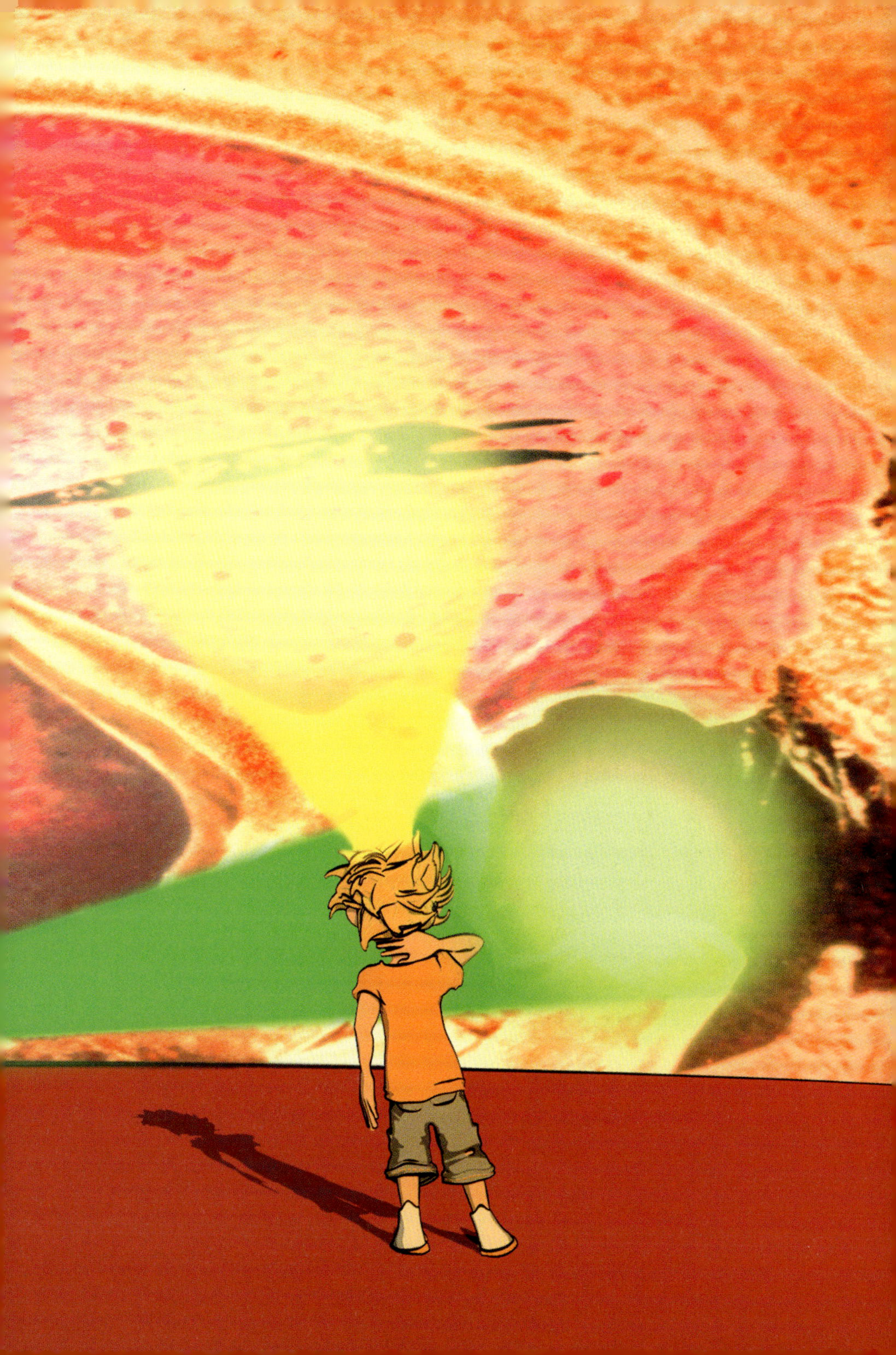

Nanolinos kaputte Leiste

So ein Mist! Ausgerechnet ihm musste so was Blödes passieren. Aber Nano konnte seit Tagen nicht mehr richtig auftreten, und das Humpeln wurde immer schlimmer. Angefangen hatte es ganz plötzlich, nach dem letzten Fußballmatch. Der Schmerz im Oberschenkel – oder war er in der Leiste, er wusste es auch nicht so recht – nahm unheimlich zu, und Nanolino hinkte mühsam nach Hause. Was konnte das bloß sein? «Ich hinke schon wie ein einbeiniger Pirat», dachte er und wurde ganz unglücklich. Er konnte Opas Schmerz zum ersten Mal richtig nachempfinden. Jetzt lag er zerknirscht auf der Küchenbank, und seine Großmutter untersuchte seine Leiste und wickelte ihn in Arnikaumschläge. Ein Glück, dass Omi Rosa zu Hause war. Seine Mutter war gleich nach dem Fußballspiel zu einer wichtigen Geschäftsreise aufgebrochen und würde erst in ein paar Tagen zurückkehren.

«Ich tippe auf Leistenbruch oder Muskelfaserriss», sagte Omi bestimmt.

«Der und schwächeln? Ist doch ein junger Spund. Soll lieber seine Schulaufgaben richtig machen und früher schlafen gehen … leistungsschwach ist der», feixte der Großvater, während er den Kühlschrank durchwühlte.

«Leistenschwach, nicht leistungsschwach, mein Lieber. Hör mal richtig zu, du Nimmersatt, und kümmere dich lieber um deinen Enkel. Bist sowieso zu dick!» Omi Rosa war richtig erbost.

«Halt dich da raus und hör auf, Möchtegernarzt zu sein. Hast sowieso keine Ahnung. Der Junge soll aufhören, so viel zu kicken.»

«Aaaaauuuuuu, hör auf», schrie

Grossmutters Rezepte

Die berühmte Essenz gegen Zerrung und Verrenkung

MAN NEHME:

20 g Arnika
10 g Lavendel
10 g Raute
60 g Beinwell

Du mischst die Kräuter durch und gibst sie deiner Mutter. Die tunkt die Kräuter in 64%igen Weingeist und lässt sie verschlossen 14 Tage lang bei Zimmertemperatur stehen. Danach werden die Kräuter abgeseiht und ausgepresst.

Mit der Essenz die betroffene Stelle mehrmals täglich einreiben und/oder feuchte Auflagen machen.

Nanolino. Seine Großmutter hatte eben noch einmal auf seinen Leistenansatz und Oberschenkel gedrückt.

«Und wenn er Schmerzen hat, muss er einfach mal zum richtigen Arzt und nicht zu so einer Laienspielschar von Dr. X und seinen Konsorten. Und vor allem nicht zu dir, du Kräuterhexe. Was verstehst du schon von Medizin?» Omi Rosa und Nanolino schauten verdutzt auf. Was war denn jetzt auf einmal los? Sein Großvater war doch erst vor ein paar Tagen bei Dr. X wegen seiner Arthrose gewesen – und nun schimpfte er auf den Arzt, dem er sonst vertraute? Und überhaupt, seit wann bezeichnete er Omi Rosa als Hexe? Doch bevor Nanolino etwas erwidern konnte, war sein Großvater schon wieder aus dem Zimmer gehinkt. Omi Rosa wandte sich wieder ihrem Enkel zu.

«Nanolino, du spielst so wahnsinnig viel Fußball – im Moment täglich im Verein und in der Schule, dann noch Skateboard und so

WAS IST EIGENTLICH …

ein Leistenbruch?

Hierbei drücken sich Baucheingeweide durch die Bauchwand in deiner Leistengegend. Dies kann auch im Bereich des Nabels passieren. Man nennt dies dann **Nabelbruch**. Gefährlich wird ein Bruch nur, wenn das Eingeweide in der Bruchlücke festgeklemmt wird. Leistenbrüche können schon im ersten Lebensjahr auftreten, Nabelbrüche nach der Geburt. 20% aller Neugeborenen haben einen Nabelbruch. Sichtbar wird der Bruch beim Schreien oder Husten. Dann wölbt sich ohne Schmerzen weiches Gewebe nach außen und verschwindet bei Ruhe. Bei einer Einklemmung entstehen starke Schmerzen. Wenn Babys stundenlang schreien, dabei erbrechen und der Bauch härter wird oder Menschen anderer Altersstufen starke Schmerzen in der Leiste verspüren, ist sofort der Arzt bzw. das Krankenhaus aufzusuchen.

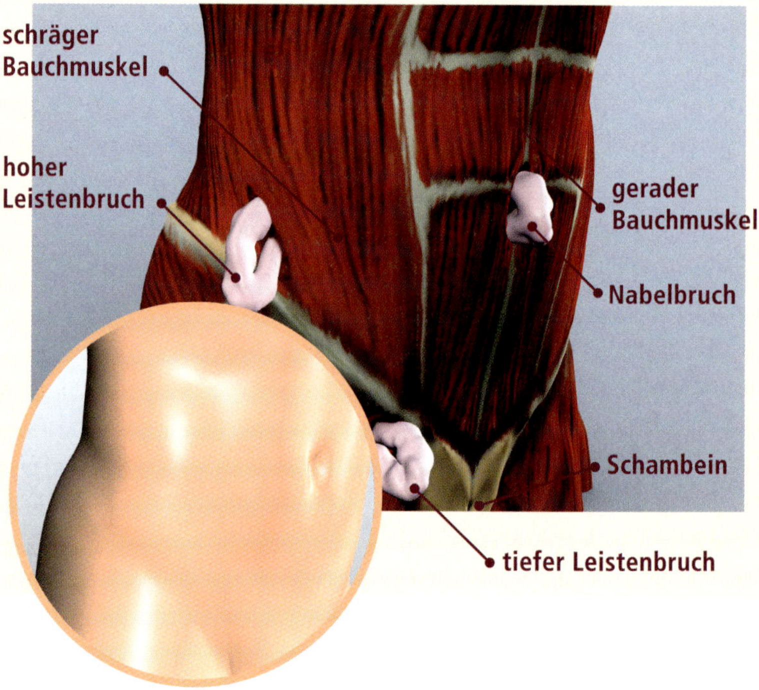

weiter. Deine Leiste ist zwar nicht geschwollen, aber hier an dieser Stelle …», sie drückte ganz vorsichtig auf einen bestimmten Bereich, doch Nano zog dabei reflexartig das Bein zurück, «hier ist dein Oberschenkel extrem gereizt.» Nano seufzte.

«Du nimmst einfach mal meine Krücken, die habe ich noch irgendwo rumliegen von meinem dummen Unfall vor einigen Wochen, als mir diese Kiste mit Heilerde auf die Füße geplumpst ist», beruhigte ihn die Großmutter. Als wenn sie irgendetwas geahnt hätte, humpelte auf einmal Marie mit Krücken durch die Küche.

«Ach, da sind sie», rief Omi Rosa erfreut. «Marie, du hast ja einen siebten Sinn.» Marie strahlte über beide Wangen. «Hauptsache, ruhig halten und nicht auftreten, weiter kühlen und morgen zu Dr. X. Wenn meine Diagnose stimmen sollte …»

«Du hast keine Ahnung. Lass den Jungen in Ruhe, wir fahren zu einem richtigen Professor», schrie Opa Erwin aus dem Nachbarzimmer.

«Also, wenn meine Diagnose richtig ist, muss der Oberschenkel nur für einige Wochen nicht belastet werden. Meistens ist das nur ein kleiner, aber feiner Riss mit oder ohne Einblutung im Muskel oder am Sehnenansatz oder eine Überdehnung. Aber wenn die Leiste …?»

«Was? Omi, mach keinen Quatsch!» Nanolinos Miene verdüsterte sich. «Echt. Tut saumäßig weh, jede Bewegung! Was dann?»

«Keine Panik, Nano. Muss ja erst einmal untersucht werden. Aber beim Leistenbruch musst du möglicherweise doch operiert werden. Häufig haben Kinder in der Wachstumsphase eine schwache Leiste. Wenn dann plötzlich eine hohe Druckbelastung entsteht, reißt Gewebe, das den Darm vom Oberschenkel fernhält …»

«Wie, fernhält, da gibt es doch klare Grenzen. Bei mir auf jeden Fall!»

«Nee, nee, mein Junge. Der Darm kann sich, wenn das Leistenband einreißt, dazwischenklemmen. Das ist nicht nur schmerzhaft, sondern auch gefährlich.» Nanolino schauderte und duckte sich.

«Wieso?»

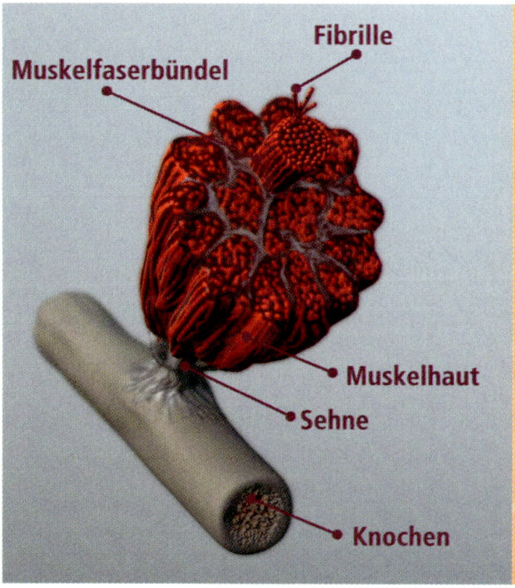

Gemeinsam stark – Muskelfasern. Das biologische Prinzip in der Technik: «Fasern» einer Stahltrosse.

«Ja, leider. Eine Darmschlinge kann sozusagen stranguliert werden und absterben.»

«Au, Schitt!»

«Aber bei dir glaube ich das nicht. Das fühlt sich mehr nach Muskelzerrung oder Muskelfaserriss an. Allerdings sehr untypisch so hoch oben. Dr. X wird das klären.» Verwirrt nickte Nanolino.

«Tja, wenn hohe Druckbelastung, wenig Aufwärmtraining direkt vor dem Spiel und ein Nimmersatt wie du zusammenkommen …»

«… tja, dann wird man eben mal aus der Kurve geschleudert», ergänzte Marie naseweis.

«Aber die Zeit heilt alle Wunden!», fügte Omi Rosa noch schnell hinzu, um einen Streit zwischen den Geschwistern im Anflug zu unterdrücken.

«Wenn sie nur schneller vergehen würde.»

«Das wirst du dir mal anders wünschen», murmelte seine Groß-

Muskeln und Sehnen?

Eine Sehne ist ein Faserbündel, das als Verlängerung der Muskulatur an einen Knochen angeheftet ist. Man unterscheidet zwischen der **glatten Muskulatur**, die man im Darm und im Herz findet, und der **quer gestreiften Muskulatur** des Bewegungsapparates. Diese Unterteilung sieht man nur, wenn man unter einem Mikroskop die Muskulatur anguckt. Die glatte Muskulatur wird unbewusst und automatisch durch vegetative Nerven gereizt, und die quer gestreifte Muskulatur wird bewusst vom zentralen Nervensystem gesteuert. Die Impulse hierzu kommen aus dem Gehirn. Einzelne Muskeln sind von einer dünnen Haut, der **Faszie**, umhüllt. Zwischen den einzelnen umhüllten Muskeln, die gegeneinander gleiten, liegen Nerven, Lymphe und Blutgefäße. In Bereichen, an denen die Sehnen eng dem Knochen anliegen, sind sie in **Sehnenscheiden** eingehüllt. Jeder Muskel selbst besteht aus Muskelfaserbündeln. Die einzelnen Bündel bestehen aus vielen **Muskelfasern**, den Fibrillen.

Wenn du dich viel bewegst und gezielt deine Kräfte steigerst, nimmt das Muskelvolumen deines Körpers zu.

Deine Muskeln können bei Überbelastung mehr oder weniger überdehnt werden oder gar einreißen. Der Volksmund nennt das dann **Muskelzerrung** oder **Muskelfaserriss**. Beide können ganz schön fies schmerzen und erfordern Schonung zur Ausheilung. Die Heilung eines Muskelfaserrisses kann mehrere Wochen dauern.

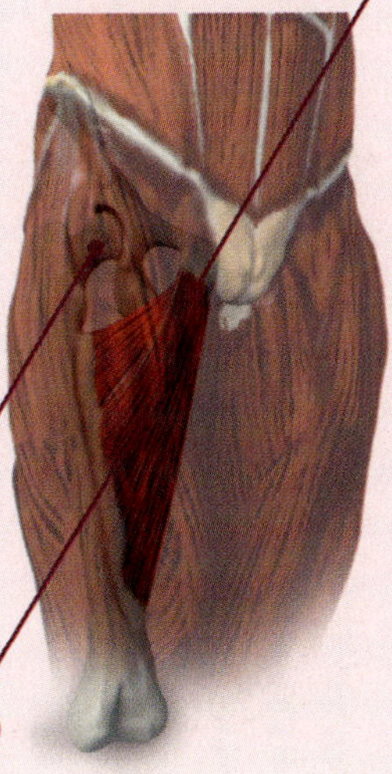

WAS IST EIGENTLICH …

der Unterschied zwischen konservativer Therapie und Operation?

Wenn z. B. deine Mandeln vereitert sind, könnte man operieren oder mit Medikamenten, Gurgeln und Eis die Entzündung und deinen Schmerz behandeln. Das Angenehmere für die meisten von uns ist: **keine Operation**. Deine Mandeln werden dadurch sozusagen konserviert. Und zwar nicht im Einmachglas, sondern sie bleiben deinem Körper erhalten. Im letzten Jahrhundert haben Ärzte schnell zum Messer gegriffen. Heute wissen wir, dass die Mandeln Bestandteil der lokalen Abwehr im Mund sind und möglichst bei dir bleiben sollten.

Aber es gibt immer wieder gute Gründe, nicht nur bei Mandelentzündungen zu operieren. Vor allem, wenn naturheilkundliche Therapieansätze und schulmedizinische Medikamente nicht wirken oder bei Notfällen.

mutter nachdenklich. «Jetzt brauchst du erst einmal Ruhe, gutes Essen und viel Liebe!»

«Liebe! Ha! Dass ich nicht lache. Ich bring den Jungen zu einem richtigen Arzt, da kannst du aber Gift drauf nehmen. Wo ist mein Speck?» Opa Erwin erschien im Türrahmen.

Nano erschrak und musste plötzlich an seinen Traum denken. Was war nur mit seinem Opa los? Stand er vielleicht noch immer unter dem Einfluss von Schlotters heimtückischen Experimenten? Hatte Nano unterbewusst etwas geahnt, hatte er deshalb von Gobbot und Schlotter geträumt? Er sah Opa Erwin an. Der alte Mann war ganz außer sich, und seine Augen funkelten seltsam. Das brutale Szenario mit Professor Schlotter und seinem Kumpanen,

Grossmutters Rezepte

8 Tipps zum genüsslichen Essen

1. *Freu dich aufs Essen und genieße es, wenn möglich, mit anderen zusammen.*
2. *Während des Essens nicht gleichzeitig lesen, arbeiten oder fernsehen.*
3. *Iss wie ein Feinschmecker (französisch: gourmet) und kau dabei gründlich. Lass den Geschmack auf der Zunge zergehen. Nur das, was du bewusst isst, registriert auch dein Gehirn und sagt dir, wann es genug ist. Wenn du langsam isst und mindestens 5-mal pro Bissen kaust, bist du auch eher satt. Mehr kauen wäre sogar noch viel besser, weil dann noch mehr Magensäure und Enzyme produziert werden. Das macht nicht nur schneller satt, sondern verbessert die Verdauung.*
4. *Viel Volumen, aber ganz wenig Kalorien haben Obst und Gemüse. Äpfel, Orangen, Möhren, Paprika oder auch Stangensellerie und Zucchini darfst du in Mengen essen.*
5. *Denk an die Ballaststoffe! Deshalb: Ran ans frische Gemüse oder an Hülsenfrüchte wie Bohnen, Linsen oder Kichererbsen! Hierüber bekommst du auch ganz viel Eiweiß.*
6. *Mittags solltest du deine Hauptmahlzeit einnehmen. Wie schön könnte das Mittagessen sein, wenn man zunächst eine Suppe vor dem Hauptgang isst und danach mit einem Stück Obst wie die Asiaten die Mahlzeit abrundet.*
7. *Viel zimmerwarmes und abgekochtes Wasser trinken (stilles Wasser), mindestens 1 Liter am Tag. Das stabilisiert deinen Blutdruck, macht den Kopf frei und stillt das Hungergefühl.*
8. *Ein leichtes Hungergefühl ist besser als ein überfüllter Magen. Denn dann kannst du sicher sein, dass alles verdaut ist und die nächste Mahlzeit richtig aufgenommen werden kann.*

bei dem er selbst Teil eines Experiments mit Nanorobotern gewesen war, hatte er scheinbar schon vergessen. Nanolinos grandiosen Einsatz auch. Er hätte sterben können, damals, doch Nanolino hatte ihn gerettet. Hatte sein Großvater denn das alles schon wieder vergessen?

«Entweder Erwin wird stark vergesslich durch Gefäßverkalkung oder so, oder sein Gehirn ist doch mehr geschädigt, als wir alle dachten», grübelte auch Omi Rosa und wurde dabei ganz traurig.

«Das wirst du nicht tun, Erwin! Nano geht zu Dr. X, basta. Das ist ein richtiger Arzt, und zwar der beste. Und wenn du diese fette Cholesterinbombe meinst – das Fett hat Kannickel gefressen!»

«Was? Meinen wunderbaren Speck?»

Nanolino beschloss, einfach nicht auf seinen Opa zu hören, und wandte sich wieder an Omi Rosa: «Kannst du mich nicht morgen zu Dr. X bringen?» Omi Rosa schaute ihn besorgt an.

«Ach, Nanolino, ich muss doch morgen zu der kranken Bäuerin fahren. Ihr Bruder hilft mir morgen auf dem Markt, denn wir brauchen an diesem Wochenende endlich einmal jemanden mit Kraft, der unseren tollen neuen Marktstand für ‹OMI ROSAS KRÄUTER-EXPRESS› mit aufbaut.» Sie schmunzelte. «Und als Gegenleistung sozusagen habe ich versprochen, mich um seine kranke Schwester zu kümmern. Außerdem, wenn er auf dem Markt ist, dann ist sie ganz allein, und das geht in ihrem Zustand nicht mehr. Du müsstest dich doch noch an sie erinnern, Nanolino?»

Sofort fiel Nanolino wieder das Erlebnis vom letzten Sommer ein. Damals besuchten er und seine Schwester Frau Bolle, eine Busenfreundin von Omi Rosa. Sie hatte einen Tante-Emma-Laden in der Stadt besessen. Die Kinder mochten sie sehr gern. Fast jeden Tag gingen sie nach der Schule in den kleinen Laden, kauften etwas ein und schwatzten mit Frau Bolle. Leider hatte sie aufgrund einer Krankheit den Laden aufgeben müssen und war zu ihrem Bruder aufs Land gezogen, der den Bauernhof ihrer Eltern übernommen

WAS IST EIGENTLICH …

Gefäßverkalkung?

Das Gefäßsystem transportiert unser ganzes Leben lang, 24 Stunden am Tag, Blut durch den gesamten Körper. Verantwortlich dafür ist das Herz, das das Blut mit hohem Druck in die Arterien pumpt. Die Gefäße, das heißt Venen und Arterien, sind auf diese Aufgabe spezialisiert: Sie sind sehr elastisch, damit sie nicht reißen, wenn sich der Druck mal erhöht (z. B. beim Sport). Da das Blut viele kleine Teilchen transportiert, ist die Innenwand der Gefäße glatt und geschmeidig, damit nichts hängen bleibt. Wie bei alten Wasserrohren lässt auch die Elastizität und Geschmeidigkeit der Gefäße im Laufe eines Lebens nach. Schadstoffe im Blut oder Krankheiten können dazu führen, dass einzelne arterielle Gefäßabschnitte versteifen oder die Gefäßwände verletzt werden. Im Falle einer Verletzung versucht der Körper, den Schaden zu «flicken». Es bilden sich Ablagerungen, und der Blutfluss an dieser Stelle verlangsamt sich. Manchmal sammeln sich mehr und mehr Stoffe an dieser Stelle, sodass sich das Gefäß langsam verengt oder akut verstopft. Dies führt dazu, dass einzelne Organe nicht mehr richtig durchblutet werden und dann nicht korrekt arbeiten können. Hohe Vergesslichkeit kann z. B. ein Zeichen für eine Gefäßverkalkung im Gehirn sein. Ist ein Gefäß komplett verschlossen, können Organe komplett oder teilweise ausfallen. Beim Herz spricht man dann vom **Herzinfarkt**, beim Gehirn vom **Schlaganfall** und beim Bein oft vom «**Raucherbein**». Daher ist es wichtig, der Verkalkung vorzubeugen, indem man z. B. nicht raucht, sich viel bewegt und sich gesund ernährt.

hatte. Nano sah in seiner Erinnerung immer noch, wie Marie und er hoch oben auf dem Trecker thronten. Seine großen Räder pflügten durch die Pfützen, die ein Gewitter zurückgelassen hatte. Tiefe Schlaglöcher ließen das Gefährt schwanken, sodass sie sich wie auf einem Schiff fühlten und Nano fast herunterfiel. Der Bauer packte ihn aber rechtzeitig und bewahrte ihn vor einem Sturz. Nanolino konnte den frischen Fahrtwind und die schöne Nachmittagsstimmung genießen.

«Wir sind gleich beim Hof. Aber erschreckt nicht, ihr wisst ja, dass meine Schwester sehr krank ist», sagte der Bauer damals und schaute die Kinder traurig an. «Sie ist vergesslich geworden, manchmal erkennt sie nicht einmal mehr mich.» Das konnten sich die beiden beim besten Willen nicht vorstellen. Achselzuckend sahen sie sich an.

Der Bauer fuhr auf den kleinen Hof, den sie bereits aus der Ferne gesehen hatten, und hielt vor einem uralten Bauernhaus. Dichter Efeu, rosarote Glyzinien und wilder Wein verdeckten fast vollständig das Fachwerkgebälk.

«Hallo, Paula. Sieh mal, wer dich besuchen kommt!»

Die rundliche Frau Bolle saß in einem Schaukelstuhl. Auf ihrem Schoß lag eine wollige, graue Katze. Ihre bernsteinfarbenen Augen musterten die drei neugierig. In den Augen der alten Frau sah man aber keine Neugier, sondern heftiges Erschrecken.

«Wer seid ihr, und was sucht ihr auf meinem Hof, schafft dieses grüne Ungetüm fort!» Sie zeigte auf den Trecker.

«Aber Paula, ich bin's. Erkennst du mich denn nicht?» Der Bauer sprach beruhigend auf sie ein, seine Augen schauten wieder traurig.

«Wer sind Sie? Ich kenne Sie nicht. Haben wir uns schon mal getroffen?»

In ihrer Stimme lag die Sicherheit derer, die sich im Recht glauben. Der Bauer machte einen Schritt auf sie zu. Doch sie streckte energisch die Hand aus und rief: «Halt! Bleiben Sie da stehen! Keinen Schritt weiter, oder ich rufe die Polizei!»

Den Kindern wurde die Situation unheimlich. Da fasste Nano sich ein Herz und sprach die alte Dame an.

«Frau Bolle, Ihr Bruder hat uns mit dem Trecker vom Bahnhof abgeholt. Wir wollten Sie besuchen. Aber, stimmt schon, das ist echt ein riesiges Ungetüm. Ich wäre fast heruntergefallen und hätte mir den Hals gebrochen!»

«Wer? Wer hat sich den Hals gebrochen? Wohl der Knecht, mein Vater sagt immer: ‹Balthasar, pass auf, dass du nicht in die Mistgrube fällst.› Aber der Blödian will ja nicht hören, und jetzt … platsch, da ist es geschehen. Glück im Unglück hat der unvorsichtige Kerl. Gut, dass ihr ihn rausgefischt habt. Ist was Schlimmes passiert? Wo bleibt denn Vater bloß?» Sie blickte wirr um sich.

Offensichtlich war sie mit ihren Gedanken weit in der Vergangenheit, denn ihr Vater, der alte Herr Liebekind, war seit langem tot. Liebekind, so hieß auch sie einmal, bevor sie gemeinsam mit ihrem Mann, Herrn Bolle, den Laden in der Stadt eröffnet hatte. Leider war ihr Mann schon nach nur wenigen Jahren des Zusammenlebens gestorben. Aber Frau Bolle hatte den Laden tapfer weitergeführt und eine neue Familie gefunden. Ihre Familie war das Stadtviertel, in dem sie lebte und in dem auch ihr Laden stand. Denn das war sie für alle Menschen im Viertel: eine liebe Verwandte, Tante Bolle.

«Nein, liebe Frau Bolle, niemand hat sich was getan. Ihr Bruder hat mich in der letzten Sekunde festgehalten!» Nano war geduldig mit ihrer alten Freundin, die so gütig aussah wie vormals, als sie in ihrem Laden stand und mit ihnen plauderte, aber dennoch nun so hässlich reagierte. Dabei zeigte er auf ihren Bruder, der gequält lächelte.

«Ach, das ist aber nett von Ihnen, dass Sie diese süßen Kinderchen beschützen, Herr …» Sie lächelte fragend. «Wie hießen Sie gleich?»

«Paul, dein …» Den «Bruder» verkniff er sich im letzten Moment, hätte sie die Tatsache doch nur von neuem irritiert. Sie lebte nämlich offensichtlich in einer Zeit, in der ihr wesentlich jüngerer Bruder noch nicht geboren war.

Man darf Menschen mit Demenz, so heißt die Krankheit, die sie hatte, nicht überfordern, sondern muss auf ihre Welt eingehen, das hatte er inzwischen gelernt.

Diese Menschen leben zunehmend in der fernen Vergangenheit, in Kindheit oder Jugend. An das jüngst Erlebte können sie sich immer seltener erinnern. Im Gegenteil, sie vergessen Neues sofort.

«Deshalb fragen sie ständig immer wieder dasselbe, manchmal innerhalb von Minuten», hatte ihnen ihre Großmutter erklärt. «Das kann nervig sein, aber man darf nicht ungeduldig werden. Sonst können Demenzkranke ganz fuchsig werden.»

Gerade im Moment war Paula wieder zugänglich, Nano hatte sie an etwas erinnert, was sie mit der gegenwärtigen Situation verknüpfen konnte. Sie verknüpfte die Kinder mit der Erinnerung an den gestürzten Knecht und führte sie dadurch in ihre Gedankenwelt ein.

«Kommt mal her, ihr beiden! Wie heißt ihr denn?», fragte sie.

«Das ist meine Schwester, sie heißt Marie, und ich heiße Nanolino, genannt Nano.»

Er war sichtlich traurig, dass Frau Bolle sie nicht wiedererkannte.

«Wollt ihr eine Limonade? Und Sie, Herr … vielleicht einen Kaffee oder Tee. Ja? Dann kommt mal mit in die Küche, da hab ich auch einen Kuchen und ein paar Plätzchen.» Behutsam setzte sie die Katze auf den Boden und stand ächzend auf.

In der Küche werkelte Frau Bolle an einer alten Küchenmaschine herum.

«Verflixt und zugenäht! Wieder kaputt …»

Sie zerlegte die Maschine Stück für Stück und legte die Teile ordentlich nebeneinander.

«Ich finde den Fehler schon noch, soll niemand behaupten können, Paula Bolle ist zu dumm für solche Reparaturen.»

«Stört sie bloß nicht! Das macht sie jeden Tag, immer um diese Zeit», erklärte der Bruder. «Und sie wiederholt immer genau dieselben Handgriffe. Ihr könntet es filmen und mit den anderen Tagen vergleichen, ihr würdet kaum einen Unterschied feststellen. Früher, als sie noch jung war, bevor sie geheiratet hat und in die Stadt gegangen ist, hat sie alle Maschinen

WAS IST EIGENTLICH ...

Alzheimer oder Demenz?

Hast du schon mal deinen Schlüssel verlegt oder sogar Geld versteckt? Und wusstest dann später nicht mehr, wo? «Das kommt in den besten Familien vor», sagt Omi Rosa immer. Aber wenn du ständig alles verlegst und immer mehr vergisst, auch Einzelheiten deines eigenen Lebens, dann spricht die Medizin von Hirnleistungsschwäche oder Demenz. Ursache ist meist der Substanzabbau des Gehirns. Häufigste Ursache der Demenz in 50 bis 60 Prozent ist die sogenannte **Alzheimer-Krankheit** – benannt nach ihrem Entdecker. Zweithäufigste Ursache sind Durchblutungsstörungen durch Verkalkung der Arterien und Alkoholmissbrauch.

Betroffen bei den über 60-Jährigen ist jeder 20ste, und die Tendenz ist zunehmend. Große Aufgaben stehen den Familien und den Gesundheitssystemen der Welt bevor. Noch sind wir kaum vorbereitet, und Betroffene werden heute schon nicht optimal versorgt! Ein Teil des «Alzheimers» ist vererbt, **Risikofaktoren: Geschlechtshormonmangel, Alkohol, mangelnde Hirntätigkeit** und **Hirnverletzungen** – aber auch langjähriger **Bewegungsmangel**.

Alle **Demenz**-Symptome treten schleichend auf und werden am Anfang von Betroffenen und Umfeld nicht richtig gedeutet und meistens mit «schlechter Tagesform» interpretiert: zum Beispiel Orientierungsstörungen oder gestörte Gedächtnisleistungen. Die Denkprozesse werden langsamer, später kommen **Sprach-, Schreib-** und **Leseschwäche** oder **Antriebsschwäche** und **Schlafstörungen** dazu. Selbst bei einfachen Handhabungen wie Ankleiden oder Toilettengang muss geholfen werden. Zunehmend treten Blasen- und Darmentleerungsstörungen auf. Vollständige **Verwirrtheit** und **Hilflosigkeit** findet man im Endstadium.

Du musst mit den Erkrankten bitte geduldig und liebevoll umgehen. Gedächtnissteigernde Spiele, Musizieren, viel Bewegung und Hirntraining sollten versucht werden. Alzheimer und Demenzkranke benötigen dein Verständnis, auch wenn sie aggressiv werden sollten oder dich nicht mehr erkennen.

im Haus repariert, sie hatte ein Händchen dafür. Dieses Ding war besonders anfällig, aber sie hat es einfach geliebt und sich geweigert, ein neues anzuschaffen. Ich glaube, dieses Gerät, mit dem sie all die Jahre gearbeitet hat, gibt ihr jetzt Sicherheit, mehr, als ich es kann», beendete er den Satz bekümmert.

Sie schaute auf: «Kennen wir uns?»

«Das ist Marie, ich bin Nano, und der Herr hier heißt Paul Liebekind», erklärte Nano zum zweiten Mal.

«Paul Liebekind, Paul Liebekind, wirklich», wiederholte sie nachdenklich, während sie weiter an dem Küchengerät schraubte.

Plötzlich schoss sie hoch!

«Wissen Sie was, ich heiße auch Liebekind, Paula Liebekind, witzig, oder? Sind wir uns schon mal begegnet? Mein Sohn sind Sie nicht, dazu sind Sie viel zu alt. Komisch! Und warum nennt ihr mich alle Frau Bolle? So heiße ich doch gar nicht, oder?» Fragend schaute sie die Anwesenden an.

Die Kinder wussten nicht, ob sie lachen oder weinen sollten. Eigentlich war die Situation schon sehr komisch. Aber das müde und traurige Gesicht des Bauern ließ ihnen das Lachen im Halse steckenbleiben. Er öffnete eine Schranktür und holte eine Keksdose heraus.

«Gehen Sie sofort weg von meinem Küchenschrank, Sie ungezogener Eindringling!» Ihre Stimmung kippte.

«Aber Paula, ich wollte doch den Kindern nur die versprochenen Kekse geben.»

«Papperlapapp, Sie ungezogener Rüpel! Ich komme auch nicht in Ihr Haus, öffne die Schränke und klaue Kekse. Ich verbiete Ihnen, mich zu duzen, Sie gemeiner Dieb! Hilfe, Polizei!» Sie schrie, als ginge es um ihr Leben.

Dem kleinen Medicus wurde es richtig peinlich, und er trat die Flucht nach vorn an.

«Frau Bolle, vielen Dank für die wunderbare Zeit bei Ihnen. Unsere Großmutter wartet auf uns, und wir möchten uns verabschieden. Machen Sie es gut, und bis zum nächsten Mal.» Er gab ihr die

Grossmutters Heilkräuter

Fingerhut (Digitalis)

Vorsicht! Weißer und Roter Fingerhut wachsen überall und sind hochgiftig. Ihr Verzehr kann zu starken Herzrhythmus-Störungen und zum Tod führen.

Das in den Pflanzen enthaltene Digitalis wird therapeutisch in niedriger Konzentration zur Therapie von Herzschwäche eingesetzt, da es die Kraft des Herzmuskels verbessert.

Der Rote Fingerhut war bereits im 18. Jahrhundert als Heilmittel bekannt und war eine der ersten modernen Arzneipflanzen.

Hand und spürte am Druck, wie quicklebendig die «verrückte» Frau noch war. Aus dem wirklichen Leben in eine andere Welt verrückt, das war wohl das Geheimnis dieser Erkrankung. Die Kinder fühlten sich ebenso hilflos wie der Bauer und waren froh, als sie wieder auf dem Trecker saßen. «Das ist, als wenn sich der Lebenszug auf einmal rückwärts bewegt», erklärte ihnen Paul Liebekind das Verhalten seiner Schwester. «Vielleicht gibt es bei uns allen so einen Umkehrpunkt, früher oder später, der uns wieder dorthin führt, wo unser Leben angefangen hat.» Trotzdem nahm sich Nanolino vor, in Erfahrung zu bringen, ob es irgendetwas gab, das den beiden das Zusammenleben erleichtern konnte.

In dem Bauernhaus, das langsam aus ihrem Blickfeld schwand, saß Frau Bolle und sagte zu ihrer Küchenmaschine: «Verflixt und zugenäht, dir wird es bald wieder gutgehen! Wirst wieder laufen können. Hör mir zu! Vertraue mir!» Sie klopfte zärtlich auf die Maschine – wie sie es an jedem Nachmittag tat.

Omi Rosa holte Nanolino aus seinem Tagtraum zurück. «Aber keine Sorge, Nanolino, ich habe Marlene auf dem Handy angerufen, und sie will etwas früher zurückkommen. Morgen ist sie da und geht mit dir zu Dr. X.» Nanolino war beruhigt. Wenn seine Mutter morgen zurückkam, dann konnte sie ihn zu Dr. X fahren, und dann, da war er sich sicher, wäre er bald wieder topfit. Außerdem bewunderte er Omi Rosa, dass sie sich so aufopferungsvoll um diese demenzkranke Bäuerin kümmerte.

«Ja, Oma, ich denke, das ist eine gute Idee», sagte er noch leise und schlief auf der Küchenbank ein. Omi Rosa verließ leise das Zimmer. Ein Mittagsschläfchen hatte schließlich noch niemandem geschadet.

Marie ist richtig eifersüchtig

Nachdem Nanolino in der Küche eingeschlafen war, saß Marie mit ihrer Oma im Wohnzimmer. Oma las ein Buch, und Marie starrte aus dem Fenster und sagte kein Wort. Sie vergaß völlig die Umgebung, während sie nachdachte. In der Tat – Marie war ja nicht auf den Kopf gefallen. Sie war zwar die Jüngere, doch kannte sie auch ihren geliebten Bruder zu gut. Was ihr in letzter Zeit aufgefallen war, machte sie zugegebenermaßen etwas eifersüchtig.

«Wie der immer heimlich unsere Eliza anlächelt? Und beim Fußball schießt er so häufig den Ball zu ihr. Richtig auffällig – dabei spielt die ja gar nicht so gut.» Bei diesen Überlegungen spürte sie, wie sich ihre Galle bemerkbar machte mit leicht bitterem Geschmack im Mund.

«Sieh doch nur, wie grazil und athletisch dieses wunderhübsche Mädchen spielt», teilte Nanolino in letzter Zeit fast jedem mit, der es nicht hören wollte, «wunder-, wunderschön!»

Als der blöde Geschmack nicht mehr von Maries Zunge weichen

WAS IST EIGENTLICH ...

Galle?

«Der spuckt aber Gift und Galle», sagt meine Großmutter immer wieder, wenn jemand einen anderen Menschen massiv attackiert. Gallensaft ist seit Jahrhunderten als Bitterstoff bekannt.

Diese gelbgrüne Flüssigkeit sieht nicht nur gefährlich aus, sie ist auch sehr, sehr bitter und spaltet die schwerverdaulichen Fettbestandteile deiner Nahrung. Ein regelrechter **Fettlöser,** der wie ein Spülmittel funktioniert – übrigens auch Eigelb wirkt so. Die Fette werden in feinste Tröpfchen zerlegt, die von deiner Darmwand aufgenommen werden können. Neben Wasser besteht deine Galle aus starken **Säuren**, **Cholesterin** und dem **Bilirubin**, einem Abbauprodukt des Hämoglobins, also deines roten Blutfarbstoffes. Bilirubin gibt der Galle die grünliche Farbe. Auch andere Abbauprodukte des Stoffwechsels werden über die Galle von der Leber in den Darm befördert.

Die Galle stimuliert außerdem deine Bauchspeicheldrüse, ihre Enzyme auszuschütten. Die Gallensäuren erfahren im Darm ein **Recycling** und werden über die Darmwände zurück in die Leber befördert.

Manchmal kann man auch **Galle erbrechen**. Das ist wirklich ekelig unangenehm. Du hast dann einen bitteren Geschmack im Mund. Das passiert, wenn du dich bei einer Infektion, nach Alkoholgenuss oder Lebensmittelvergiftung übergibst und bereits den gesamten Mageninhalt entleert hast. Dann kommt nur noch grünliche Galle.

Galle erbricht man auch bei einem Darmverschluss oder einer Gallenkolik, also einem Krampf der Gallenblase.

TIPP: Immer wieder beruhigende Tees trinken, auch wenn es dir schwerfällt. Und Zwieback oder Salzstangen kauen. Denn mit gefülltem Magen erbricht es sich viel einfacher und ohne Galle.

Grossmutters Rezepte

Der beruhigende Leber-Gallen-Tee

MAN NEHME:

3 g Erdrauchkraut
3 g Pfefferminzblätter
1 g Gelbwurz
1 g Ringelblumenblüten
2 g Kamillenblüten

Von der Kräutermischung 1 Teelöffel mit 250 ml heißem Wasser überbrühen. 7 Minuten zugedeckt ziehen lassen. 2 Tassen täglich langsam warm trinken, eventuell mit Honig süßen.

Du kannst den Tee auch zusätzlich als feuchtwarme Kompresse oder als Leberwickel nutzen. Dazu 20 Minuten hinlegen.

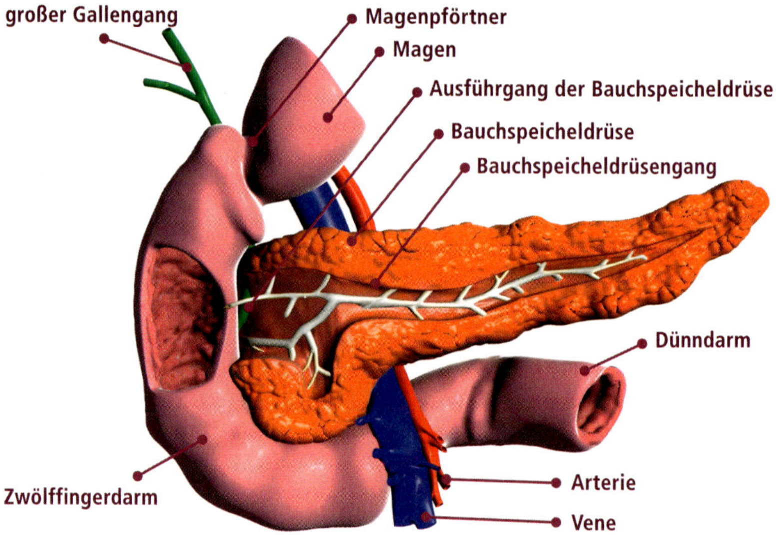

wollte, zog sie ihre Großmutter ins Vertrauen, die gerade neben ihr saß.

«Omilein, mit uns stimmt's nicht mehr.»

«Mit uns beiden? Was habe ich denn jetzt schon wieder verbrochen?»

Erstaunt und skeptisch sah ihre Großmutter sie an.

«Nein, nicht mit uns – mit Nano und mir.»

«Manchmal ist das so unter Geschwistern. Streiten tun sich alle mal.»

«Ach nee. Wir streiten uns doch gar nicht, im Gegenteil. Aber Nanolino ist mit seinen Gedanken ganz woanders in letzter Zeit.»

«Ja, wo ist er denn?», fragte Omi Rosa schmunzelnd.

«Er hat sich so verändert und hat kaum noch Zeit für mich, seit er diese, diese Eliza anhimmelt.»

«Ach, da liegt der Hund begraben», dachte Omi Rosa und war gewarnt. Sie durfte jetzt keine Fehler machen, sonst würde sie letztendlich beiden Kindern schaden. Eifersucht war schon eine ganz blöde Angelegenheit und nicht einfach zu behandeln.

Und Verliebtsein war ein wundervolles Gefühl. Ja, das war es …

Sie schwelgte in Erinnerungen. Aber ein falsches Wort, und Nano würde sich zurückziehen und sie nicht mehr ins Vertrauen ziehen, das wusste sie auch aus alten Zeiten. Ein falsches Wort könnte reichen. Man ist ja so verwundbar in diesem zarten Gefühl! Oh, wie freute sie sich an ihrem Enkel.

«Der Blödmann merkt gar nicht, dass ich nicht mehr schlafen kann, seit er die Tussi so anhimmelt.»

«Wieso kannst du denn nicht mehr so gut schlafen?»

Grossmutters Rezepte

Die verzückende Schlagsahne-Vanillecreme

FÜR 2 ERWACHSENE UND 2 KINDER:

1/4 l Saft von Zitrusfrüchten (Limetten, Orangen, Blutorangen oder Grapefruit)
50 g Rohrzucker (bei Limetten oder Grapefruit 75 g) oder als Ersatz Honig
4 Blatt helle Gelatine

FÜR DIE VANILLECREME:

2 Eigelb
35 g Rohrzucker
1 Vanillestange
175 g Buttermilch
3 Blatt helle Gelatine
150 ml Sahne

Du presst die Zitrusfrüchte aus und verrührst den Zucker mit dem Saft. Dann weichst du die Gelatine aus dem Reformhaus ein und erwärmst sie langsam mit 1 Esslöffel Saft, rührst langsam, bis sie sich auflöst. Dann ziehst du das Ganze gleichmäßig unter den gesamten ausgepressten Saft. Die entstehende Geliermasse gießt du jetzt in 4 kleine Schüsselchen und lässt sie im Kühlschrank fest werden. Danach den Zucker mit der ausgekratzten Vanille aus der Stange und dem Eigelb schaumig schlagen, so lange, bis sich der Zucker ganz aufgelöst hat. Dann unter kräftigem Rühren die Buttermilch dazugießen, das Ganze richtig gut verquirlen. Die Gelatine wird – wie gehabt – langsam aufgelöst und gleichmäßig und zügig unter die Buttermilchmasse gerührt. Diese Masse lässt du im Kühlschrank andicken, dann schlägst du die Sahne steif und rührst die ange-

dickte Buttermilchmasse langsam unter. Anschließend das Ganze noch einmal 10 Minuten im Gefrierschrank kalt stellen. Danach mit dem Schneebesen durchrühren und in eine Tortenspritze füllen. Diese Masse jetzt richtig schön auf das vorbereitete Gelee spritzen und alles bis zum Servieren kalt stellen. Zum Garnieren kannst du andere Früchte nehmen oder auch 1 Basilikumblatt beispielsweise oben in die Creme stecken.

«Oooh. Du kannst fragen! Der spricht kaum noch mit mir und sitzt ständig kichernd mit seinen Freunden zusammen.»

«Ja und?»

«Früher haben wir immer alles zusammen gemacht, und jetzt? Ich bin so oft allein, dabei mache ich doch immer alles so gerne mit meinem Bruder. Nur habe ich das Gefühl, dass der das gar nicht mehr will.»

«Ach, Mariechen.» Omi Rosa nahm gerührt ihre Enkelin in den Arm, die auch sofort ihren Kopf an ihre Schulter legte und schluchzte.

«Ich bekomme noch ein Magengeschwür, und immer dieser bittere Geschmack. Würgen könnte ich …», und dann fügte sie verschmitzt hinzu, «… ihn!»

«An Eifersucht ist noch nie jemand gestorben und an Verliebtheit schon gar nicht, Marie.»

«Ich eifersüchtig! Dass ich nicht lache!»

«Du ereiferst dich aber doch ganz schön. Pass gut auf, wenn du nicht lockerlässt, kann dieses blöde Gefühl nonstop dein Gehirn betäuben und dich süchtig machen.»

«Ach Quatsch. Aber Eliza muss nicht immer so nah bei Nano sitzen oder dauernd mit ihm rumalbern. Und ich hocke daneben und hab niemanden – höchstens Kannickel, aber der antwortet ja nicht. Zu blöd!»

Omi Rosa lachte in sich hinein und zuckte mit den Schultern.

«Also, ich glaube, dass Nano ein wenig verliebt ist, oder was meinst du?», fragte Omi Rosa.

«Ja, aber …»

«Und Verliebtheit ist doch keine Krankheit, sondern im Gegenteil. Gibt ganz viel Kraft, lässt die Seele erblühen und schenkt zärtliche Gefühle. Wie ist das eigentlich mit dir und eurem Kannickel?»

Marie zuckte zusammen und starrte ihre Großmutter mit großen Augen an.

«Was hat das denn damit zu tun? Kannickel ist doch soooooo süß und knuddelig. Ich liebe ihn!»

«Siehst du. Nanolino mag ihn mindestens genauso, nur Eliza liebt er im Moment noch viel mehr. Das ist doch schön so, und ich freue mich für ihn.»

«Ich nicht.»

«Aber Marie, sei nicht so biestig. Verliebtsein birgt doch auch ganz viel Heilkraft in sich!»

«Mir läuft die Galle über!»

«Das wussten schon die alten Chinesen, dass Ärger oder Wut auf Leber und Galle schlagen.»

«Ja und, da hab ich doch nichts von.» Ärgerlich schubste Marie ihre Großmutter von sich.

«Jetzt hör mal, Marie, dein Bruder ist verliebt und du nicht. Das ist der feine Unterschied. Jetzt gönn ihm das mal und sei besonders nett zu ihm – auch wenn es dir schwerfällt.» Sie bemühte sich, Marie das Wesen der Eifersucht zu erklären. Sie beschrieb, wie aus übermäßiger Liebe schlechte Gefühle oder manchmal sogar Hass entstehen können.

«Wenn man sich innerlich so sehr ereifert aus Angst, einen geliebten Menschen zu verlieren, dann können die negativen Gedanken, die Selbstvorwürfe, Selbstzweifel oder auch Minderwertigkeitsgefühle einen komplett überwältigen, glaube ich», formulierte sie vorsichtig. Und sie fuhr fort:

WAS IST EIGENTLICH ...

Magersucht?

Dickwänste gibt es immer mehr in meiner Umgebung. Und übergewichtig sind leider mittlerweile 15% aller Kinder und Jugendlichen. Die sind total süchtig nach Süßem und fressen regelrecht alles in sich hinein (auch ihren Frust). Denn Süßes öffnet den Magen, lässt die Magensäfte einschießen und verlangt nach mehr. Diese Fettsucht ist bei Jungen weit mehr ausgeprägt als bei Mädchen.

Aber auch die Sucht, mager zu sein oder wenig zu essen, um nicht dick zu erscheinen, verbreitet sich besonders bei Mädchen, die gerne wie Barbie oder andere superdünne Models aussehen möchten. **Panische Angst** macht sich breit, allein beim Gedanken ans Essen. Häufig sind diese Magersüchtigen bereits bis auf die Knochen abgemagert, sehen kachektisch, also ausgedörrt, wie von Krebs betroffene Menschen oder Drogensüchtige aus – und merken es kaum selbst. Ganz schön frustrierend.

Seelische Konflikte, Identitätsstörungen, mangelnde Zuneigung oder **Liebeskummer** können ursächlich für diese Magersucht sein. Meistens beginnt alles mit einer Diät, und das Abnehmen wird allmählich zwanghaft.

Wenn der Magen nur noch wenig gefüllt wird, zieht er sich richtig zusammen. Er schläft sozusagen. Kleinere Nahrungsmengen können dann schon wie Schlachteplatten für Erwachsene wirken. Es kommt zu **Übelkeit** und reflektorischem **Erbrechen** bei Nahrungskontakt. Ein **Teufelskreis** beginnt, da das Erbrechen in unangenehmer Erinnerung bleibt und schon der Gedanke daran Übelkeit erzeugt.

Die weitere Gewichtsabnahme führt zu einer **Stoffwechselunterversorgung**. Diese Sucht kann bis zum selbstverursachten **Hungertod** führen.

Therapie: dringend psychologische Hilfe, und im fortgeschrittenen Stadium ist ein Krankenhausaufenthalt zur langsamen Gewichtszunahme und Anlernen von Essgewohnheiten notwendig.

WAS IST EIGENTLICH …

Bulimie?

Wenn du wie ein «Scheunendrescher frisst», würde meine Großmutter sagen, ist das erst einmal gut so, zwischendurch in der Pubertät, wenn man wächst. «Du musst gut essen, mein Junge, damit du groß und stark wirst!»

Aber die anfallartige krankhafte **(Fr)Ess-Sucht** ohne Hungergefühl ist sehr gefährlich. Sie führt gleichzeitig häufig zu fatalen **Selbstvorwürfen**, sodass die Betroffenen sofort nach dem Essen versuchen, still und heimlich zu erbrechen oder starke Abführmittel zu nehmen. Sie sehen nach einiger Zeit genauso ausgemergelt aus wie die Magersüchtigen. Du kannst die Krankheiten kaum voneinander unterscheiden. Meistens sind wiederum **Mädchen** oder **Frauen** betroffen.

Das **künstliche Erbrechen** und das **Übermaß an Abführmitteln** führen zu ernsthaften Stoffwechselentgleisungen. Störungen des Wasserhaushaltes und auch Kaliummangel sind nicht selten. Im Gegensatz zur Magersucht kommt es zu einer Magenerweiterung durch die großen Nahrungsmengen.

Therapie: Klappt meistens wie bei der Magersucht nur in Spezialkliniken. Vor allem aber Herausfinden und liebevolle Behandlung der seelischen Störung.

«Was hat der andere, was ich nicht habe? Bin ich zu dick, zu dumm, oder habe ich einen falschen Haarschnitt? Warum nimmt der oder die Soundso mir meinen Liebsten oder meine Liebste weg usw.? Das sind die verzweifelten Fragen, die eine Eifersucht prägen.»

Jetzt redete Omi Rosa wie ein Wasserfall weiter: «Wie ein Tonband in einer unendlichen Wiederholungsspur können diese fürchterlichen Gedanken einen quälen und zermürben. Und sie können wirklich süchtig machen oder gar selbstzerstörerisch wirken. Bauchschmerzen sind nur der Anfang, Marie. Aber psychische Probleme, Depressionen mit oder ohne Nahrungsverweigerung oder auch

Grossmutters Rezepte

Beruhigender Beruhigungs-Tee

MAN NEHME:

- 20 g *Melisse*
- 20 g *Pfefferminze*
- 15 g *Waldmeister*
- 25 g *Baldrian*

ODER

- 25 g *Rosenblätter*
- 10 g *Baldrian*
- 15 g *Rosmarin*
- 15 g *Schafgarbe*
- 15 g *Mauerraute*

Gib auf eine Tasse Wasser für dich einen Teelöffel und für einen Erwachsenen einen Esslöffel voll Kräutermischung, anschließend lass den Sud 10 Minuten kochen. Du kannst den Tee mit Honig süßen, wenn die Temperatur auf unter 40 Grad gesunken ist. Dann bleiben die guten Inhaltsstoffe des Honigs erhalten.

Trinke langsam ein bis zwei Tassen vor dem Schlafengehen. Aber bitte nicht jeden Abend, sondern nur, wenn all deine anderen «Schlafeinlull-Verfahren» nicht von Erfolg gekrönt sind.

Magersucht oder Bulimie, also die Fresssucht mit anschließendem ‹Kotzen› – Entschuldigung –, können die Folgen sein. Auch der Missbrauch von Alkohol oder gar Drogen zur Betäubung des Seelenschmerzes», fügte sie traurig hinzu.

«Du fandest doch Eliza immer total nett. Oder?»

«Damals, Omi.»

«Ach komm, Marie, das war doch noch vor einigen Wochen! Sie ist doch wirklich ein wundervolles Mädchen. Und glaubst du, dass

Nanolino auf einmal seine Meinung über seine Lieblingsschwester geändert hat? Sei nicht albern! Du wirst immer Nanolinos Schwester bleiben. Du wirst sehen, die meisten Freunde kommen und gehen, aber eine Schwester, die hat man sein Leben lang. Mensch, Marie, du bist doch ein ganz tolles Mädchen. Brauchst dein Licht überhaupt nicht unter den Scheffel zu stellen. Dein Bruder ist total begeistert von dir, das weiß ich.»

«Ein ganz klein bisschen recht hast du schon, Omilein. Gestern war er ja sehr süß zu mir, aber ich war total zickig. Der will sich einschleimen, habe ich gedacht. Und bums, hatten wir uns wieder in den Haaren. So gemein sind diese Gefühle, dabei habe ich ihn doch sooo lieb.»

«Und bist du jetzt noch eifersüchtig?»

«Jaaa-neiiin …»

«War das jetzt ein halbes Nein oder ein halbes Ja?», fragte die Großmutter betont ernst und versuchte, Marie zumindest zum Schmunzeln zu bringen. Sie sahen sich an und mussten losprusten. Tränen vor Freude gemischt mit kleinen Trauertränen kullerten aus Maries Augen.

«Siehst du. Mach mal Pause von deinen Gefühlen und freu dich über Nanolinos Glück.»

«Meinst du?» Skeptisch, aber mit einem Auge weiterlächelnd sah Marie ihre Großmutter an.

«Ja, klaro», und die Großmutter machte in ihrer Wortwahl vergnügt die Kinder nach, «ein klein bisschen Eifersucht ist schon okay! Das zeigt ja an, dass man den anderen sehr, sehr gerne hat. Aber diese zerstörerische Variante, diese richtige Sucht, die einen oder beide körperlich und seelisch fertigmacht – nein danke! Wenn man sich seiner selbst sicher ist, bekommt man keine Verlustpanik. Basta!» Sie wurde zum Schluss sehr energisch in ihrem Ausdruck. Doch dann lächelte sie wieder ihr mildes, weises Omalächeln:

«Übrigens habe ich da noch ein paar spezielle Baldrian-Hopfen-Tropfen zur Beruhigung und leckeren Verbene-Tee für heute Abend. Damit du entspannter einschlafen kannst.»

Nanos Geheimnis

Aber nicht nur Marie konnte nachts nicht schlafen. Auch Nanolino lag lange wach. Die Krücken, die er von Marie bekommen hatte, lehnten einträchtig an seinem Nachttisch. Sein Oberschenkel tat ihm zwar weh, aber das war nicht das Einzige, das ihn am Einschlafen hinderte. Vielmehr gab er sich, anstatt einzuschlummern, traumhaften Gefühlen hin. Das war ganz neu für ihn. Hatte er bisher vor dem Einschlafen viel gelesen, meistens Abenteuerromane wie Robinson Crusoe oder die Schatzinsel und Fantasy-Geschichten von Tolkien oder Ähnliches, so konnte er sich zurzeit überhaupt nicht aufs Lesen konzentrieren. Nur seine Eliza hatte sich in seinem Kopf eingenistet.

«Oh, Eliza, dein bezauberndes Lächeln bringt mich noch um den Verstand. Warum kannst du nicht hier sein?» Er warf sich ins Kissen und war ganz versunken in seine zärtlichen Gefühle. Dieser Blick! Wie sie ihn neulich beim Fußballspiel angesehen hatte, das war schon eine Wucht. Aber als sie dann auch noch ihre zarten Finger auf der Bank im Stadion in unmittelbare Nachbarschaft zu seiner Hand legte und ihn plötzlich eine seltsame Erregung durchströmte, war's vorbei. Sie hatte sich scheu neben ihn gesetzt. Er spürte ihre Nähe und konnte kaum noch atmen, bekam Hitzewallungen und … «Was soll ich tun, außer rot zu werden», fragte er sich verzweifelt. Am liebsten wäre er davongelaufen! Aber dann? Ganz behutsam, fast unmerklich krabbelte sein kleiner Finger an der Bank entlang ihrer Hand entgegen, Stück für Stück. Er schluckte. «Hoffentlich merkt sie nichts!? Oh, bin ich blöd – so was tut man nicht …» Seine Erregung nahm zu, sein Herz schien ihm aus der Brust zu hüpfen, so stark pochte es. Jetzt gleich … Nanolino verspürte schon die Wärme ihrer Hand. Wie unbeteiligt blickten sie beide geradeaus auf das Fußballspiel vor ihnen. Eliza schien nichts zu bemerken. Oder war es bei ihr Coolness oder Unsicherheit? Nanolino wusste es auf jeden Fall nicht. Es war ihm auch in diesem Moment wirklich egal. Denn er war beinahe am Ziel. Die Haut seines kleinen Fingers berührte fast unmerklich die von Eliza – wie ein Hauch war das. Sie reagierte nicht, und er stockte einen klitzekleinen Moment, bekam einen kurzen Schreck, bevor er mutiger wurde. Ihr könnt euch denken, wie nervös er innerlich sein musste. Am liebsten wäre er auf seinem Hosenboden rumgerutscht, so kribbelig war er und merkte dabei den zunehmenden Druck in seiner Blasengegend – oder war es noch woanders? Doch er durfte sich partout nicht bewegen, sonst wäre die ganze Stimmung futsch gewesen. Das war ihm sonnenklar! Deshalb gab er sich mutig einen inneren Schubs und streichelte auf einmal ganz zärtlich mit seinem Finger erst Elizas Handkante, später dann vorsichtig und behutsam die ganze Hand.

«Wie wundervoll sich diese Haut anfühlt: so weich, so zart, so wunderbar.» Nanolino war im siebten Himmel! Eliza auch, sie streichelte ihn sanft zurück und rückte ganz nah an ihn heran.

Jetzt im Bett ließ Nano alles in Ruhe Revue passieren und schwor sich, niemandem von alldem zu erzählen. Er wollte dieses Erlebnis ganz für sich behalten und genießen. Immer wieder ließ er die ganze Geschichte von Anfang an als Traumkino vor seinen Augen abspulen: seine Verletzung beim Fußball, die zunächst ängstlichen und dann verliebten Blicke von Eliza, bis hin zu dieser phantastischen Kribbelberührstreichelei heute Nachmittag auf der Bank.

Die Vitaminbomber – Zitrusfrüchte

Orange

Über 4000 Jahre lang wird die Orange schon in China angebaut. Erst im 15./16. Jahrhundert gelangte die Orange nach Europa in die Mittelmeerregionen. Sie wirkt entschlackend, entgiftend, appetitanregend und ist reich an Vitaminen, die zur Immunstärkung, zur Infektabwehr, aber auch bei körperlichen und psychischen Schwächezuständen wichtig sind.

Mandarine

Vor 6000 Jahren wurde die Mandarine schon im alten China kultiviert. Reich an Vitaminen, vor allem Vitamin C, verbessert sie den Verdauungs-Stoffwechsel und ist hilfreich gegen Bronchitis und Erkältungskrankheiten. Der Saft wirkt auch gegen Pilze.

Zitrone

Auch die Zitrone ist seit vielen Jahrtausenden bekannt und wurde wie die Orange und die Mandarine in China kultiviert. Sie ist durch ihren hohen Vitamin-, besonders Vitamin-C-, und Mineralienanteil hervorragend geeignet zur Vorbeugung von Infektionskrankheiten, aber auch zur Behandlung von grippalen Infekten oder bei schweren Erkältungserkrankungen. Auch bei Insektenstichen (lokal), Kopfschmerzen, Fieber, Erbrechen und Verdauungsbeschwerden kannst du die Zitrone einsetzen. Äußerlich wird der Saft zur Behandlung der Haut bei Ekzemen und Pilzbefall angewandt.

«Absolut wundercrazy und unser Geheimnis», hatte er Eliza noch zugeflüstert. Sie nickte, hauchte ihm noch einen zarten Kuss auf die Wange und verschwand so schnell, wie sie gekommen war. Er befühlte seine Wange. Der wundervolle Kuss hatte enorme Spuren hinterlassen. Nicht sichtbare, wie ihr vielleicht meint. Denn Eliza benutzte keinen Lippenstift, aber der Kuss saß immer noch dort. Er hatte sich förmlich eingebrannt und wärmte und kribbelte immer weiter. Na, wenigstens wenn Nanolino daran dachte. Und das tat er nonstop.

Seine Omi Rosa hatte heute irgendwie versucht, ihn auf Eliza anzusprechen, aber er war ihr sehr geschickt ausgewichen. Irgendwas über Pubertät oder so hatte sie erzählt, es hatte ihn aber nicht interessiert, weil er in Gedanken noch immer bei Eliza war. Für ihn war Pubertät immer etwas Negatives gewesen, eine Zeit, in der man Pickel bekam und sich wie ein Erwachsener benehmen sollte. Aber nie hatte er das Erwachsenwerden mit einem so wunderbaren Gefühl in Verbindung gebracht.

«Es ist und bleibt mein kleines, aber traumhaftes Geheimnis. Wie wunder-, wunderschön», murmelte er immer wieder und schmolz förmlich dahin. Natürlich hatte er auch ein bisschen Sorge, er könnte ausgelacht werden. Aber das war ihm nicht so wichtig wie diese liebevolle Stimmung, die ihn ungeheuer aufmunterte und geradezu heiter machte. Aber auch ein großes Sehnen und ein wenig Angst erzeugte dieses wundervolle Gefühl. Ein Sehnen nach mehr Nähe und gleichzeitig Angst vor dem ungewissen Etwas, das da auf ihn einstürmte – gepaart mit der Angst, Eliza wieder zu verlieren.

Komisch, er hatte sie doch vor kurzem gesehen, und jetzt vermisste er schon ihr betörendes Lachen. Es kribbelte gewaltig in seinem Bauch und auch noch etwas tiefer. Er fühlte sich einfach richtig gut! Er drehte sich auf die Seite und schlief ein. Sein letzter bewusster Gedanke war «Eliza», und der milderte den Schmerz in seinem Bein und hielt den fiesen Professor von Schlotter von seinen Träumen fern.

WAS IST EIGENTLICH ...

Körpertemperatur-Regulierung?

Ab 30 Grad Lufttemperatur wird's anstrengend. Manche von euch quälen sich auch schon bei niedrigen Temperaturen. Bei Temperaturen über 28 Grad fängt dein Körper an, runterzukühlen, und das bis etwa 60 Grad. Kurzfristig schafft er auch 100 (nicht Geschwindigkeitsgrad!) wie in der Sauna. Das hält man gerade noch aus. Aber es ist Schwerstarbeit. Deine Körperkerntemperatur liegt bei 37 Grad. Wie du weißt, misst du diese am besten im Darm.

Zur Kühlung hast du 2 Möglichkeiten:
die Wasserverdunstung über das Schwitzen
die Wärmeableitung durch Kühlung oder Wasser

Und: Du kannst dich richtig oder falsch verhalten. Deine Kleidung sollte bei Hitze locker und luftig sein. Je heißer, umso weißer die Kleidung, damit die Sonnenstrahlung reflektiert wird.

Dein **Schweißsystem** ist die natürliche Klimaanlage des Körpers.

Entscheidend ist aber dein Wasserhaushalt! Menschen können bei starker Hitze **bis zu 5 Liter Schweiß** absondern – fast wie ein Springbrunnen. Normal ist bei einem Erwachsenen 1 Liter. Das wird durch dein Wärmezentrum im Gehirn geregelt. Das meldet sich bei Hitze und öffnet die Blutgefäße in deiner Haut wie eine Staumauer, sodass bis zu sechsmal mehr Blut dort hindurchfließt und dieses große Organ kühlt.

Vorsicht mit Medikamenten zur Blutdrucksenkung sowie sonstigen Kreislauf- oder Beruhigungspräparaten. Sie können das Wärme- und Kreislaufzentrum im Gehirn und damit die Hitzeregulation stören. Auch harte körperliche Arbeit oder Sport solltest du der Außentemperatur anpassen, damit du keinen Hitzekollaps oder Krämpfe bekommst. Pass auf deine Großeltern auf und hol sie aus der Hitze. Im Alter ist man mehr gefährdet.

Also denk dran: viel Wasser trinken und vermehrt auch auf Salz in den Speisen achten. Und leichte Wolle tragen, die saugt deinen Schweiß besser auf als Baumwolle. Oder deine Kleidung wechseln, wenn sie feucht ist, und nicht im Luftzug sitzen, damit du dich nicht unterkühlst und dir noch eine Blasenentzündung holst.

Opas schwere Aufgabe

Die ersten Sonnenstrahlen, die einen herrlichen Sommertag ankündigten, hatten die Bewohner des Reihenhauses im Schillerhain geweckt. Nano war schon etwas länger wach und hatte den Sonnenaufgang beobachtet, denn der pochende Schmerz in seinem Bein hatte ihn aus dem Schlaf gerissen. Das war kein so guter Start in den Tag. Aber die zwitschernden Vögel und die warme Luft, die durch das halbgeöffnete Fenster in sein Zimmer wehte, stimmten ihn versöhnlich. Jetzt saßen die Kinder am Küchentisch und schmiedeten Pläne für den Tag. Plötzlich flog die Tür polternd auf. Erbost schob Opa Erwin den sich gegen ihn stemmenden Kannickel in die Küche. Marie und Nanolino starrten auf ihren Großvater.

«Dass du mir das Viech bloß mitnimmst! Das bringt …», wütend unterbrach ihn Marie, «… mich noch ins Grab! Stimmt's?»

«Hör mal, kleine Marie. Wenn der Keks redet …», drohend sah er seine Enkelin an, «… halten die Krümel die Klappe!»

Auch Nanolino war erbost. Zum Glück betrat in diesem Moment die Großmutter den Raum. Die lautstarke Auseinandersetzung war bis ins Nebenhaus zu hören gewesen.

«Erwin, was ist denn hier los? Ach je! – Ja, ich komme schon!» Die Türglocke schrillte mitten in ihre Ausführungen hinein, offenbar hatte Oma jemanden erwartet. Eilig schnappte sie sich einigen Krimskrams, den sie auf dem Tisch ausgebreitet hatte, und holte aus der Speisekammer zwei riesengroße Bündel Lavendel, die einen wun-

WAS IST EIGENTLICH …

Hornhaut?

Nicht nur deine **Fußflächen** und deine **Handinnenflächen** bestehen aus Hornhaut, sondern auch die ganz transparente, blutgefäßfreie Haut in deinem **Auge**, die sich kuppelförmig über die Pupille und Regenbogenhaut legt. Diese Hornhaut – nicht die der Füße – gehört zum lichtbrechenden System des Auges wie auch deine Linse. Die Hornhaut ist also mehr als nur eine Schutzschicht des Körpers, deren Zellen ständig erneuert werden.

dervollen Duft in der Küche verströmten, sodass beide Kinder die Augen schlossen und verzückt einatmeten. Dabei merkten sie nicht, wie Omi Rosa ihrem Großvater die Bündel in den Arm drückte.

«Könntest du so liebenswürdig sein und mir einmal helfen?»

Doch der Opa ließ den Lavendel auf den Tisch knallen und nörgelte: «Ich bin ein kranker Mann!»

«So, Nanolino, ich muss jetzt weg und mich um die arme Frau Bolle kümmern. Aber Marlene will bis zum Mittag hier sein, und sie fährt dich dann zu Dr. X.» Sie küsste Nanolino auf die Stirn. «Am liebsten würde ich dich ja selbst bringen.» Nanolino nickte tapfer. Seine Schmerzen machten ihm doch mehr zu schaffen, als er dachte.

«Die Suppe für heute Mittag ist im roten Topf. Und ruf mich an, wenn du von Dr. X die Diagnose weißt. Du weißt doch, ich mach mir Sorgen um dich.» Sie lächelte Nanolino liebevoll an.

Dann wandte sie sich Opa Erwin zu: «Und du pass ein bisschen auf die beiden auf, bis Marlene wiederkommt.»

«Keine Bange.»

Sie blickte zu den beiden Kindern am Küchentisch. «Großvater wird sich vorbildlich um euch kümmern und euch schon nicht verhungern lassen. Nicht wahr, Erwin?» Sie sah ihn streng an.

«Stehe gehorsamst zu Ihren Diensten, Madame.» Dabei richtete

ein Mitesser?

Das ist jemand, der heimlich unterm Tisch sitzt und dir Essen stibitzt.

Nein, Spaß beiseite, es ist eine in der Regel nicht entzündete verstopfte Hautpore, in der ein Pfropf aus Talg sitzt. Er erscheint als schwarzes Pünktchen auf der Haut, oder wenn er abgeschlossen ist und unter der Haut sitzt, kann er weiß aussehen, und die Haut ist ein wenig angehoben. Ein idealer Nährboden für Bakterien, weshalb sich solche Mitesser, auch **Komedo** genannt, durch Bakterien entzünden können. Aber bitte nicht einfach ausdrücken, sondern die Haut desinfizieren und vorsichtig, am besten, indem die Fingerspitzen durch ein sauberes Taschentuch abgeschützt sind, drücken. Unsachgemäßes Ausdrücken lässt das Ganze entzünden, ganz selten entstehen **Furunkel** oder **Abszesse** daraus, wenn mehrere Talgdrüsen gemeinsam entzündet sind. Bei Furunkeln, also Eiteransammlungen mit stark geröteten und pulsierenden Irritationen der Haut, muss der Hautarzt zu Rate gezogen werden.

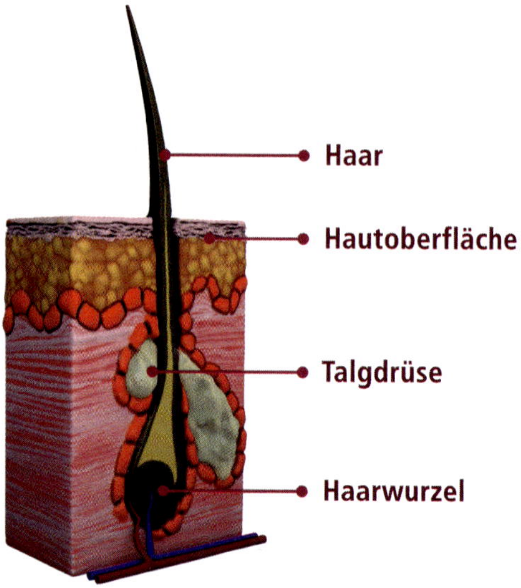

er sich auf, knallte die Hacken zusammen und legte zitternd die ausgestreckten Finger zur Bestätigung an die rechte Stirn. Diese militärische Geste war zwar verunglückt, machte aber doch irgendwie Eindruck auf die Großmutter. Denn sie eilte nach unten und winkte durch die Tür. Leider sah sie den Blick von Opa nicht mehr, der sie bis zur Tür verfolgte.

Kurze Zeit später klingelte das Telefon. Marie war die Schnellste am Apparat. Ihre Mutter war am anderen Ende.

«Marie, Schatz, gib mir doch mal bitte Nanolino.» Marie reichte das Telefon weiter.

«Nanolino?» Seine Mutter klang besorgt. «Geht es dir gut? Oma hat gestern angerufen, und ich hab mich sofort auf den Weg gemacht. Aber ich schaffe es nicht rechtzeitig, hier ist ein riesiger Stau auf der Autobahn, und ich bin leider noch 200 Kilometer von zu Hause entfernt. Wie geht es denn deinem Bein?» Nanolino verzog das Gesicht und biss die Zähne zusammen. «Na ja, hab mich schon besser gefühlt. Omi Rosa meinte, ich muss noch heute zum Arzt, aber sie ist nicht mehr da.»

«Ach, armer Nanolino. Zu blöd. Es tut mir so leid, aber ich kann von hier aus nichts machen. Hol doch bitte schnell noch Opa Erwin, der bringt dich zum Arzt.» Opa Erwin kam murrend ans Telefon.

«Vater?» Marie und Nanolino hörten die energische Stimme ihrer Mutter. «Ich will, dass du Nanolino sofort zu Dr. X bringst. Ich komme so schnell wie möglich nach, aber im Moment steck ich fest.» Der Großvater nickte mürrisch. Beim Namen von Dr. X verfinsterte sich seine Miene allerdings merklich.

«Hmm, mach ich. Klar, Marlene. Ich kümmere mich postwendend darum, dass der Junge wieder gesund wird. Sofort.» Er legte auf und wandte sich an Nanolino, ein seltsam verzücktes Lächeln umspielte seine Lippen.

«Komm schon, Junge. Opa weiß, was das Beste für dich ist.»

die Haut?

Weißt du eigentlich, was das größte Organ des Menschen ist? Falsch, nicht das Gehirn, die Haut! Bis zu **2 m²** groß kann sie werden. Sie bedeckt die gesamte Körperoberfläche und hat viele Funktionen, die lebenswichtig sind:

Schutz: Die Haut schützt dich zunächst einmal vor Sonneneinstrahlung, denn die Sonnenstrahlen werden entweder zurückgespiegelt (reflektiert) oder durchgelassen und damit absorbiert. Wenn dein **Sonnenschutz** gut funktioniert, wird vermehrt dein individuelles Sonnenschutzmittel, das **Melanin,** gebildet. Deine Haut wird schön braun. Jeder Mensch verträgt unterschiedliche Mengen von Sonnenstrahlung, weil der Melaningehalt in der Haut eben auch unterschiedlich ist. Menschen mit schwarzer Hautfarbe haben ganz viel von diesem melaninhaltigen körpereigenen Sonnenschutzmittel, weißhäutige Menschen werden im Sonnenlicht extrem schnell rot und brauchen daher Hilfe durch Sonnencreme unterschiedlicher Stärkegrade.

Aber auch das Eindringen von Bakterien und Pilzen wird zunächst einmal durch die dünne **Fettschicht** aus Talg und den Säuremantel, der aus den **Schweißdrüsen** abgesondert wird, verhindert. Das elastische Polster aus Fettgewebe unter der **Hauthülle** bietet **Schutz gegen Druck, Zug oder Stoß**. Dieses, vor allen Dingen in jungen Jahren sich seidig anfühlende dünne Hautgewebe hält dich im Grunde von außen komplett zusammen und verhindert, dass du wie Butter bei Wärme davonschmilzt.

Sinnesorgan: Mit deiner Haut kannst du Zärtlichkeiten austauschen und fühlen. Die Haut eines anderen Menschen fühlst du genauso wie den Stamm eines Baumes oder den Kältegrad des Wassers. Wärme, Schmerz, Berührung, all dies kannst du fühlen. So dient deine Haut einerseits als Tastsinn und damit als «**Fühlorgan**», ebenso als «**Gefühlsmitteiler**» und auf der anderen Seite als **Alarmsystem**.

Ausscheidung: Nicht nur die Nieren und der Darm scheiden Wasser aus, sondern auch die Lunge beim Atmen – und vor allen Dingen die Haut. Bis zu einem halben Liter Wasser täglich wird hier verdampft. Und wenn du im Sommer oder beim Sport oder in der Sauna schwitzt, dann erhöht sich dein Wasserverlust enorm. Also immer dran denken, dass du genügend trinkst, besonders, wenn du merkbar Wasser verloren hast.

Temperaturregulation: Deine Haut funktioniert wie ein Kühlschrank und Ofen gleichzeitig. Im Sommer wird durch die starke Blutversorgung Temperatur abgeführt und damit das Körperinnere gekühlt, im Winter passiert genau das Gegenteil, und du wirst innerlich gewärmt, weil sich die Blutgefäße der Haut zusammenziehen. Bei Hitze produziert deine Haut Schweiß, der durch deine Körperoberfläche verdunstet, wodurch dann Kälte entsteht.

Hautaufbau

Die Haut ist dreischichtig in Ober-, Unter- und Lederhaut mit verschiedenen Hautanhangsgebilden aufgebaut.

Oberhaut: Diese ist extrem dünn, aber hochstabil und besteht aus verhornten flachen Zellen von unterschiedlicher Dicke. Diese sind an der Fußsohle, gefolgt von den Handinnenflächen, am stärksten. Unter der Oberhaut liegen die melaninhaltigen Pigmentzellen, die den Farbton der Haut bestimmen. Blutgefäße findest du keine in der Oberhaut, sondern nur Lymphgefäße.

Unterhaut: Die Unterhaut ist ein **Polster**. Abhängig von seiner Beanspruchung und dem Ernährungsgrad ist dieses schützende Polster unterschiedlich dick, an den Fußsohlen am stärksten ausgebildet. Hier funktioniert das Fettpolster eigentlich wie ein Luftkissen. Die Unterhaut ist also Polster und **Wärmeisolation** in einem. Hier finden sich auch viele kleine feine Nervenfasern. Das Gewebe wird durch Blut und Lymphgefäße ernährt.

Lederhaut: Viele gitterartig miteinander verwobene, elastische Fasern bilden die Lederhaut. Diese liegt zwischen Ober- und Unterhaut. In ihr finden sich ganz viele spiralförmige Nervenendigungen, die sogenannten **Lamellenkörper**. Das sind Sinneszellen, die auf Berührung und Temperatur reagieren und an den Fußsohlen, Handflächen und der Bindehaut des Auges am häufigsten anzutreffen sind.

Hautanhangsgebilde: Welch eine Wunderwelt von Höhlen, Schluchten und Urwäldern! Ja, wirklich Urwälder, denn die Haare an den unterschiedlichsten Stellen des Körpers wachsen wie Pflanzen oder Bäume entweder ganz klein und fein wie die Härchen auf der Haut, stärker schon in den Augenbrauen und Wimpern und ganz extrem als Kopfhaare, Bart oder Geschlechtsbehaarung. Und diese wachsende Haarpracht hat etwas ganz Besonderes im Gegen-

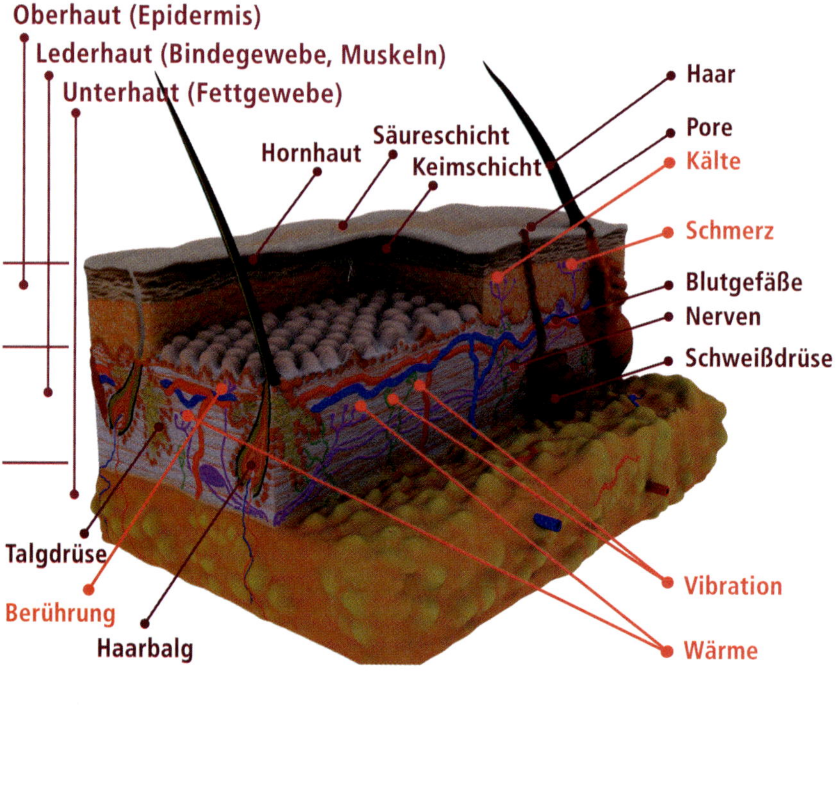

satz zu den klassischen Pflanzen und Haaren, denn an jeder Haarwurzel befindet sich ein ganz winziger kleiner Muskel, der die Haare aufrichten kann. Du merkst das ganz genau, wenn du frierst oder erregt bist, dann spannen sich diese **Mikromuskeln** an, und die Haare richten sich auf. An jeder Haarwurzel sind auch ganz kleine «Farbtöpfe» versteckt. Diese Mikrofarbtöpfe enthalten Pigmente und geben deinen Haaren die Farbe.

Im Alter lagern sich Luftbläschen dazwischen an, und die Haare erscheinen dann grau. Etwa 15 mm pro Monat wachsen Haare in der Regel. Am Kopf können die Haare bis zu 6 Jahre alt werden. Die Wimpern werden alle zwei Jahre erneuert.

Deine Fuß- und Fingernägel wachsen 1 mm pro Woche und schützen mit ihren gewölbten Hornplatten die Unterhaut.

Talgdrüsen finden sich am häufigsten an den Haarwurzeln, aber auch an anderen Stellen, im Gesicht, an Nase, Ohr, Rücken, Brust, findest du sie. Sie machen die Haut geschmeidig. Zusammen mit den Schweißdrüsen produzierst du deine eigene Körperlotion. **Schweißdrüsen** sind auf der gesamten Körperoberfläche verteilt, sitzen in der Lederhaut und ziehen korkenzieherartig durch die Oberhaut an die Hautoberfläche. Die größten Schweißdrüsen findest du in den Achseln, in der Leisten- und Schamgegend, am After sowie am Warzenhof der Brüste.

WAS IST EIGENTLICH …

Akne?

Wer kennt sie nicht, diese blöden Pickel, mit und ohne Eiter! Die Akne ist zum Glück ungefährlich und nicht ansteckend, aber sie kann uns seelisch ganz schön beeinträchtigen. Wodurch entstehen diese Pickel? Im Grunde ist das ähnlich, wie wenn bei dir zu Hause der Abfluss verstopft ist. Denn die **Talgdrüsen**, die sich bei der Akne entzünden können, sind prall gestopft mit Talg, der wie ein Pfropfen obendrauf sitzt. Er verhindert, dass der Talg, mit dem deine gesamten Haare eingefettet werden sollen, abfließen kann. Vor allen Dingen kommt es vor und während der Pubertät durch die Geschlechtshormone zu einer vermehrten Talgproduktion. Verhornende Zellen, die die Ausführungsgänge der Talgdrüsen bilden, lösen sich vermehrt vom Untergrund ab und können immer wieder die Ausführungsgänge verstopfen. Wenn jetzt der Talg nicht richtig abfließen kann, haben Bakterien einen idealen Nährboden, um sich zu vermehren. Sie produzieren aggressive Säuren, die auch in die unterliegenden Hautschichten vordringen – und dann entwickelt sich eine Entzündung. Die Haut wird jetzt fleckig, teilweise pünktchenförmig rot, erhaben oder pustelig. Manchmal entsteht eine richtige Mondlandschaft.

Was begünstigt eine Akne?

- **Vererbung**. Besonders ausgeprägt ist sie, wenn die Eltern in der Jugend damit zu tun hatten.
- **Sexualhormone** im Überschuss, die eine vermehrte Talgproduktion und Verhornung der Haut hervorrufen.
- **Stress**. Im Stress werden vermehrt männliche Hormone (auch bei Mädchen) ausgeschüttet. Diese Androgene werden in der Nebenniere gebildet und z. B. bei Angst oder Aufregung oder vor einem Treffen mit einem Jungen oder einem Mädchen, in das du dich verliebt hast, durch Erregung verstärkt ausgeschüttet.

Pflege: Vorsicht mit Seifen, da diese die Haut so sehr entfetten, dass sofort im Überschuss Talg produziert wird. Das Beste für dich sind Seifen, die pH-neutral sind und die Schutzschicht des Körpers nicht zerstören. Wenn du an Akne leiden solltest, ist es sinnvoll, das Gesicht zweimal am Tag gründlich zu reinigen. Vielleicht versuchst du es auch einmal mit einer antientzündlichen milden Gesichtsmaske, die du zweimal wöchentlich aufträgst. Z. B. eine Gesichtsmaske mit Gurken – bitte nicht die ganze Gurke aufs Gesicht legen, sondern dünne Scheiben! Dadurch werden die Hornschicht und auch verhärteter Talg aufgelöst.

Achtung! Richtig gerötete Pickel im Gesicht sollten nur Fachleute behandeln, also der **Hautarzt** oder die **Kosmetikerin**. Wenn du mit den Fingern drücken möchtest, dann musst du unbedingt die **Fingerspitzen desinfizieren** und mit sauberen Tüchern oder einem Taschentuch umwickeln und danach den ausgedrückten Bereich mit Alkohol desinfizieren.

Ganz besonders wichtig: Im Gesicht ist keine lokale Abwehr mehr vorhanden, denn das Gesicht hat keine Lymphknoten. Bakterien aus der Haut könnten somit direkt ins Gehirn transportiert werden, wenn sie über unsachgemäß ausgedrückten Eiter in die Blutbahn geraten. Das passiert nicht häufig, aber wie bei allem – es kann passieren!!

Manchmal müssen auch Antibiotika genommen werden. Das weiß dann dein Hautarzt am besten, ansonsten ist Aufenthalt in **frischer Luft** und **Sonnenlicht**, manchmal auch niedrig dosiertes **UV-Licht** der Höhensonne zu Hause oder besser beim Arzt sehr förderlich. Ebenso unterstützend: viel **Schlaf** und **Bewegung** sowie eine **mediterrane Ernährung**, die wenig Fett und Kohlenhydrate enthält.

Neben Sport und Bewegung gibt es seit Jahrtausenden Entspannungsmethoden, wie Yoga, Tai-Chi oder Qigong. Sie können extrem hilfreich sein, denn geistige Entspannung führt zu einer Drosselung und Ausbalancierung deiner Hormonproduktion.

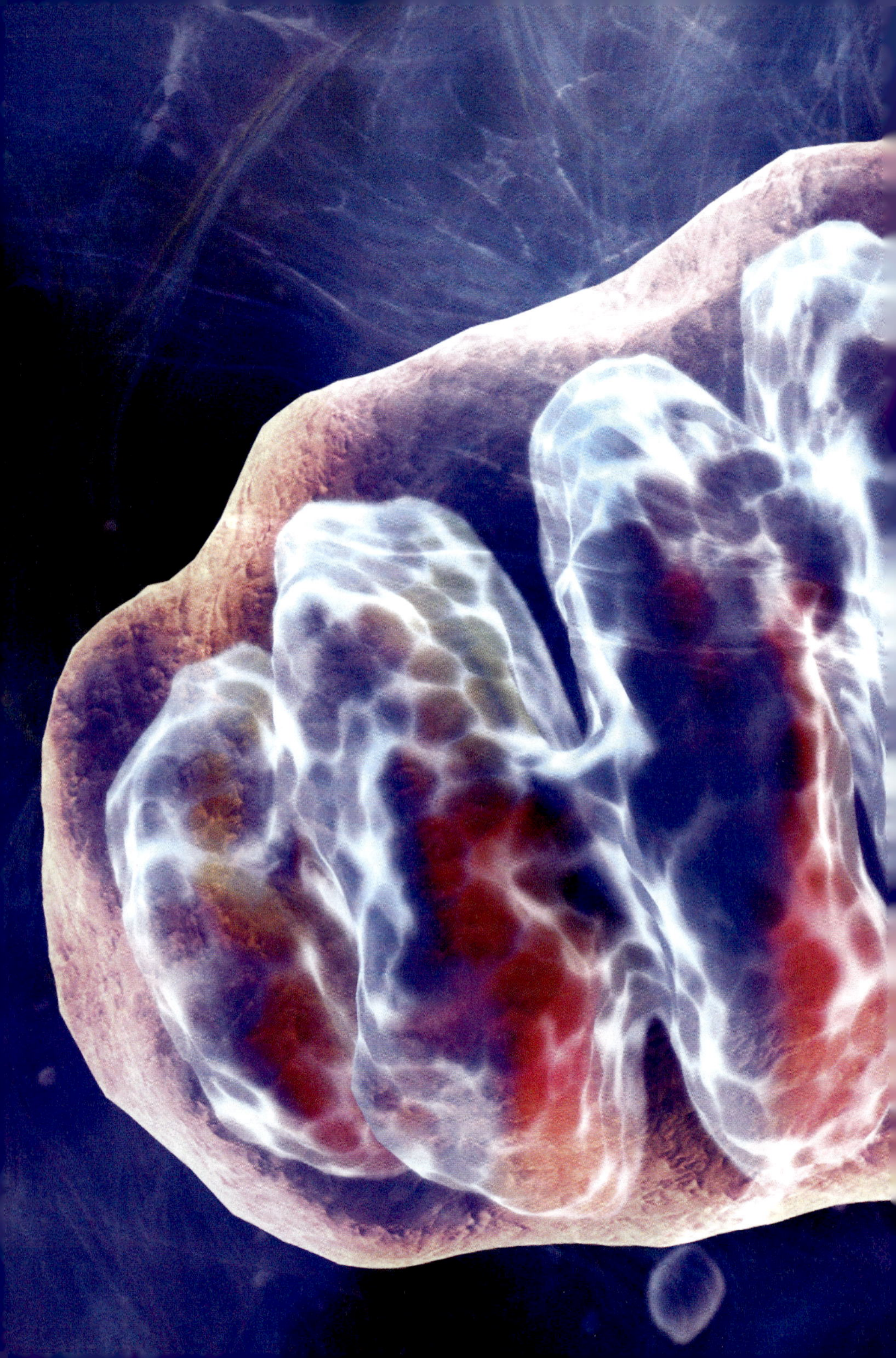

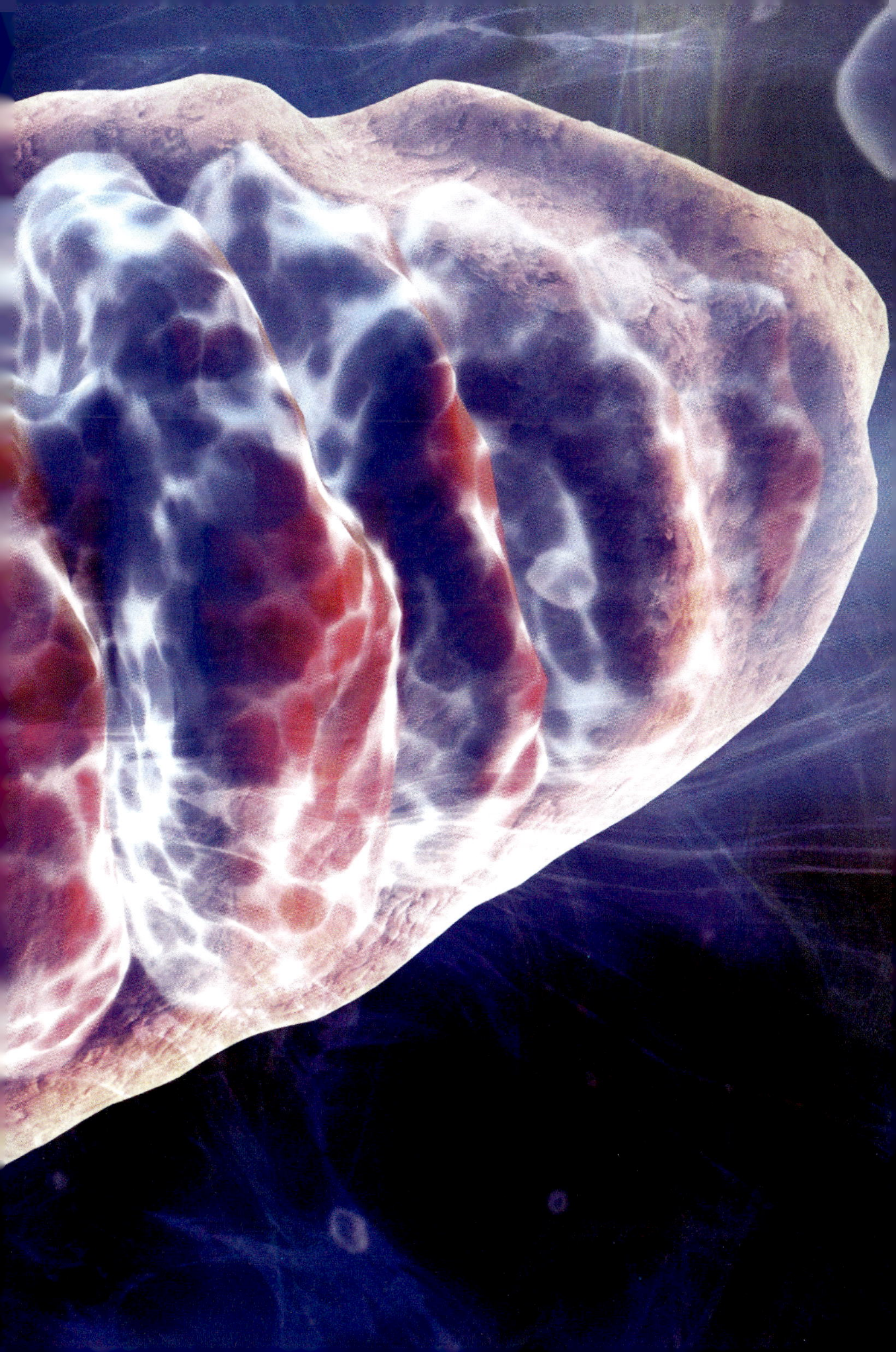

Die Folterkammer des Götz von Schlotter

Vor lauter Nebel war kaum etwas zu erkennen im öden, düsteren Keller. Aschenbecher quollen über, ausglimmende Stummel verursachten einen ätzenden Geruch, und Scherges Hüsteln wurde von krampfartigen Hustenanfällen unterbrochen. Trotzdem paffte er weiterhin eine Zigarette nach der anderen. In einer Ecke des metzgermäßig gekachelten Raumes hockte Professor von Schlotter vor einer Monitorwand mit vielen Einzel-Fernsehern wie in einem TV-Studio und schlürfte mit unappetitlichem Gegrunze eine heiße Brühe aus einem schmuddeligen Becher.

«Hau rein, Gobbot!» oder «Nichts wie hinterher, Sobbot!», stammelte er nuschelnd zwischendurch, sichtlich zufrieden mit sich und seinen Hervorbringungen. Aus dem S wurde dadurch immer wieder ein furchterregender Zischlaut. Ab und zu streifte sein Blick versonnen die Wände, an denen technische Zeichnungen von Robotern und Details von Händen, Füßen und anderen Körperteilen hingen, einer gruseliger als der nächste.

«Verdammich!», schnauzte Professor von Schlotter und sah sich nach Scherge um. Dabei kramte er hektisch wühlend in seinem schmuddeligen Arztkittel, auf dem kaum zu entziffern «Institut für experimentelle Demagnifizierung» aufgedruckt war. Der Professor war stolz, dass ihm dieser Titel vor vielen Jahren eingefallen war. Den Begriff der «Mikrotisierung» seiner ehemaligen Assistentin Micro Minitec fand er zu banal. Ging es doch um mehr als die reine Verkleinerung von Maschinen und Lebewesen. Den Herren und Damen da draußen, aber vor allem den Herren dieser Welt musste man unauffällig ihren Glorienschein nehmen, so

seine Überzeugung. «Die haben doch keinen Mumm mehr in den Knochen und lassen sich nur noch von ihren Frauen bestimmen. Diese Weicheier! Das ganze Gequatsche von Emanzipation, von Selbstbestimmtheit von Frauen, Kindern oder anderen Völkern ... Dass ich nicht lache. Die werden bald alle nicht mehr wissen, ob sie Männlein oder Weiblein sind, so wahr ich den Titel ‹Demagnifizienz von Schlotter› trage.» Er konnte sich regelrecht in Rage reden und rieb sich dabei grimmig seine dürren Finger, bis es knackte.

«Wir werden ja sehen, wer das letzte Wort hat. Gott ist nichts gegen mich, höhö.»

«Ja, Sie sind der Größte in diesem Land, Demagnifizienz.» Scherge machte jedes Mal, wenn der Professor lautstark seinem Irrsinn Ausdruck verlieh, einen übertriebenen Diener mit einer ausschweifenden Geste seiner rechten Hand. Sein Kopf berührte dabei fast seine Knie.

Was er nicht sagte, aber in sich hineinmurmelte, war: «Aber MM hinter den Bergen mit dem ‹Schergen›» – er meinte sich damit – «wäre tausendmal besser als Sie.»

«Scherge! Komm! Bring mir das Werkzeug! Das Bild der einen Kamera ist schwarz, und ich weiß nicht, woran das liegt.»

Wartend hielt von Schlotter die geöffnete Hand nach hinten, aber nichts wurde hineingelegt. Ärgerlich suchte er den Blickkontakt mit seinem Handlanger.

«Was schaust du? Bring's mir gefälligst herüber.»

«Bin schon unterwegs, lieber Herr Professor!» Freudig strahlend eilte Scherge zu seinem Herrn, verhedderte sich unterwegs mit einem Fuß in einem Kabel und fiel vor von Schlotter auf die Knie.

«Zu viel des Guten, mein Lieber!» Jetzt grinste Schlotter wirklich. Kommentarlos überreichte Scherge den kleinen Werkzeugkoffer und blieb hocken, als erwarte er noch den Ritterschlag.

«Scherge. Die Bilder sind einfach nur schwarz.» Über dem Monitor stand: Sunday-Cam (das bedeutet auf Englisch: Sonntags-Kamera). «Was ist mit der blöden Opa-Kamera nur los?»

«Vielleicht ist ein Dreckspritzer auf der Mütze gelandet.» Ein vernichtender Blick streifte den Kalfaktor.

«Verdammich, so hilf mir doch und schraub den Kasten auf!» Scherge griff mit gleichgültigem Blick nach dem Schraubenzieher, rutschte aber aufgrund seiner unbequemen Haltung ab und kratzte eine riesige Schramme in den Bildschirm. Es wurde nur noch schlimmer.

«Hör auf, du Blödmann, bekloppter Scherge! Kannst du denn eigentlich nichts richtig machen? Du spielst echt mit deinem Leben.» Er fing an zu brüllen: «Kon-zen-tration und Per-fektion, Scherge! Das ist das A und O der Weltbeherrschung! Verstanden?»

Scherge paffte wie wild und bekam einen heftigen Hustenanfall. Auf dem Tisch vor ihnen lag ein auseinandergebauter Roboter-Arm, auf den zufällig Schlotters Blick fiel.

«Mensch, hast du die Gobbot-Lenktechnik denn immer noch nicht repariert!? So ein Mist!»

Scherge antwortete kleinlaut: «Die Spezialschrauben aus Amerika fehlen, Chef.» Doch der ließ sich nicht ablenken und antwortete empört: «Die Zeit läuft, Monsieur! Die nächste Entwicklungsstufe muss bald erreicht werden. Hast du verstanden? Die Kamera funktioniert nicht mehr, das heißt, ab jetzt müssen wir uns auf unseren Instinkt verlassen, und der sagt mir, dass uns die Zeit davonrennt. Wer weiß, vielleicht hat der Opa die Kamera entdeckt, oder, viel schlimmer noch, Micro Minitec hat sie entdeckt und vernichtet. Wir müssen uns beeilen, Scherge, der neue Gobbot, der

Super-Super-Sobbot, muss so schnell wie möglich in das Gehirn des Alten, damit beide das Werk vollenden können, das Gobbot begonnen hat.» Scherge schluckte und paffte riesige Rauchschwaden, sodass er kaum noch sichtbar war.

Da klingelte schrill das alte Telefon mit großem Nachhall im fast leeren Fabrikgebäude, sodass von Schlotter erschrak und fluchte.

«Stell das Ding endlich leiser, Dummkopf. Man wird ja immer wieder in seinen kreativsten Momenten davon gestört ...» Qualmend ging Scherge an den Apparat.

«Institut für experimentelle Demagnifizierung. Von Schlotter? Ja, der ist anwesend.» Er verdeckte die Muschel mit der rechten Hand.

«Der alte Trottel, Chef.» Professor von Schlotter riss ihm den Hörer aus der Hand und redete leise und unterwürfig.

«Herr Sonntag! Wie geht es denn so? Und der Bandscheibenvorfall? Ah, nicht mehr? Wunderbar! Bald haben Ihre Schmerzen auch in der Hüfte ein Ende! Was? Nanolino hat Schmerzen? Oh, der Arme ... Aber sicher, bringen Sie ihn vorbei, unseren kleinen Superhelden. Ja, den kriegen wir schon wieder hin ... Auf Wiederschaun, Gnädigster. Was? Ach, das erzählen Sie mir doch einfach, wenn Sie hier sind. Adiós!» Professor von Schlotter legte auf und kicherte in sich hinein.

«Beeilung, Scherge», blaffte er seinen Assistenten an, «der alte Knacker kommt vorbei, um sich den Sobbot abzuholen! Wie gerufen! Allerdings bringt er diesen kleinen Taugenichts mit. Den müssen wir ganz schnell wieder loswerden.» Er runzelte einen Augenblick lang die Stirn.

«Sie werden wieder gebraucht, Sonntag! Ein kleiner Schritt für mich, ein großer für die Menschheit.» Der falsche Professor rieb sich vergnügt die Hände und rannte mit großen Gesten im Raum auf und ab.

Scherge kam nicht umhin, seinen Chef zu bewundern, und hob seinen Arm, um sich zu Wort zu melden.

«Wir treten in die heißeste Phase der Menschenversuche! Hat es leider beim letzten Mal nicht richtig geklappt, Scherge, wird jetzt

Grossmutters Rezepte

«Kopfschmerz weg und hopp»-Tee

MAN NEHME:

25 g Lavendel
25 g Waldmeister
25 g Duftveilchen (Blätter)
20 g Thymian
25 g Pfefferminze
20 g Lindenblüten

Gib auf eine Tasse Wasser für dich einen Teelöffel und für Erwachsene einen Esslöffel voll der Kräuter. Anschließend lass dein zukünftiges Schmerzmittel 15 Minuten lang kochen. Du kannst den Tee mit Honig süßen, wenn die Temperatur auf unter 40 Grad gesunken ist.

Trinke eine Woche lang 1 Tasse täglich (Erwachsene bis zu 3 Wochen 1 bis 2 Tassen täglich).

Wenn die Kopfschmerzen wirklich nicht verschwinden, musst du zu dem Arzt deines Vertrauens.

endlich alles perfekt! Es fehlt nicht mehr viel und … was grinst du denn so?»

«Schauen Sie mal auf den Monitor da, Chef. Dort.»

«Wo? Ich seh nichts.» Der Kamera-Monitor war immer noch schwarz.

«Nein, der andere, da oben links. Schauen Sie mal, wie sich die beiden Roboter Gobbot und Sobbot von zwei Seiten an das Gehirn rangearbeitet haben. Sie sind nur noch einen Zentimeter auseinander und wühlen sich automatisch durch den Schlamassel.»

«Super, Scherge! Unser Experiment im Wasserbad mit diesem Schaumstoffgehirn, oder? Der Gobbotklon Sobbot wirkt wie Sau,

mein lieber Scherge. Sobbot reagiert wie geschmiert. Schau nur, Scherge! Wie ein eingespieltes Team. Wie wir, Scherge, echt wie wir.» Schlotter wollte sich nach seinem Ausraster wieder bei seinem Gehilfen einschmeicheln.

«Und da!» Scherge zeigte ganz aufgeregt auf den Bildschirm, als die Vergrößerung auf eine Million hochgefahren wurde. «Da! Da, Professor! Endlich funktioniert's.» Man sah in Überlebensgröße eine Roboterhand, die mit Zangen- und Scherenfingern Nervenbahnen gezielt hochhob und abschnitt, und gleichzeitig die furchterregende Hand des anderen Roboters, der die Nerven übernahm und an anderer Stelle einstöpselte. Allerdings erst, nachdem er mit seinem Bohrer-Finger ein Loch ins Gewebe gedrillt hatte …

«Die Welt ist unser! GOBBOT & SOBBOT, ihr seid die Größten!» Professor Götz von Schlotter verneigte sich ehrfurchtsvoll … vor sich selbst.

Dann eilte er hinüber zu dem drachenähnlichen Schrumpfungetüm, das er mit Scherge jahrelang weiterentwickelt hatte. Die Hobbybastelarbeit war nicht zu vertuschen. Die Maschine sah schrecklich aus. «Fast so wie Scherge», dachte Schlotter manchmal. Sie dampfte auch ständig, irgendein Kabel war immer defekt und schmorte vor sich hin. «Zwei dampfende Scheusale und ein Genie, das ist die Mischung, mit der man die Welt aus den Angeln heben kann!» Mit einem Lächeln verneigte Professor Schlotter sich gleich zum zweiten Mal. Es passte einfach nichts an der Maschine. Die Verarbeitung war hundsmiserabel, handgestrickt, und überall waren neue Bleche draufgenietet. Die Maschine fing auch schon hier und da zu rosten an, eigentlich überall. Nichts war so, wie es auf Schlotters präzisen Computerplänen errechnet worden war. Unter einer rötlichen Glashaube lag ein gigantomanischer Roboter. Die Haube war nur unvollständig verschlossen, da noch ein Fuß herausbaumelte. Doch Scherge, der inbrünstig an dem Schrumpfdrachen herummanipulierte, hatte das übersehen. Vor ihren Augen schrumpfte und schrumpfte der Roboter auf Teddybärgröße mit einem überdimensionalen rechten Fuß, der mit einem Zeh hin- und herwippte, so als wollte er zeigen, dass man nicht alles mit einem Roboter machen kann.

«Du Blödian. Wenn du das bei Opa Erwin auch so machst, haben wir verloren. Der Sobbot muss unbedingt in sein Gehirn und dem Gobbot Gesellschaft leisten. Wir haben ihm zwar nur einen Gobbot injiziert, aber ich glaube, der leistet ganze Arbeit. Sonst würde er wohl kaum freiwillig seinen Lieblingsenkel hierherschleppen. Doch noch ist das einfach nicht genug. Deshalb müssen wir ihm baldmöglichst auch den Sobbot injizieren. Nur dann wird Herr Sonntag sich gegen seine Verwandten und auch gegen Dr. X und Minitec wenden, Scherge, und nur noch mir gehorchen. Genau darauf sind Gobbot und Sobbot programmiert: den alten Knacker zu einem willenlosen Soldaten zu machen, der nur auf unsere Befehle hört. Jawohl! Aber wir haben nicht mehr viel Zeit, ich habe so eine böse Vorahnung mit der toten Kamera … Wir müssen es unbedingt schaffen, dem alten Sonntag den Sobbot zu injizieren, bevor Micro Minitec gewarnt ist. Scherge! Verstehst du das? Hörst du mir überhaupt zu?» Schlotter trat mit voller Wucht gegen die Maschine. Schmerz durchzog seinen rechten Fuß, was ihn noch wütender werden ließ.

«Jetzt steh nicht so dumm rum, verdammt!», schrie er. «Wir müssen es schaffen, den Sobbot zu schrumpfen und in einer Spritze aufzuziehen. Bevor der bekloppte Opa kommt, müssen wir fertig sein! Mach schon!» Erbost und mit geballten Fäusten in den Taschen stürmte er aus dem Raum und warf die Tür mit einem enormen Knall hinter sich zu. Die marode Fleischfabrik schien zu wackeln, Putz rieselte von der Decke, direkt auf die Schrumpfmaschine und Scherge.

Da klingelte es am Eingang. Der zornige Professor erschien so schnell, wie er verschwunden war, wieder im Raum.

«Nun geh schon, Scherge, und öffne die Tür, du weißt doch genau, dass ich kein Sonnenlicht vertrage!» Scherge stob davon, und Schlotter murmelte zu sich selbst: «Wenn das schon der alte Sonntag ist, müssen wir mit allen Mitteln versuchen, Zeit zu schinden, denn der Sobbot ist ja noch nicht fertig mikrotisiert. Aber so grandios, wie ich bin, wird auch das gelingen!»

WAS IST EIGENTLICH …

Schärfe?

Macht Schärfe scharf? Bestimmt nicht wie ein Messer. Aber dein Kreislauf wird schon kräftig auf Vordermann gebracht.

Pfeffer oder **Chilis** haben's in sich. Gerade im Sommer regt ihre Schärfe dein Kreislaufsystem an und treibt dir den Schweiß auf die Stirn. Somit kannst du, wenn du willst, künstlich deine körpereigene Klimaanlage anwerfen. Jetzt weißt du, warum Menschen in Indien, Afrika oder Südamerika so gerne ihre Nahrung kräftig würzen. Oder?

Der Wirkstoff, der die Chilis so scharf macht, ist das **Capsicain** in ganz unterschiedlichen Konzentrationen. Es erregt deine Schmerzsensoren im Gaumen bzw. gesamten Rachenraum, auch auf der Zunge. Capsicain greift regulierend in deinen Stoffwechsel bei der **Verdauung** ein, z. B. wird die Magensäure zur Produktion angeregt, um bedrohliche Mikroben zu vernichten. So werden deine Verdauungsprozesse beschleunigt, damit die Keime schnellstmöglich ausgeschieden werden. Dabei schüttest du auch körpereigene Substanzen wie die **Endorphine** zur **Schmerzdämpfung** aus. Ein homöopathisches Prinzip also: Gleiches mit Gleichem behandeln.

ACHTUNG: Wasser ist wirkungslos gegen die Schärfe! Also, wenn du dich beim (köstlichen und gesunden) fernöstlichen Essen mal wieder «verbrannt» haben solltest, iss Brot oder trink viel Milch und nimm Joghurt oder Käse zu dir. Capsicain ist fettlöslich!

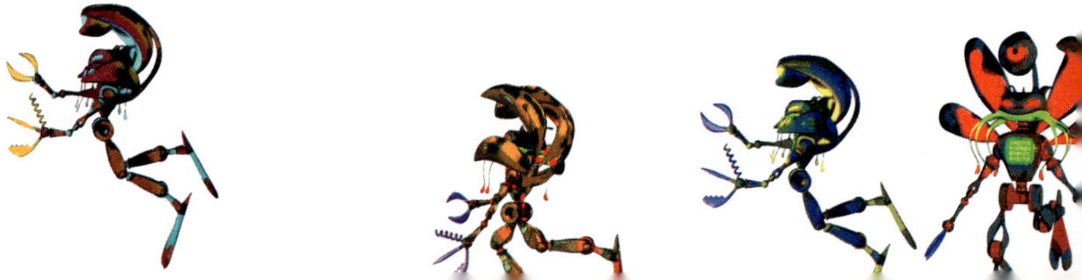

WAS SIND EIGENTLICH …

Endorphine?

Eine körpereigene Schmerzmittelfabrik besitzt du auch! Ist doch wohl toll, oder? Dort werden zum Beispiel die Endorphine produziert: eine Eiweißgruppe, die wie durch von außen zugeführte starke **Schmerzmittel**, die Morphine, wirkt. Sie sitzen im zentralen **Nervensystem**, aber auch in deiner **Darmwand**, und werden bei Schmerzreizen freigesetzt.

Sie wirken aber auch regulierend im **Wärmehaushalt** und hemmen die Bewegungen der Darmmuskulatur.

Deine Endorphinausschüttung kann durch künstliche Reize wie durch scharfe Speisen, Massagen oder Akupunktur ausgelöst werden.

Auf zur Schlotter-Klinik

«So, nichts wie los, du Knilch.» Mit festem Griff packte der Großvater Nanolino am Arm. «Ich hab versprochen, dich zum Arzt zu bringen, und das tue ich auch.»

Von der anderen Straßenseite beobachteten Eliza und Frido zusammen mit einigen anderen Kindern entgeistert, wie Nanolino humpelnd in den alten Seitenwagen von Opas Motorrad einstieg. Die Kinder sahen sich betrübt an. Gerade hatten sie noch begeistert Fußball auf der Straße gespielt und sehnsüchtig auf Nanolino gewartet. Doch aus dem gemeinsamen Kicken wurde jetzt leider nichts.

«Opa, Omi und Mama werden dir die Hölle heißmachen!» Nanolino tobte vor Wut und Schmerz.

«Halt die Klappe und fass mir bloß nicht mit deinen klebrigen Fingern an die gute Scheibe.» Großvater schlug mit Karacho das kuppelige Eigenbau-Plexi-Seitenwagendach herunter und startete den Motor, der laut vor sich hin tuckerte. Nanolino war gefangen

– gefangen wie ein Frosch in einer Blechbüchse. Nur dass diese Büchse schrecklich nach Benzin und Kunststoff stank. Marke Erwin-Sonntag-Eigenbau eben.

Nanos Freunde waren wie vor den Kopf geschlagen und sprachlos. Nur Eliza stotterte und fing an zu weinen. «Ooohhhh, Naannnno, wieso humpelst du denn auf einmal? Oh, mein geliebter Nanolino …» Wenn Nano das gehört hätte, er wäre sicherlich rot geworden. So schaute er nur traurig aus dem Wagen und sah seine verdattert dreinschauenden Freunde, die sich vor dem Haus versammelt hatten. Er zeigte ihnen ein X mit seinen beiden Handflächen, denn Nanolino glaubte, dass er mit seinem Opa unterwegs zur Villa Nachtigall war. Schließlich hatte ihn seine Mutter ausdrücklich darum gebeten.

Aber da bretterte der Großvater schon mit seiner Mordsmaschine los. Fast hätte er Nanos Freunde umgefahren, die zum Glück im letzten Moment zur Seite springen konnten.

«Verkrümelt euch, ihr Gartenzwerge! Nur weil Ferien sind, ist die Straße noch lange kein Spielplatz!»

«Eliza ist doch ein richtiger Schatz», dachte Nano versonnen und spürte, wie ihm plötzlich warm ums Herz wurde.

Viel geschlafen hatte Nanolino aufgrund der Schmerzen in seinem Oberschenkel nicht, und so döste er, seine Gedanken selig bei Eliza, kurz weg und erwachte erst, als der Motorlärm erstarb und das Dach geöffnet wurde. Auf wackeligen Beinen krabbelte Nanolino heraus. Er rieb sich noch schlaftrunken die Augen. «Opa, wo sind wir denn hier gelandet? Das ist doch der abgewrackte Schlachthof von dem ollen Schlotter! OOOOpa! Ich muss jetzt unbedingt zu Dr. X. Diese Ganoven tun doch nichts Gescheites außer Menschenversuchen.»

«Papperlapapp, unser Professor ist die Crème de la Crème. Aber davon verstehst du junger Spund ja nichts. Schlag dir den x-ten Doktor aus dem Gehirn! Ist eben nur einer von vielen.» Schmerzverzerrt humpelte Nano neben seinem Großvater über den Hof von Schlotters alter Schlachterei – es blieb ihm keine andere Wahl, denn Opa

TIPPS VON DR. X

… zur Entscheidungshilfe

«Soll ich, soll ich nicht? Darf ich, darf ich nicht?» 100- bis zu 100 000-mal am Tag stehen wir vor Entscheidungen. A oder B ist immer wieder die Frage. Häufig entscheidest du dich unbewusst. Ins Bewusstsein dringende Entscheidungen fallen manchmal leicht, manchmal schwer, und immer wieder zweifeln wir. Glück, Freude, Reichtum – was könnten wir verpassen? Diesen Zweifel kennen wir alle. Aber nicht verzweifeln! Lange haben Philosophen und andere Wissenschaftler geglaubt, nur unsere Vernunft – also das Denken – könnte zu richtigen Entscheidungen führen. Die Gefühle, meinten sie, hätten keinen Einfluss auf das Denken. Aber: Denken und Fühlen sind bei Entscheidungen kaum auseinanderzuhalten. Häufig sind «Bauchentscheidungen», also Entscheidungen, ohne viel nachzudenken, auch die besseren. Verlassen darfst du dich aber nicht darauf. Also pass gut auf! Aber damit du nicht verzweifelst, gibt es einige wichtige Tipps:

- Wenn du zweifelst, entscheide dich, aber in Ruhe.
- Vertraue deiner Eingebung.
- Achte auf deine negativen Gefühle.
- Lass dich nicht ablenken vor einer Entscheidung.
- Begrenze deine Wahlmöglichkeiten vor einer Entscheidung.
- Blick nicht zurück, wenn du dich entschieden hast.
- Sieh die Aufgabe von der anderen Seite an (halbvolles/halbleeres Glas).
- Vermeide Gruppendruck und entscheide selbst.

Erwin hatte ihn mit eisernem Griff am Kragen gepackt und zog ihn mit sich Richtung Eingangstür. Teilweise musste er auf einem Bein hüpfen, so weh tat ihm das andere. Als er hörte, wie Opa Erwin über Dr. X sprach, wurde er knallrot vor Zorn und wollte sich auf den Großvater stürzen. Doch ein jäher Schmerz durchzuckte ihn, und er sackte wimmernd zusammen.

Mittlerweile aber hatte der Großvater schon die Klingel im Souterrain betätigt. Der noch ekliger als sonst aussehende Scherge öffnete qualmend die Tür. Seine Augen verrieten, dass er mit den beiden gerechnet hatte. Beinahe wäre ihm die Zigarette aus dem Mundwinkel gefallen, als er den fast zahnlosen Mund zu einem hämischen Grinsen verzog. Unterwürfig und mit einem seltsam wirren Gesichtsausdruck blickte Opa Erwin auf: «Wir hatten um 12 einen Termin mit Herrn Professor Doktor von Schlotter. Sie wissen schon. Mein Enkel hat eine schmerzhafte Leiste, und das muss umgehend behoben werden.»

Scherge schlurfte davon, und Nanolino sah sich schaudernd um. «Das ist ja hier noch viel unheimlicher geworden als beim letzten Besuch», dachte er. Überall hingen Zeichnungen von Robotern oder Tieren, die mit seltsamen Maschinenteilen ausgestattet waren – auch im Gehirn. Herum lagen auch blecherne Einzelteile von Roboterarmen und -beinen, lose Köpfe oder metallene Innereien und Kabel – unordentlich im Raum verteilt. Auf einem Haufen in der Ecke stapelten sich unzählige verbeulte Roboter kreuz und quer übereinander wie Tote in ihren Rüstungen nach einer mittelalterlichen Schlacht. Nanolino schauderte es gewaltig. «Die Vergangenheit holt uns wieder ein», sinnierte er beim Anblick dieser Gegenstände.

«Folgen Sie mir!», hörte er Scherge sagen. Seine Stimme hallte sehr unangenehm und bedrohlich in dem alten Schlachthof. Nanolino humpelte widerwillig neben seinem Opa durch die erste Halle, hinter der ein düsterer Raum lag. Wie aus dem Nichts marschierte der Professor Schlotter mit jovial ausgebreiteten Armen und aufgesetzter Freundlichkeit um die Ecke.

«Mein lieber Herr Sonntag! Wie schön, Sie wiederzusehen.» Als er Nanolino erblickte, verdüsterte sich kurz seine Miene. Barsch raunzte er den Großvater an: «Was soll das? Ich bin doch kein Kinderarzt.»

«Aber das ist doch mein lieber Enkel Florian, Herr Professor», säuselte Opa Erwin. Nanolino wusste nicht, ob er sich übergeben oder sich freuen sollte.

«Er hat so starke Schmerzen in der Leiste, und da dachte ich …», der Großvater fing an zu stammeln, «der Junge muss zu einer Kapazität, zu einem richtigen Professor … Auf Leistenbruch oder Muskelriss würde ich tippen. Der Junge spielt einfach zu viel Fußball.»

Nanolino sah seinen Großvater entgeistert an. «So ein blöder Besserwisser», murmelte er zähneknirschend und schrie wütend: «Der hat doch keine Ahnung», während der Großvater seinen Abgott Schlotter verlegen anlächelte. Es war das erste Mal seit Tagen, dass Nanolino seinen Opa wieder lächeln sah. Vorher war ihm das nie aufgefallen, aber jetzt bemerkte er, dass sein Opa Erwin den Schlotter mit einem verzückten Ausdruck in den Augen anschaute. Das war wirklich seltsam.

«Hören Sie einfach nicht auf ihn. Herr Professor, mit Ihren neuen Methoden heilen Sie den Knaben doch in null Komma nix! Oder?» Professor von Schlotter befahl Nanolino unfreundlich, sich auf einen Stuhl zu setzen. Dann kniete er sich vor ihn hin und manipulierte irgendwie an seinem Bein herum, dass Nanolino vor Schmerzen laut aufschrie und mit dem anderen Bein ausschlug.

«Ahhhhhhhhhhhhh! Nicht! Sofort aufhören!» Doch der Professor schaute ihn kalt an. Den Blick kannte Nano schon aus seinem Traum, vor Angst verkrampfte sich sein Magen. «Stell dich nicht so an, du Memme! Mal sehen, ob ich etwas für dich dahabe …» Schlotter verließ den Raum.

«Hör auf zu flennen. Ein echter Indianer kennt keinen Schmerz!», fuhr der Opa seinen Enkel an, als er merkte, dass Nanolino sich wütend einige Tränen abwischte.

«Dieses Schwwwein …», rief Nanolino aus und zischte weiter: «Schwein bleibt eben Schwein, wie hätte es auch anders sein sollen.» Von irgendwoher vernahm er sehr merkwürdige blecherne Geräusche, die sich mit Schlurfen und Scheppern abwechselten.

«Opa, ich muss mal.»

«Man bleibt sitzen, bis der Arzt kommt», fuhr ihn sein Großvater an. «Wer hat dich nur erzogen, du Flegel! Mit dir kann man sich nur blamieren.»

«Ich pinkele sonst ins Arztzimmer, das würde zwar gut zu dem Sauhaufen hier passen, aber es wäre unhöflich. Vielleicht aber auch nicht», fügte Nanolino süffisant hinzu. Mit den Worten «Vielleicht ist das Klo ja dadrin?» humpelte er zur gegenüberliegenden Tür und verschwand.

Noch mehr Gobbots

Nanolino humpelte, so schnell er konnte, einen dunklen Flur entlang. Auf dem Boden lagen Eidechsenskelette und gruselige Dinge aus anderen Zeiten herum: Hackebeilchen, Fleischerhaken und so weiter. Eine Tür flog auf: Scherge trug keuchend einen Greifarm vor sich her. Nanolino versteckte sich ein wenig erschrocken blitzschnell in einer dunklen Nische an der Wand, während Scherge an ihm vorbeihastete. Er qualmte und stank unangenehm.

«Hätte er mir früher gesagt, dass Weltherrschaft mit so viel Arbeit

verbunden ist … pah.» Scherge stöhnte gewaltig, spuckte röchelnd auf den Boden und verschwand um die Ecke.

Nanolino humpelte weiter und kam in einen Raum, in dem haufenweise Blechteile und Schrott herumlagen. Zudem sah er einige Konstruktionszeichnungen von Gobbot und seinen noch viel gemeiner aussehenden Brüdern sowie zahlreiche Roboterteile. Plötzlich fiel sein Blick auf einen kaum zwanzig Zentimeter großen Roboter, der vor einer weiteren schweren Eisentür am Ende des Ganges lag. Nanolino fasste ihn vorsichtig an und musterte ihn nachdenklich.

Erschreckt fuhr er zusammen: Während er die Arme und die Beine des Roboters zu bewegen versuchte, quietschte und knarrte es hinter der Tür, vor welcher der kleine Gobbot gelegen hatte. Sehr vorsichtig bewegte Nanolino auch den anderen Arm des Spielzeug-Roboters. Jetzt kratzte es an der anderen Seite der Tür. Ängstlich, aber trotzdem mit zunehmender Neugier spielte Nanolino weiter mit dem kleinen Ding. In eben dem Moment, als Nanolino einen Finger prüfend zwischen die metallenen Kieferchen des Roboters steckte und winzige Reißzähne sich schmerzhaft in seinen Zeigefinger bohrten, öffnete sich plötzlich die schwere Eisentür, und die monströsen Augen eines zweieinhalb Meter großen Roboters leuchteten unheimlich auf. Sein Maul öffnete sich, und Nanolino fühlte, wie ihm der feurige Atem des Ungetüms ins Gesicht wehte. Nanolino erstarrte. Er konnte nicht glauben, was da vor ihm stand. Aber noch weniger konnte er glauben, was er im Raum hinter dem Riesengobbot alles erblickte. Dort befand sich ein sehr großer Raum, in dem unzählige Gobbots, große und kleine, neue und alte, umeinander wuselten, übereinander herkrochen, zischelten, quietschten und ächzten. Es sah aus wie ein riesiger, unheimlicher Metall-Ameisenhaufen. Was Nanolino da erblickte, war eine Armee. Das begriff er sofort.

Der Riesengobbot kam immer näher und streckte eine eiserne Klauenpranke nach ihm aus. Endlich reagierte Nanolino. Blitzschnell drehte er sich um. Ehe der widerliche Riesen einen Schritt nach vorne machen und zupacken konnte, trat Nanolino mit seinem gesunden Fuß gegen die Eisentür – krachend fiel sie vor dem überdimensionalen Roboter ins Schloss. «Das war aber in letzter Sekunde», dachte Nanolino. Vor Schreck hatte er den Miniroboter auf den Boden fallen gelassen, wo er in seine Einzelteile zerbrach. Wieder ächzte es bedrohlich hinter der Tür, und diese Geräusche mischten sich mit Opas entferntem Gebrüll.

«Irgendwie müssen dieser Miniroboter hier und all die anderen hinter der Tür miteinander elektronisch verbunden sein. Vielleicht sind sie wie ein riesiger großer Körper. Wenn einer sich bewegt oder kaputtgeht, vielleicht reagieren dann gleichzeitig all die anderen. Anders kann ich mir die Geräuschentwicklung dort hinter der Tür nicht erklären», schoss es Nano durch den Kopf.

«Nanolino, du Taugenichts! Wo steckst du?»

Trampelnde Schritte näherten sich. Nanolino konnte sich gerade noch rechtzeitig in seiner Wandnische verstecken, als Schlotter und Scherge hereingestürmt kamen.

«Ja, wo ist denn unser kleiner Parasit? Ja, komm schon, kleiner Mann.» Nano presste sich noch tiefer in die Wandnische.

«Hier ist er nicht, hier kommt doch keiner rein, Herr Professor! Die Tür halten wir doch eigentlich immer verschlossen.» Mit zitternder Stimme versuchte Scherge, alle Zweifel zu beseitigen. Er sah den kaputten Minigobbot auf dem Boden, schob ihn hastig mit einem Fuß unter den Tisch und schielte dabei ängstlich zur großen Eisentür. Schlotter grunzte ärgerlich und verließ den Gang. Scher-

ge folgte ihm, nachdem er heimlich die Einzelteile des Minigobbots notdürftig mit den Füßen zusammengefegt und sich in die Hosentaschen gestopft hatte.

«Scherge, sieh du oben nach, ich werd 'nen Blick ins Labor werfen – wär doch gelacht, wenn wir den kleinen Teufel nicht finden.» Die Stimmen entfernten sich. Als alles ruhig war, öffnete Nano vorsichtig die Tür. Die Luft war rein. Nano humpelte zurück zum Behandlungsstuhl, in dem nun sein Großvater saß und abwesend und versonnen an die Decke starrte. Nanos Bein schmerzte mörderisch, wahrscheinlich, weil er der Tür den kräftigen Tritt verpasst hatte und sich durch den gigantischen Schreck viel zu unvorsichtig bewegte.

Als der Großvater Nano erblickte, schrie er aus voller Kehle: «Er ist wieder da, Herr Professor! Hallo.» Dabei blaffte der Großvater Nano an: «Der gute Herr Professor sucht dich schon überall!» Er zog Nanolino schmerzhaft am Ohr. Doch der schüttelte sich heftig und leckte an seinem blutenden Finger: «Lass das, ich war auf der Toilette, habe ich dir doch gesagt.»

In diesem Moment eilte Professor von Schlotter um die Ecke und musterte Nanolino misstrauisch von oben bis unten.

«Hier, Herr Sonntag, für Ihren missratenen Zwergenenkel.» Und ehe Nanolino seinen Unmut äußern konnte, drückte er dem Großvater zwei gewaltige Packungen Pillen in die Hand.

«Die stärksten Schmerzmittel sind diese hier, und wenn das Kleinkind nervt, hier sind Schlaftabletten … Für Sie, Sonntag.» Der Großvater strahlte dankbar, während Professor von Schlotter sich vertraulich nah an sein Ohr beugte.

«Kommen Sie in zwei Stunden noch einmal ohne Ihren Enkel wieder. Wir haben etwas entwickelt, was Ihnen besser hilft als jede Spritze, die Sie von Dr. X gegen Arthrose bekommen haben. Sie werden wieder Fußball spielen können wie ein junger Gott. Es wirkt todsicher! Todsicher! Ich verspreche es. Ein kleines Spritzchen nur …» Dabei rieb sich Schlotter seine dürren Finger. Die Idee, die Spritzen auszutauschen, um dem Alten den ersten Gobbot zu injizieren, war schon ein genialer Schachzug. Jetzt würde er die Chance haben, den zweiten Sobbot selbst ins Gehirn des Tattergreises zu schleusen. Zwei Miniroboter in einem Gehirn, das musste einfach funktionieren. Und der Alte würde selbst zu ihm kommen, er bräuchte nur hier zu sitzen und auf sein Opfer zu warten.

Opa Erwin ahmte aus Begeisterung unwillkürlich Schlotters Nuscheln nach und bemerkte nicht die strafenden Blicke des Professors.

«Tschwei Stunden? Zwei? Isch bin pünktlisch wie die Eieruhr, in escht, Profeschschor!»

Mit einem bitterbösen Blick auf Nanolino wisperte er: «Und kommen Sie ohne Anhang der Familie oder Freunde. Vor allem die Großmutter müssen Sie mir vom Hals halten. Verstanden?»

«Aye, aye, Sir!» Wieder schlug der Opa die Hacken zusammen und verließ mit seinem Enkel den Schlotter'schen Schlachthof. Nanolino war ganz schwummerig zumute. Der Großvater hatte unglaublicherweise überhaupt keine Aggressionen gegen Professor von Schlotter. Im Gegenteil – sein Großvater «flog» regelrecht auf dieses Ungeheuer! Hatten sie den Gobbot damals nicht endgültig erledigt?! «Vielleicht», und Nanolino wurde ganz schlecht bei dem Gedanken, «aber vielleicht hat Professor Schlotter es irgendwie geschafft, einen neuen Gobbot in sein Hirn zu schleusen, wie auch immer ihm das gelungen ist.» Und wofür waren all die Gobbots in dem riesigen unheimlichen Raum gut gewesen? Was hatte Schlotter vor?

Wenn es einen neuen Gobbot in Opas Gehirn gab, musste er das Zentrum für Kurzzeiterinnerungen zerstört und womöglich das Zentrum für «unterwürfigen Gehorsam» aktiviert haben, falls es so ein Zentrum im Gehirn geben sollte, oder das Zentrum für Selbstverantwortung schwer gestört haben. Nanolino wurde ganz melancholisch. Hatte er doch gehofft, dass sein Großvater sich ihm und allen Kindern gegenüber freundlicher, zumindest verständnisvoller verhalten würde, nachdem Nanolino ihn von Gobbot befreit hatte. Eine kurze Zeit hatte es ja wirklich so ausgesehen. Eine unglaubliche Wut gegen

Professor von Schlotter übermannte ihn plötzlich. Schon einmal hatte er seinen Großvater von einem Gobbot befreit, und er scheute sich nicht, das Abenteuer noch ein weiteres Mal zu wagen.

«Na warte, wir werden dir noch das Handwerk legen, bevor es zu spät ist. Ich muss jetzt dringend zur Villa Nachtigall – auch wegen meines Beines bzw. meiner Leiste. Aber das wird mich nicht abhalten, das schwöre ich.» Und voller Elan hinkte er schwankend zum Motorrad, wo Opa schon auf ihn wartete. «Los, los, Beeilung, du lahme Ente, ich hab nicht den ganzen Tag Zeit.»

Der Großvater drückte Nanolino die Medikamentenschachtel in die Hand. Nanolino traute seinen Augen nicht. «Ich glaub, ich bin im falschen Film, oder?» Kopfschüttelnd buchstabierte er leise vor sich hin: «‹Ablaufdatum 1.10.1979. Nur für tierärztlichen Gebrauch.› Danke, mir ist schon schlecht.»

Als sein Großvater mit geöffnetem Visier durch ein Plastikrohr, das in den Seitenwagen führte, zu ihm sprach, hörte Nanolino ihm nicht zu.

«Das ist noch ein Herr, der Herr Professor! Hart, aber herzlich, sag ich immer. Wirklich beispielhaft!»

«Der ist absolut verrückt. Und gemeingefährlich, Opa.»

«Ein Wissenschaftler von Weltruf ist Professor Doktor von und zu Schlotter! Ich hab die Zeitungsartikel gesehen! Deine Großmutter, die alte Hexe, hat keine Ahnung! Von ihm könnte sie richtig was lernen!»

Der Großvater rauschte mit knatterndem Motor und quietschenden Reifen an die Zapfsäule einer Tankstelle.

«Ich werd mal eben tanken.» Nanolino stemmte sich gegen das Seitenwagendach, und während Opa Erwin zahlte, gelang es ihm, unbemerkt herauszuklettern. Er humpelte zügig um die Ecke, warf die Plastiktüte mit Schlotters Medikamenten in einen Müllcontainer und erwischte gerade noch einen Autobus.

Zurück in der Villa Nachtigall

Keine halbe Stunde später humpelte Nanolino bedrückt und nachdenklich am Empfang vorbei zum Zimmer von Dr. X. Der Schmerz war zwar heftig, aber zu sehr war er gedanklich mit dem Monster von Schlotter und seiner unheimlichen Entdeckung beschäftigt. «Diesem Ekelpaket müssen wir doch endlich das Handwerk legen», dachte er grimmig und vergaß dabei fast seinen Schmerz. Doch genau in diesem Moment stolperte er über eine Türschwelle und jaulte auf. «Was ist denn los, kleiner Medicus?» Leoberta kam hinter ihm hergerannt und versuchte, ihn aufzufangen. Nanos Gesicht tauchte bei dieser verunglückten Aktion versehentlich in ihrer mächtigen Oberweite unter. Beide rutschten wie ein ungleiches Tanzpaar über das Parkett. Leoberta hielt den winzigen Nanolino sicher in ihren Händen, seine Arme baumelten schlaff an seinen Seiten, und die Krankenschwester presste ihn liebevoll an ihren Busen.

«Oh, 'tschuldigung», stotterte er errötend.

«Nicht der Rede wert, kleiner Mann. Mein Busen ist halt vorwitzig und dadurch schneller als ich.»

«Ja danke, Leoberta. Und obersorry, ich muss richtiges Fallen erst noch lernen, nicht immer werde ich so gemütlich landen. Judo wäre vielleicht gut dazu.» Er versuchte, seine Irritation zu vertuschen.

«Nun wollen wir mal zu Dr. X. Warum humpelst du eigentlich, kleiner Mann? Ach, erzähl es dem Doc am besten selbst, dann brauchst du nicht zweimal dasselbe zu berichten.» Leoberta stellte ihn vorsichtig ab und streichelte ihm nochmal durchs Wuschelhaar. Nano merkte, wie er sich nach der unfreiwilligen Liebkosung von Leoberta gleich viel wohler fühlte. Schlotter hin oder her, jetzt musste er erst einmal sein Bein untersuchen lassen. Vorher ging ja wohl gar nichts.

Dr. X untersuchte gründlich die Leiste von Nanolino, bewegte den Oberschenkel hin und her und drückte vorsichtig auf die Muskulatur. Dabei machte er ein nachdenkliches Gesicht. «Tut es hier weh, oder hier? Huste mal, Nano.»

«Hch, hch», machte Nano, dabei drückte Dr. X einen Finger in die Leiste und versuchte auch mit seinem Zeigefinger, unter das Leistenband zu kommen.

«Nee, kein Schmerz dort, Doktor!»

«Dann bin ich aber erleichtert. Kein Leistenbruch, ich finde keine weiche Stelle hier unten, kleiner Medicus. Brauchst nicht operiert zu werden.»

«Juhu! Au, auhh. Was machst du da?» Dr. X hatte unterhalb des Beckens irgendwo an der Innenseite des Oberschenkels gedrückt.

«Au!» Nanolino strampelte. «Lass das bitte, Dr. X!»

«Oh, sorry. Wahrscheinlich eine Adduktoren-Zerrung, Nanolino. Das haben Fußballspieler häufig dort am Ansatz des Innenmuskels. Überbelastung oder falsches Aufwärmtraining? Viele Sportler vergessen das Warmmachen, aber auch das Stretching nach dem Sport.»

«Meine Oma meinte: vielleicht ein Muskelfaserriss?»

«Glaube ich nicht, da, die dicke Sehne hier – fühl mal!» Und Nanolino tastete in der Tat eine schmerzhafte knochenharte Struktur am Beckenrand.

«Ich dachte, das sei ein Knochen …»

«Nee.» Dr. X grinste. «Mit dieser Sehne ist dein ‹Heranziehmuskel›, dieser Adduktor, wie wir ihn

Grossmutters Rezepte

Der schweißtreibende Erkältungstee

MAN NEHME:

20 g Hagebutten mit Kernen
14 g Kamillenblüten
14 g Lindenblüten
14 g Holunderblüten
11 g Brombeerblätter
10 g Weidenrinde
5 g Hibiskusblüten
5 g Pfefferminzblätter

Du übergießt 2 Teelöffel dieser Mischung mit 1 Liter kochendem Wasser und lässt es 10 Minuten stehen. Dann langsam schluckweise austrinken, möglichst sehr warm. Der Schweißfluss wirkt heilend.

Bei stark schleimender Erkältung kannst du allein oder zusätzlich auch noch einen Esslöffel von Bibernellenkraut in 1 Liter heißen Wassers gelöst zusätzlich zum obigen Tee dazumischen.

nennen, am Beckenrand befestigt. Bei Reitern und Turnern ist dieser Muskel besonders stark ausgebildet. Ein Faserriss würde mehr hier unten im Muskelgewebe schmerzen. Tut's da weh?»

«Nö. Vielleicht ein wenig?!»

«Gut, dann werde ich schnell noch ein Ultraschallbild machen, um eine Einblutung und damit einen Einriss auszuschließen. Eine Kernspinaufnahme wäre noch besser zur Dokumentation. Wenn du Spitzensportler wärst, würde ich die sofort durchführen. Aber so bin ich mir ziemlich sicher, dass nichts Schlimmes bei dir vorliegt.»

«Aber ich bin doch spitze», versuchte Nano zu flachsen.

WAS IST EIGENTLICH …

Eiweiß?

Aus 50 000 verschiedenen Eiweißen besteht dein Körper! Wusstest du das? 50 000 verschiedene winzige «Ostereier», die überall versteckt herumliegen!

Eiweiße können ganz unterschiedliche Strukturen annehmen. Wie das Eiweiß in einem leckeren Hühnerei findest du diese Eiweiße, sogenannte **Proteine**, auch in deiner **Muskulatur**, damit die Muskeln sich anspannen und lockern können. Aber auch als Postboten werden sie in Form von **Hormonen** tätig, um Botschaften im Körper zu übertragen, oder sie wirken als Verdauungssäfte der **Enzyme**. Auch sind sie bei der Bildung von **Zellmembranen** oder **Antikörpern** bei der Infektabwehr tätig.

Die Grundbausteine deiner Proteine sind die **Aminosäuren**. Davon hast du 21 Stück. Und ihre Anordnung, ihre jeweilige Anzahl oder Reihenfolge bestimmt deren Wirkung im Organismus.

In Zeiten des Energiemangels, z. B. bei Hunger, werden die Aminosäuren auch im Energiestoffwechsel verbrannt. Normalerweise sind sie dem Körper aber zu kostbar und bleiben erhalten und können sich in deinen Muskeln durch Sport stark vermehren. Also dann? Nichts wie ran!

«Aber noch kein Spitzensportler. Was nicht ist, kann ja noch werden. Dann wolln wir mal … Schwester!» Er rief nach Leoberta. «Schwester!» Fast panisch kam sie hereingestürmt, vom fliegenden Koffer verfolgt.

«Ich kann ihn nicht abschütteln, Doktor. Verflixt, bleib mir weg von meiner Frisur!» Sie schlug irritiert mit ihrer Hand aus. Der Koffer machte sofort einen Bogen und flog schnurstracks auf Dr. X zu.

«Was machst du denn hier, kleiner Koffer?» Alle hatten nicht mitbekommen, dass Micro Minitec im Hintergrund agierte. Sie hatte gerade eben wieder an der neuen Software herumgetüftelt und dabei Nanolino schreien gehört. Jetzt machte es ihr wirklich riesigen Spaß, Leoberta zu necken und den Koffer per Gedanken zu steuern. So flog der verrückte Arztkoffer nun – kaum war er bei Dr. X gelandet – wieder zur Krankenschwester zurück und umkreiste sie einige Male wie eine Mücke. Leoberta wurde zunehmend hektischer, zumal der Koffer noch surrte, ihr auch noch zuzwinkerte und – als wolle er nach ihr schnappen – den Deckel öffnete.

«Hör auf, du dummes Viech!» Sie schlug noch einmal in die Luft.

«Ach, liebste Leobertine», lachend nahm sie Micro Minitec in den Arm, «ist doch nichts Schlimmes, ich wollte dich nur ein wenig foppen.» Leoberta sah Micro ungläubig an.

«Lass das gefälligst in Zukunft, du weißt, wie schreckhaft ich bin.» Dann brach sie selbst in schallendes Gelächter aus, als sie sah, wie der Koffer sich vorsichtig auf Dr. X' Schenkel niederließ, sich öffnete und das Monitorbild sich mit einem Summen automatisch anschaltete. Vorsichtig untersuchte der Doktor mit dem Ultraschall aus dem Koffer den Oberschenkel. Peinlich genau führte er den Schallkopf auf und ab. Dabei erklärte er genau, was er sah, und Schwester Leoberta notierte den Befund in Nanos Akte. «Also, lieber Sportassistent. Das hier ist also wirklich alles o.B., ha… ha – hatschi … hier.» Dr. X hielt sich die Hand vor den Mund und nieste.

«Wieso? Ich und BH?» Nanolino war gedanklich noch zu sehr mit seinem Rutsch durchs «leobertinische Gebirge» befasst.

«Nein, o.B. bedeutet ohne Befund», sagte Dr. X tiefernst, dabei zwinkerte er amüsiert Leoberta und Micro Minitec zu.

«Außerdem hast du keinen Muskelfaserriss. Aber wegen der Zerrung musst du jetzt einige Wochen mit dem Training aussetzen. Sei vorsichtig mit Drehungen und anderen kraftvollen Bewegungen. Gleich werde ich dich akupunktieren – das kennst du ja schon!»

«Super, ja klar.» Nano war echt erleichtert. Hatte er doch schon das Schlimmste befürchtet.

«Zum Glück ist es doch kein Muskelfussel-Leisten-Bruchriss mit

WAS IST EIGENTLICH …

eine Krankengymnastin?

Nach Verletzungen, Sportunfällen, Lähmungen oder nach Operationen bzw. während der Therapie von Bandscheibenvorfällen, Arthrosen oder nach Knochenbrüchen unterstützt eine Krankengymnastin – auch Physiotherapeutin genannt – den Heilungsprozess. Sie führt beispielsweise gezielte Übungen durch, damit geschrumpfte Muskulatur gestärkt oder eine eingeschränkte Beweglichkeit wieder normalisiert wird. Dies geschieht entweder nur mit den Händen und Körpereinsatz oder mit Unterstützung von Bällen, elastischen Bändern und anderen Sportgeräten. Ein Krankengymnast kann auch massieren oder mit elektrischen Geräten eine gezielte lokale Schmerztherapie durchführen. Man nennt diesen Vorgang **Rehabilitation**, also Wiederherstellung – wenn möglich – des Normalzustandes. Jede Rehabilitation dient gleichzeitig häufig auch zur Verhinderung eines neuen Schadens. Aber auch in der Vorbeugung vor Krankheiten, der **Prävention**, ist diese Berufsgruppe engagiert. Damit ist dieser Beruf ein ganz bedeutender in unserem Gesundheitssystem. Das wird häufig vergessen!

gemeiner Hüftluxation oder so was Ähnliches», scherzte er. «Ich war wirklich in totaler Panik, dass ich nie wieder Fußball spielen kann.»

«'ne Zerrung hat jeder Sportler schon mal gehabt. Du musst aber aufpassen, dass sie nicht immer wieder an derselben Stelle auftritt. Deshalb: Erst warm machen, dann spielen! Du kleiner Wirbelwind.» Dr. X hatte, während er erklärte, vorsichtig seine Nadeln platziert.

«Und gleich noch abschwellende Salbe drauf und von einer Krankengymnastin behandeln lassen. Dann bist du bald wieder fit.»

«Au fein», juchzte Nanolino und freute sich schon auf die Massage und die Krankengymnastik. Denn schon seit langem wollte er wissen, was Krankengymnasten machten. Seine Oma hatte schon länger sein Interesse geweckt, als sie ihm die Wickel erklärte.

Ein schrecklicher Verdacht

Nach seiner Behandlung ging es Nanolino gleich viel besser. Sein Verdacht, Opa Erwin könnte einen neuen Gobbot im Gehirn haben, ließ ihn aber nicht los. Er wollte Micro fragen, ob es irgendeine Möglichkeit gab, dass Schlotter Zugriff auf Opas Gedanken hatte. Schließlich hatte sie vor langer Zeit für Schlotter gearbeitet und war die Einzige, die sich mit Robotern noch besser auskannte als er. Dabei musste er an den Anblick der vielen Gobbots denken, die er im Verborgenen entdeckt hatte. Ein Schauer lief ihm über den Rücken.

Leise betrat er Micros Arbeitszimmer. «Micro?», fragte er vorsichtig. «Hast du kurz Zeit?» Micro sah auf. «Na klar, für dich doch immer, kleiner Medicus. Lass mich nur noch eben diesen Verkleinerungsprozess beenden!» Andächtig über eine kleine blau-goldene Sphinx mitten zwischen den immer noch gewaltigen Papierbergen ihres Schreibtisches gebeugt, bediente sie gerade äußerst behutsam mit zusammengekniffenen Lippen gleichzeitig mehrere Drehknöpfe am Fuß des Plastiktieres. Die Sphinx zuckte merklich, Lichter flackerten im Inneren auf.

«Was, was machst du denn da?» Durch das blau schimmernde Glas in der Mitte der Sphinx sah man medizinische Instrumente kleiner und kleiner werden. Auch ein EKG-Gerät war dabei. Doch nur jeweils ein Gegenstand schrumpfte nach dem anderen in unterschiedlichen Verkleinerungseinheiten.

«Nano, das ist eine andere Tischschrumpfmaschine als die, die ich bei Jimmy im Einsatz hatte. Nur für medizinischen Gebrauch. Hier drin kann ich gezielt einzelne Materialien innerhalb von Strukturen verkleinern, ohne umliegende Gegenstände oder Gewebe mit zu mikrotisieren. Auch beim Vergrößern wird nur ein

einziges Element exakt identifiziert. Schau her.» Und Nanolino sah staunend, wie das EKG-Gerät im Zeitlupentempo unsichtbar wurde.

«Okay, das hat funktioniert», meinte Micro befriedigt. «Und jetzt schieß los!», sagte sie aufmunternd zu Nanolino.

Nanolino setzte sich zu ihr, sein Bein schmerzte noch immer ein bisschen, sodass er nicht die ganze Zeit stehen wollte. Dann erzählte er Micro, wie sein Opa ihn zu Schlotter gelotst hatte. Er beschrieb die wahnsinnige Anzahl von Gobbots in allen Größen und Formen, die er gesehen hatte. Micro wollte es nicht glauben. «Er hat eine Armee von Gobbots geschaffen. Was auch immer er im Schilde führt, wir müssen ihn aufhalten», murmelte sie leise.

«Ja, und das Schlimmste ist, ich glaube, er hat Opa in seiner Gewalt.» Jetzt, da Nanolino das erste Mal aussprach, was er die ganze Zeit vermutet hatte, erschien es ihm wie ein böser Traum.

«Wie?» Micro klang ungläubig.

«Ja, echt! Ich mach mir solche Sorgen. Micro, du musst helfen!» Er sah sie flehend an.

«Ach, das kann doch gar nicht sein. Wach auf, Nano, du träumst. Dein Großvater muss doch die Nase noch restlos voll haben vom letzten Mal. Obwohl», sie kam ins Grübeln, «es ist natürlich schon seltsam, dass er dich ausgerechnet zu Schlotter bringt. Vor ein paar Tagen noch war er bei uns wegen seiner Spritze gegen Arthrose, da war er noch zufrieden mit Dr. X' Behandlung.»

«Ja!» Nanolino war außer sich. «Er himmelt Schlotter förmlich an. Wollte mich doch sogar von ihm verarzten lassen. Das musst du dir vorstellen …» Angeekelt schüttelte er sich.

«Dieser Möchtegernarzt hat mir doch echt eine Schachtel Tiermedizin in die Hand gedrückt, mit abgelaufenem Datum – aus dem letzten Jahrhundert. Dieser Typ ist echt übel! Ich habe den Verdacht, Schlotter ist es gelungen, Opa einen neuen Gobbot zu injizieren. Er hat sich so verändert, und er vertraut dem üblen Professor voll und ganz. Micro? Hörst du mir überhaupt zu?» Nano stupste sie mit dem Ellenbogen an.

Micros Augen starrten entsetzt ins Weite.

«Ich hab mir schon fast so etwas gedacht! Als euer Opa das letzte Mal hier war, hat er seine Motorradmütze liegenlassen. Rappel hat sie auf dem Boden gefunden, und als ich sie aufhob, habe ich eine kleine Kamera darin entdeckt. Ich hatte wirklich so eine Vorahnung, dass Schlotter wieder aktiv ist.»

In diesem Moment vibrierte Nanolinos Handy und schien Purzelbäume in seiner Hose zu schlagen.

«Hallo, guten Morgen. Hier Privatsekretariat des Papstes in Rom. Prälat Sonntag am Apparat. Was kann ich für Sie tun?», meldete er sich mit wichtiger Stimme und seinem Nachnamen.

Es war Marie. «Nanolino? Wo steckst du denn? Ich hab mir solche Sorgen um dich gemacht. Opa ist wieder hier aufgetaucht und war ganz komisch drauf. Er konnte mir nicht sagen, wo du bist, als hätte er dich vergessen, und hat die ganze Zeit nur so vor sich hin gemurmelt, er müsse bald wieder los und er habe es doch versprochen. Dabei hat er eine Stunde auf die Küchenuhr gestarrt, ist dann aufgesprungen und weggefahren. Er hat überhaupt nicht mit mir geredet, voll gruselig war das! Wo wart ihr denn?»

«Marie, ich kann dir das jetzt nicht alles erklären, das würde zu lange dauern. Vertrau mir einfach. Sag allen anderen Bescheid, Frido, Ali, Manu und Eliza, und kommt so schnell wie möglich zur Villa Nachtigall. Hast du verstanden?»

Marie spürte, dass sie jetzt keine Fragen stellen sollte. «Ja, gut, wir beeilen uns», war ihre knappe Antwort, dann legte sie auf.

Nanolino drehte sich zu Micro um. «Die anderen werden in Kürze hier sein. Micro, wir brauchen einen Plan!»

«Gemach, gemach und denke nach», versuchte sie ihn zu beruhigen. «Bis die anderen hier sind, können wir nichts tun. Ich habe eine Idee, aber die kann ich nur verraten, wenn alle beisammen sind. Bis dahin versuchen wir, noch ein bisschen Ruhe zu bewahren und Kraft zu schöpfen für das bevorstehende Abenteuer. Ich würde vorschlagen, wir begießen jetzt erst mal meine wachsenden Häuser …»

Micro Minitecs Wasserraum

«Bitte was?» Nano glaubte, nicht richtig gehört zu haben.

«Was musst du gießen, Häuser?», wiederholte er deshalb mit gerunzelter Stirn und schüttelte ungläubig den Kopf.

«Du hast schon ganz richtig gehört. Ein wachsendes Haus habe ich entwickelt. Ich dachte, ein Gebäude, das voll recycelbar wäre und aus nachwachsenden Rohstoffen besteht, wäre *der* Renner. Und dann habe ich noch eins obendrauf gesetzt. Warum sollten eigentlich die Rohstoffe nicht gleich an Ort und Stelle wachsen, und dann direkt in Hausform? Das spart den Transport, und keine Bäume müssen gefällt werden. Was man alles aus Materie so machen kann, was meinst du?»

«Ja, ja, aber ja, natürlich.» Er wusste nicht, was er davon halten sollte, wollte aber auch nichts Falsches sagen. Micro nahm eine oran-

GESUNDHEITSTIPPS VON DR. X

Kraft aus Saft!

Kannst du dir das vorstellen, dass nicht nur du in Zukunft ganz viel Energie und Kraft aus Säften beziehst, sondern auch Batterien mit zuckerhaltigem Wasser laufen? Brennstoffzellen, die mit Limonade oder Fruchtsaft arbeiten können, ein altes Prinzip, aber bisher technologisch noch gar nicht richtig weiterentwickelt. Es gibt weltweit, vor allem in Amerika, viele Entwicklungsaktivitäten für neue Batterien. Forscher und Entwickler nutzen ein ganz einfaches Prinzip. So wie auch du aus Zucker Energie gewinnst, machen es alle anderen Lebewesen. Diese Energie, die beim Verdauen von Zucker gewonnen wird, besteht aus Elektrizität. Warum hat man dann bisher so wenige Batterien auf diese Art und Weise gebaut? Weil die eiweißhaltigen Enzyme, die dazu benötigt werden, die Oberfläche der Batterien zu stabilisieren, bisher immer zu schnell kaputtgegangen sind. Jetzt hat man aber schwammartige neue Batterien entwickelt, die diese Enzyme viel länger halten können. In ca. 3 bis 5 Jahren wirst du vielleicht als Ladegeräte für Mobiltelefone Saftbatterien, möglicherweise sogar Cola-Batterien einsetzen. Freu dich schon mal drauf! Vor allen Dingen sind diese Batterien auch biologisch abbaubar. Du kannst sie dann einfach auf den Müll werfen, wenn sie verbraucht sind. Toll, oder?

gefarbene Gießkanne und goss eine farbige Flüssigkeit auf verschieden große Gegenstände, die entfernt an Eier erinnerten.

Nano versuchte, seine Ungeduld und Sorge um Opa zu bändigen, und sah noch einmal genauer hin, und tatsächlich:

«Das kann doch nicht wahr sein. Spinne ich …», dachte er.

In einem Etwas, das so groß war wie ein Straußenei, sah er plötzlich bogenförmige Öffnungen, die wie Türen und Fenster anmuteten.

«Verrückt, da kann man ja sogar hineinsehen, das sind ja klitzekleine Fenster. Mensch, Micro, dahinter sind richtige kleine Räume.

Ich fass es nicht. Und auch bei den kleineren Eiern. Einfach unglaublich! Das ist phantastisch …»

«Ja, nicht wahr? Nachher zeige ich dir noch meine großen Wohn-Eier und die Wohnbüros im Park. Sie sind einfach zu schön. Man muss sie nur richtig mit einer Spezialmixtur düngen, dann wachsen sie im Regen weiter. Besonders stolz bin ich auf das fahrbare Spezial-Ei. Aber das hat Zeit.»

«Das ist ja toll!»

«Danke, und ich kann schon lange vorher ihre Zukunftsgröße und Lebensdauer programmieren, bevor sie auf dem Kompost wieder zu Mutterboden rekultiviert werden. So bekommt man ideale kleine Wohneinrichtungen: ganz kleine für Kinder, noch kleinere für Tiere und größere für die Erwachsenen. Die kann man dann in allen Farben kunterbunt anstreichen. Aber für dich hab ich jetzt noch etwas ganz Besonderes in petto – komm mit, wir werfen noch schnell einen Blick auf mein Wasserhaus.»

«Bitte was?»

«Richtig gehört.» Micro führte Nano in einen anderen Raum, in dessen Mitte ein Häuschen stand, das zu fließen schien und wunderschön silbrig glitzerte. «Sieh mal, all die Wände sind aus kleinen Wasserfällen konstruiert, und wenn man sich in ihrer Nähe bewegt, dann …» Sie gingen auf das kleine Gebäude zu, durch dessen Wände sie wie durch dünne Gardinen ins Innere schauen konnten.

«Irre, Micro Minitec. Das Wasser hört ja sofort auf zu fließen, und man kann durch die Wände gehen. Unglaublich!» Sie gingen ins Innere des Wasserhauses. Eine unglaubliche Ruhe erfüllte Nano schlagartig. Das Plätschern des fließenden Wassers um ihn herum ließ ihn zu sich kommen, und er fühlte, wie er sich endlich ein wenig entspannte. Er blickte um sich.

«Achte mal auf die Transparenz.» Nanolino drehte sich im Inneren des Hauses um sich selbst und konnte sowohl durch die Wände der anderen Zimmer sehen als auch die wundervolle Parkanlage der Villa Nachtigall bewundern.

«Als wenn wir mitten in dieser Blütenpracht stehen würden. Echt irre», wiederholte er.

Sie gingen aufs Nachbarzimmer zu. Keine Tür zu sehen, aber die zarte Wand öffnete sich in ein sehr großes Bürozimmer mit einem beeindruckenden riesigen Bild über dem Schreibtisch.

«Das ist ja der Papst mit dem Dalai-Lama, und, und … das gibt es doch gar nicht! Dahinter sind ja noch mehr Bilder, die durchschimmern …»

«Genau, die Bilder überlagern sich. Deshalb gefällt mir das Gemälde dieser jungen Künstlerin ja so. Zum Papst und dem Dalai-Lama gesellen sich im Hintergrund noch ein jüdischer und ein arabischer Geistlicher sowie ein Hindu, Bischof Tutu, Martin Luther und ein orthodoxer Gelehrter hinzu.»

«Äh?»

«Was du da siehst, ist ein bedeutendes Kunstwerk als Symbol für die dringend notwendige Versöhnung der Weltreligionen. Symbolisch reichen sich der Dalai-Lama und der Papst hierzu die Hand, und die Repräsentanten der anderen Religionen sind friedlich mit dabei. Toll, oder?»

«Ja, Versöhnung wäre zu schön.» Versonnen ließ Nano seinen Blick schweifen. «Die Menschheit ist doch so bekloppt, sich darum zu streiten, wer den richtigen Glauben hat oder wie Gott aussieht.»

«Wie meinst du das, mein kleiner Medicus?»

«Glaubst du an Gott, Micro Minitec?»

«Ich weiß es nicht wirklich. Ich bin Wissenschaftlerin und brauche Beweise. Also eigentlich bin ich Atheistin, das heißt, ich glaube nicht an einen Gott. Aber manchmal … denke ich, da muss es auch noch was anderes geben, das sich uns entzieht, etwas Größeres, Höheres.» Sie wurde ganz ernst. «Auf jeden Fall möchte ich, dass die Menschen Frieden miteinander schließen, deshalb finde ich dieses Bild so bedeutend. Und außerdem gibt es meiner Meinung nach eine universelle Kraft der Natur, die alles zusammenhält.»

«Vielleicht ist das ja auch Gott. Kein Mensch wird es doch je wissen, wie unser Schöpfer aussieht, ob unser Gott männlich oder weiblich, weiß oder schwarz, Christ oder Muslim ist. Vielleicht ist er ja ein Kind», Nano guckte sie dabei verschmitzt von der Seite an, «oder er hat gar keine Gestalt und ist nur Geist. Oder, Micro, was meinst du?»

«Genau.» Sie war verblüfft über diese philosophischen Anwandlungen ihres Schülers. Ja, sie fühlte sich schon wie eine Mutter und Lehrerin gleichzeitig, eine medizinische und ökotechnische sozusagen. Aber lernen konnte sie auch eine ganze Menge von dem kleinen Mann. Sehr ungewöhnlich, wirklich!

«Wenn es einen Gott geben sollte, und davon gehe ich aus, dann amüsiert er sich sicher über die Kindereien der Menschheit, oder er ist jetzt total traurig oder beides …», meinte Nano nachdenklich.

«… aber er wäre dann auch sehr erzürnt über den ganzen Irrsinn, den die Menschen mit unserem Planeten anstellen», gab Micro zu bedenken.

«Mit Recht! Kriege in und um Gottes Namen, Unterdrückung von Völkern und … Kampf um Öl und Wasser, Ausrottung von Tieren und Kulturen. Welch eine Sauerei, was die Erwachsenen anstellen, Micro. Ich schäme mich so für sie.» Nano war den Tränen nahe.

«Genau, Ausräubern der Bodenschätze der Welt, Verschmutzung von Boden, Luft und Wasser. Deshalb, Nanolino, versuche ich ständig, neue nutzbringende Geräte und andere Verrücktheiten zu erfinden. Eben auch diese nachwachsenden Eier-Gebäude dort oder dieses Wasserhaus hier mit recyceltem Wasser der Miniwasserfälle, die ständig mit Solarenergie umgepumpt werden. Das Haus ist mit fahrbaren hydraulischen Stempeln ausgestattet, welche die Dachhöhe und Zimmergröße verändern können, und kann überall ruck, zuck aufgebaut werden. Wie ein Zelt.»

«Und wie hast du das Gemälde an der Wand befestigt, Micro?» Sie lächelte verschmitzt.

«Gar nicht! Da ja die Geste der Versöhnung der Menschheit noch Illusion ist, ist auch das Bild sozusagen Illusion. Eine Computer-Animation, die mit einem Beamer auf die Wand gestrahlt wird. Ein flüchtiges Bild, das jederzeit wieder verschwinden kann, wenn ich will. Aber jetzt gibt mir dieses Bild Zuversicht! Komm, holen wir uns noch mehr davon!» Sie gingen auf die Wand zu, der Wasserstrahl versiegte, das Bild verschwand, und sie betraten einen mit orangefarbigem Licht durchfluteten leeren «Wasserfallraum», in dem eine zarte Melodie sie einhüllte und gefangen nahm. «Wo sind wir denn hier gelandet?», staunte Nano.

«Das ist meine Gedankenfindungs-Höhle, Nano. Andere würden es vielleicht Meditationsraum nennen. Hier finde ich meine innere Ruhe und schöpfe daraus Kraft und Inspiration. Die Wasserwände hüllen mich ein und isolieren die Außenwelt, Schall und ‹Rauch› genauso wie Hitze und Kälte. Hier entstehen die Ideen zu meinen Erfindungen, Nano. Ich liebe diesen Raum. Hier sind mir auch die voll recycelbaren Wohneier eingefallen. Der Gedanke, der mich dabei leitete, war der biblische Spruch: Asche zu Asche, Staub zu Staub …»

«Aus der Erde geboren werden, zur Erde zurückkehren und aus der Erde wiedergeboren werden. Das ist der Zyklus, den wir alle möglicherweise durchlaufen.» Dr. X' Stimme riss die beiden aus ihren Träumen. Unbemerkt hatte er sich zu den beiden gesellt. «Micro Minitec hat unter diesem Blickwinkel eine sensationelle neue Erfindung mit ihren nachwachsenden Wohn- und Büroeiern ins Leben gerufen. Ich bin so stolz auf dich», sagte Dr. X. Er legte seinen Arm kameradschaftlich um sie. Sie legte ihren Kopf zärtlich an seine Schulter.

«Wir wissen nicht, woher wir kommen, wenn wir auf die Welt kommen, und wohin wir gehen, wenn wir sie wieder verlassen», fuhr Dr. X fort. «Aber dankbar gestalten, alles tun, was in unseren Kräften steht, um die Erde wohnlicher, zukunftsfähiger zu machen, das ist unsere Aufgabe als Menschen. Und eine schöne dazu. Und neue Erfindungen, wenn sie denn dem Menschen dienen, gehören dazu …»

Plötzlich klingelte es an der Tür der Villa Nachtigall, und Dr. X wurde jäh in seinen Ausführungen unterbrochen. «Endlich!», entfuhr es Nano. «Das sind die anderen! Genug geredet über die Welt. Jetzt retten wir Opa!»

Ein verrückter Plan

Marie und die anderen hatten endlich die Villa Nachtigall erreicht und waren nun gespannt, was Nano ihnen zu erzählen hatte. Noch einmal fasste er die Erlebnisse in der Schlotter-Klinik zusammen. Die anderen konnten es kaum glauben. «Wir müssen etwas tun!», rief Marie.

«Genau! Opa Erwin ist anscheinend wieder in Gefahr. Er hat sich wieder ins Institut für experimentelle Demagnifizierung zu Professor Schlotter begeben. Nanolino konnte gerade noch entkommen. Deshalb ist er hier, und wir brauchen jetzt einen Plan, wie wir Schlotter und Scherge überlisten und stoppen können.» Micro war genauso aufgeregt wie die anderen.

Aufgewühlt rannte die kleine Gruppe ratschlagend in der Villa Nachtigall auf und ab, Nanolino humpelte mit. «Was sollen und können wir tun? – entführen oder fesseln – er kennt schon unsere alte Strategie, aber wir könnten doch … Vielleicht müsste man – diese Ungeheuer, man sollte sie einsperren lassen! – Polizei? – Aber da sind wir doch viel geistreicher, schneller und effektiver.» Und vieles mehr wurde angeregt und sofort wieder verworfen. Doch Opa Erwin war damit nicht geholfen.

«Ich hab's», schrie auf einmal Micro Minitec und schlug Dr. X kräftig auf die Schulter. Der zuckte zusammen und starrte sie erschrocken an, wobei sein Monokel sich selbständig machte und fast auf den Boden gefallen wäre.

«Mensch, pass doch auf, Minitec», raunzte er und fing im letzten Moment das Glas geschickt mit der linken Hand auf. Aber Micro Minitec war außer sich, hörte die Beschwerde gar nicht mehr und tanzte fröhlich pfeifend auf dem Flur herum.

«Oh, wie ist das Leben schön, es ist einzigartig!», komponierte sie spontan. «Herrlich, herrlich, einfach einzigartig», und riss damit die anderen in den Bann ihrer Fröhlichkeit.

«Oh, wie ist …», fing sie wieder an.

«Los, Micro, sag schon!», drängelte Dr. X.

«Also, liebe Leute, meine einzigartige Idee lautet: Wir fahren jetzt gemeinsam zu Professor von Schlotter.»

«Phantastisch! Eine Wahnsinnsidee», bemerkte Dr. X ironisch.

«Warte, warte, Xchen. Meine Taktik ist mehr asiatischer Natur. Die musst du ja gut kennen als alter Kung-Fu-Fighter. Wir bringen Schlotter zum Schlottern.»

«Das wird ja immer besser. Da bin ich aber mal gespannt!» Die Ironie war noch immer nicht ganz aus seiner Stimme verschwunden.

«Also, passt gut auf! Vor kurzem, als ich das erste Mal den fliegenden Arztkoffer ausprobierte …» Die Freunde erinnerten sich noch genau daran, schließlich waren sie bei den ersten Flugversuchen dabei gewesen.

«… da hatte ich die Idee, dass man das natürliche Sonnenlicht auch auf eine andere Weise nutzen könnte. Unser russischer Ingenieur hat mich auf die Idee mit der Solarenergie gebracht. Erst vorhin bin ich mit meiner neuesten Erfindung fertig geworden.» Sie holte drei schwarze lange Röhren hervor, mit einem knubbeligen Kugelende, die aussahen wie komische Taschenlampen. An der Seite war ein gelber Knopf.

«Was denn, eine Taschenlampe?» Fridos Stimme klang enttäuscht. «Das ist doch nix Neues.»

Doch Micro Minitec lächelte ihn nur an. «Nein, keine Taschenlampe. Ein Sonnenlichtstrahler. Hier kann man Sonnenstrahlen einfangen und auf Knopfdruck wieder abgeben. Wie eine Taschenlampe, nur mit natürlichem Sonnenlicht.» Und bevor sie wieder unterbrochen wurde, redete sie schnell weiter:

«Und Schlotters Augen sind doch sehr lichtempfindlich, weil er so lange in dunklen Kellern und finsteren Löchern gehaust und geforscht hat.» Jetzt unterbrach Nanolino sie doch.

«Ach, deswegen mussten wir heute in diesen düsteren Behandlungsraum, in dem man kaum etwas sehen konnte. Mensch, Micro, einfach genial! Wir blenden ihn direkt in die Augen und können ihn dann einfach überrumpeln.» Micro nickte stolz.

«Und dann?» Dr. X hatte offensichtlich noch jede Menge Zweifel. Was hatte dies alles mit asiatischer Kampfkunst zu tun? Da wurden keine Lichtstrahler zum Kampf eingesetzt.

«Dr. X, du kennst doch am besten die Technik des Umleitens von zerstörerischer Energie des Gegners auf ihn selbst, den Angreifer, zurück, zum Beispiel aus dem Aikido. Weich bleiben, sozusagen!»

«Sicher. Angenommen, es klappt, und dann?»

«Wir umringen Professor von Schlotter an seiner Schrumpfmaschine und werden ihn zusammen mit seinem Ekelpaket Scherge isolieren. Ich übernehme das Steuer an der Maschine, du den Professor, und Nanolino wird mit seiner Schwester oder Eliza …»

Ein lautes Schlucken war im Raum zu vernehmen. Nanos Herz setzte einen Moment aus, als er den geliebten Namen ausgesprochen hörte.

«Super», platzte es aus ihm heraus. «Damit bin ich total einverstanden!»

Micro und der Doktor sahen sich vielsagend an.

«Und wie übernehmen wir das Steuer?» Richtig überzeugt schien Dr. X immer noch nicht.

«Da ich die Grundelektronik und Steuerung der Schrumpfmaschine selbst erfunden und entwickelt habe, wird es mir nicht schwerfallen, sie zu bedienen. Ich werde unsere erfahrensten Korponauten, Marie und Nano, vor Ort mikrotisieren und sie in der Aquarius in Opa einschleusen. Und dann werden wir sehen, ob dort Gobbots sind oder nicht.»

«Also den Gegner dort schlagen, wo er es am wenigsten erwartet. Nämlich zu Hause!», jubelte Dr. X.

«Genau, Xchen.» Sie tanzte vergnügt pfeifend wieder herum.

«Aber Microtissima. Sag mal, wie willst du denn unseren kleinen Korponauten und das U-Boot steuern? Und wie sollen wir von außen wissen, wo die beiden sind? Wie sollen wir mit ihnen kommunizie-

ren? Wir haben bei Schlotter doch nur Schrott rumstehen … Unsere Super-Technik müssen wir hierlassen.»

Abrupt setzte das Pfeifen aus, Micro Minitec blieb mitten im Tanz auf einem Bein stehen und ging regelrecht in die Knie.

«Mist, daran habe ich nicht gedacht, ich Idiot!»

Nano schluckte und wurde ganz blass. Aber genauso schnell, wie sie in die Knie gegangen war, schoss sie auch schon wieder hoch.

«Doch natürlich. So geht's! So ist's perfekt …», rief sie und fing wieder zu pfeifen an, die zweifelnden Blicke ignorierend.

«Meine Damen und Herren», begann sie betont feierlich. «Da draußen steht doch mein fahrbares Spezial-Ei. Kommt mit!»

Sie schubste die anderen quasi aus der Tür und auf den Vorplatz der Villa Nachtigall.

«Los, los, kommt schon. Und du auch, Leoberta, wir brauchen gleich deine Hilfe!» Schwester Leoberta hätte fast ihre überdimensionale rote Brille verloren, die sie wie eine übergroße Ameise aussehen ließ.

«Du musst den fahrbaren Tomographen mit Karacho zum Schlotter fahren. So schnell es geht! Wir müssen mal wieder Opa Erwin befreien.»

Ungläubig kniff Leoberta Mund und Augen zusammen und schüttelte den Kopf. «Nicht schon wieder», presste sie heraus.

Mittlerweile hatten sie das eiförmige Fahrzeug erreicht.

«Sieht ja aus wie eines deiner Öko-Häuser, Micro Minitec.» Nano war etwas enttäuscht, er hatte ein spektakuläres Fahrzeug erwartet, das eiförmige Etwas begeisterte ihn erst mal nicht besonders.

«Genau. Eine nachwachsende Kabine, nur das Fahrgestell wurde klassisch gebaut», erklärte sie stolz.

«Mensch, Micro, ich bin platt», sagte Dr. X. Er hatte das Fahrzeug zwar schon gestern vor der Villa stehen gesehen, aber noch keine Zeit gehabt, sich näher damit zu befassen.

«Im Innenraum habe ich einen Tempel mit starken Magneten eingebaut, mit denen kann man in das Innere von Menschen hineinsehen. Keine Röhre, kein Ring – nur ein kleiner Tempel und Behandlungstisch in der Mitte. Wir werden gleich beim Schlotter vorfahren, deinen Großvater hier hineinbugsieren und Nano und Marie dann wieder auf die Reise schicken», erklärte Micro ihren Plan.

Nano nickte zustimmend.

«Und auf den Leinwänden, die an den Wänden angebracht sind, können wir wie in der Villa Nachtigall genau die Organe beobachten, eure Position überwachen und das U-Boot steuern – falls nötig. Auch endoskopische Bilder aus der Umgebung der Aquarius werden wir hier draußen sehen.»

Insgeheim freute Nano sich schon wieder auf die Reise und die spektakulären Aussichten. Hoffentlich gemeinsam mit Eliza. Ihm wurde ganz warm ums Herz. Dann hielt er kurz inne. «Passen wir denn da alle rein?», fragte er unsicher und sah sich um. Sie waren ja doch ziemlich viele, Dr. X, Leoberta und Micro, Marie, seine Freunde

Qigong und Tai-Chi

Qigong und Tai-Chi sind chinesische Gesundheits- und Heilgymnastiken, die seit Jahrtausenden in der Traditionellen Chinesischen Medizin angewandt werden. Der Begriff **Chi** (Qi) steht für die sogenannte **Lebensenergie**, also die gesamte Kraft, die du spürst bzw. die dich durchdringt, damit du überhaupt leben kannst. Diese deine individuelle Lebenskraft wird durch **einfache Bewegungen** und **bewusstes Atmen** und eine nach innen gerichtete Aufmerksamkeit gestärkt.

Die Chinesen sprechen auch von der Chi-Kraft und definieren damit eine unerschöpfliche Lebenskraft, die dir Wohlbefinden und gute Lebensqualität geben soll. Je mehr Energie, je mehr Chi ein Mensch hat, je besser es fließt, umso gesünder und vitaler soll er sein. Chi-Mangel führt zu Krankheiten.

Beim Tai-Chi gibt es besondere Bewegungen und **Haltungen**, die auf ganz bestimmte Bewegungsformen und Grundspannungen der Muskulatur ausgerichtet sind. Langsames Üben und Bewegen von Muskeln, Sehnen und Gelenken, die damit sanft gedehnt und gestärkt werden, sind oberstes Prinzip von Tai-Chi und Qigong. Es gibt immer wiederkehrende Bewegungsformen, die unendlich oft mit und ohne Musik wiederholt werden müssen, damit sie wie im Schlaf ausgeführt werden können. Die meisten Übungen des Tai-Chi wurden früher zur Selbstverteidigung genutzt und sind Vorläufertechniken des Kung-Fu.

Beim Qigong kommen noch ganz spezielle Atmungstechniken und Bewegungsformen hinzu. Die Atmung muss sehr bewusst ruhig, gleichmäßig und natürlich in einem speziellen Ein- und Ausatmungsrhythmus durchgeführt werden. Um die innere Ruhe zu fördern und das Herz zu beruhigen, sollte die Aufmerksamkeit bei der Ausführung der Übungen nach innen gerichtet sein, also eine meditative Situation entstehen. Qigong ist in diesem Sinne wie das Yoga eine Bewegungsmeditation.

und er selbst. «Na klar, Nano, du kannst sogar noch jemanden einladen, wenn du willst. Je mehr, desto besser.» Micro lächelte ihn verschmitzt an.

Jetzt meldete sich sein ungezügelter Kampfeswille zurück: «Wir müssen jetzt Opa befreien! Auf geht's, Leute. Kommt!» Er trieb sie jetzt regelrecht zum Aufbruch.

«Und du, Xchen, musst möglicherweise deine genialen Kampfkünste reaktivieren, falls der Schlotter frech werden sollte.» Mit hochgezogenen Augenbrauen musterte Dr. X seine Assistentin. Dann lächelte er vielsagend und nickte. Der Plan gefiel ihm inzwischen. Ja doch – wirklich gut ausgetüftelt.

«Was, du kannst Kung-Fu, Dr. X?» Nano beugte sich aufgeregt aus dem Führerhaus. Aber das hier hatte er nun wirklich nicht vermutet. Dieser sehr ruhig wirkende und besonnen überlegende Arzt, der fast scheu erschien im Gegensatz zu seiner Assistentin, sollte ein Kung-Fu-Meister sein?

«Ja, das hättest du nicht gedacht, kleiner Medicus. Jeden Morgen mache ich eigentlich seit meiner Kindheit Tai-Chi-Übungen, das hatte ich eine Zeit lang vernachlässigt. Aber in letzter Zeit trainiere ich täglich wieder regelmäßig, deshalb habe ich auch so abgenommen. Das hat mir mein Großvater beigebracht. Gott hab ihn selig. Er ist 105 Jahre alt geworden.»

«Wow!», rief Nano aus und starrte verblüfft, als Dr. X anfing, wundervolle Bewegungen auszuführen, die so geschmeidig waren, als würde ein Kranich durch die Lüfte gleiten. Dr. X schien keine Knochen mehr zu besitzen.

Grossmutters Rezepte

Öl schlürfen

MAN NEHME:

1 Esslöffel Sesam-, Oliven- oder Sonnenblumenöl (kaltgepresst)

Spüle deinen Mund morgens und abends vor dem Zähneputzen damit 3 bis 5 Minuten, ohne das Öl hinunterzuschlucken. Press das Öl mit der Zunge in alle Mundwinkel und zisch es durch die Zähne, so lange, bis das ganze Öl flüssig und weiß geworden ist. Danach musst du deinen Mund gut mit warmem Wasser ausspülen.

Wenn du dies regelmäßig machst, kannst du möglicherweise in diesem Jahr von Erkältungen verschont bleiben. Beim Ölschlürfen spülst du aus deinem Rachenraum viele üble Mikroben und Schadstoffe raus, das wussten schon indische Ärzte vor 4000 Jahren.

Grossmutters Heilkräuter

Holunder (Sambucus nigra)

Ein bewährtes Abwehrmittel gegen schwarze Magie und Hexen war er im Mittelalter. Der Holunder soll auch vor Feuer, Blitzeinschlag und Mücken schützen. Und am tollsten: Er ist Herberge wohlgesinnter Hausgeister. Also jeder, der daran glaubt, sollte sich einen Holunderbaum vor sein Haus oder in den Garten, auf den Balkon oder sonst wohin pflanzen.

Die heilende Wirkung von Holunderblütentee bei Fieber und Infekten ist seit Jahrtausenden bekannt. Auch der hohe Gehalt von Vitaminen (besonders viel Vitamin C) in den Holunderfrüchten. Hieraus lassen sich ein wunderbarer Sirup oder auch Marmelade herstellen.

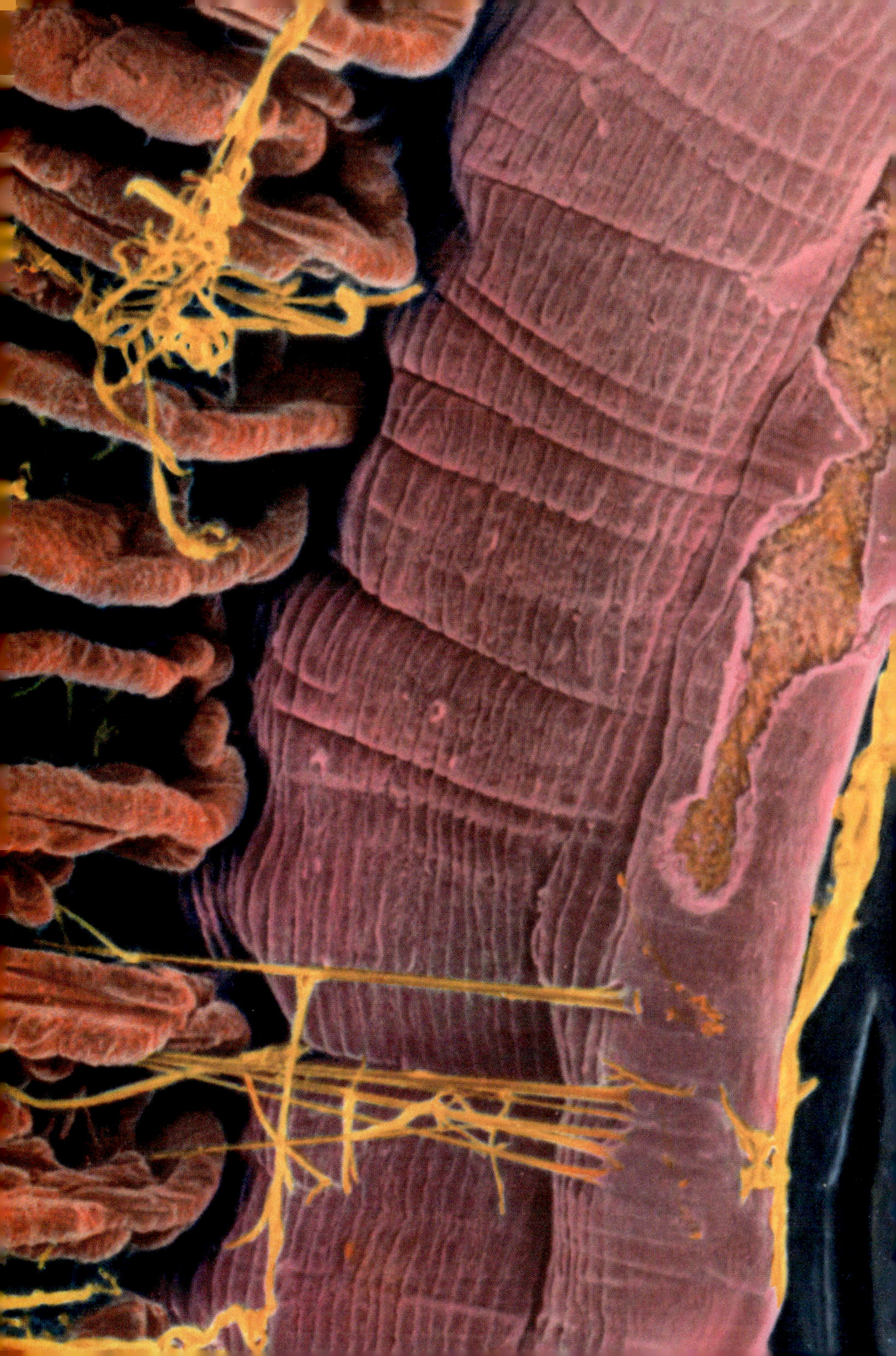

Gobbot meldet sich zurück

Opa Erwin schaltete krachend einen Gang runter und schoss mit seinem Motorrad in den Hof der alten Fabrikhalle – zum zweiten Mal an diesem Tag. Wie von Nano und Marie befürchtet, war ihr Opa gar nicht mehr er selbst, sondern wurde von Gobbot manipuliert, den ihm von Schlotter injiziert hatte. Das war der einzige Grund, warum Opa Erwin sich wieder auf den üblen «Schlachtermeister» Schlotter eingelassen hatte. Alle Warnungen von Marie und Nano hatten nichts genutzt. Er parkte vor der Fabrik, stieg umständlich von seinem Motorrad und murmelte ununterbrochen: «Hier bin ich, ich bin da, Professor von Schlotter. Ich bin zurückgekommen, wie Sie es befohlen haben, und vertraue Ihnen voll und ganz.» Er klingelte. Prompt öffnete Scherge und führte ihn zum «Behandlungszimmer». «Super, der Chef hat es richtig vorausgesehen. Der bekloppte Alte ist zurückgekommen, und wir können unseren Plan vollenden», dachte er.

Professor Doktor Götz von Schlotter trat aus einem Nebenzimmer und überrumpelte Opa Erwin durch salbungsvolles Gequatsche.

«Sehr geehrter, lieber Herr Sonntag», säuselte er. «Es ist mir eine große Ehre, dass Sie so viel Vertrauen in meine ärztliche Kunst setzen. Sie werden es nicht bereuen. Ihre Schmerzen werde ich in null Komma nichts wegpusten, nicht wahr, Scherge?»

«Ihre Operationskunst ist einfach gewalttät…, Entschuldigung, gewaltig, Herr Professor. Wirklich höchste Kunst der ‹zentralen Schmerzbewältigung›», hüstelte der Kalfaktor unterwürfig und nahm zur Bestärkung noch einen tiefen Zug aus seiner Zigarette.

«Zentrale Schmerzbewältigung» war das Codewort für Gehirnmanipulation durch Gobbot und seine Kumpanen. Denn Gobbot war auf bewusstseinsändernde Gehirnoperationen programmiert. Mittlerweile hatte er ja Zwillings- bzw. Drillingsgeschwister, die Sobbots, bekommen. Professor von Schlotter war es gelungen, in kürzester Zeit eine Unzahl von Gobbots herzustellen.

WAS IST EIGENTLICH ...

eine Thrombose?

Bei der Thrombose bildet sich ein Blutgerinnsel in einer Vene. Diese Gefäßerkrankung kann sehr gefährlich werden, da ein solcher Thrombus abreißen und zum vollständigen Verschluss eines Blutgefäßes führen kann. Das Gewebe hinter einem Verschluss wird dann nicht mehr durchblutet, und ein Infarkt droht, dessen Resultat das Absterben der Zellen sein kann, falls keine Gegenmaßnahmen eingeleitet werden. Reißt solch ein **Blutgerinnsel** ab und verstopft eine Lungenarterie, kommt es zu einer **Embolie**, die tödlich enden kann. Umgangssprachlich bezeichnet eine Thrombose zumeist einen **Verschluss** der tiefen Venen in den Waden. Besonders **gefährdet** sind **Diabetiker, Raucher, Übergewichtige, Bettlägerige** und **Schwangere**. Die beste Vorbeugung ist viel Bewegung. Da eine Thrombose auch bei langen Reisen droht, wie zum Beispiel beim langen und beengten Sitzen im Flugzeug oder im Reisebus, spricht der Volksmund scherzhaft vom Touristenklassesyndrom. Also auf langen Strecken immer mal wieder aufstehen und die Gliedmaßen lockern. Die Muskeltätigkeit unterstützt den venösen Rückfluss zum Herzen. Eine weitere Hilfe sind Kompressionsstrümpfe, die das Gewebe durch erhöhten Druck anregen und damit den Blutrückfluss fördern.

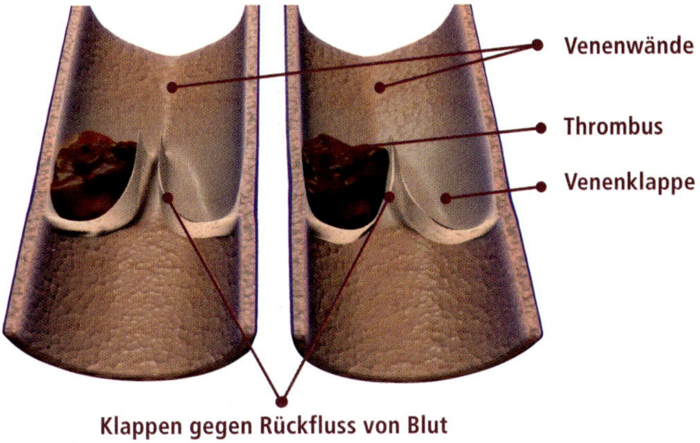

Dazu nutzten sie eine kleine spezielle Produktionsmaschinerie, die Micro Minitec schon zu früheren Zeiten, als sie noch die Assistentin des Professors gewesen war, für die Multiplikation von kleinen Zahnrädern entwickelt hatte. «Scherge, die Welt ist unser!», flüsterte Schlotter in Scherges Ohr. Mittlerweile nervte ihn der schreckliche Professor täglich mit diesem Ausspruch.

«Herr Sonntag, bitte nehmen Sie doch einfach mal Platz in diesem wunderbaren Gerät, das ich extra für Sie entwickelt habe.» Professor von Schlotter wies mit seiner Hand wohlwollend auf seine drachenähnliche Untersuchungs- und Schrumpfmaschine neben sich.

«Ein Hexenwerk an Technik, Sie werden staunen.» Der Großvater war sichtlich beeindruckt, denn er nickte nur. «Ich werde mir Ihren Schmerzherd im Gelenk genau ansehen, und dann, ratzfatz, wird der Schmerz wie weggeblasen sein. Sie werden sehen!»

«Wenn Sie meinen, Herr Professor. Sie genießen mein vollstes Vertrauen», antwortete Großvater Sonntag unterwürfig mit leiser Stimme. Dabei schien die Drachenmaschine zu lächeln.

«Dann legen Sie sich mal hier hin.» Und mit einer schnellen Bewegung schubste Schlotter den Großvater in die Maschine. Der wusste gar nicht, wie ihm geschah. Völlig angezogen lag er jetzt in dem Ungetüm, und das Maul des «Drachen» senkte sich. Er dachte noch: «Das ist ja wie in einer Bügelmaschine.» Und begann langsam in die Bewusstlosigkeit hinüberzugleiten. Er sah nur noch im letzten Moment, bevor er endgültig besinnungslos war, einen

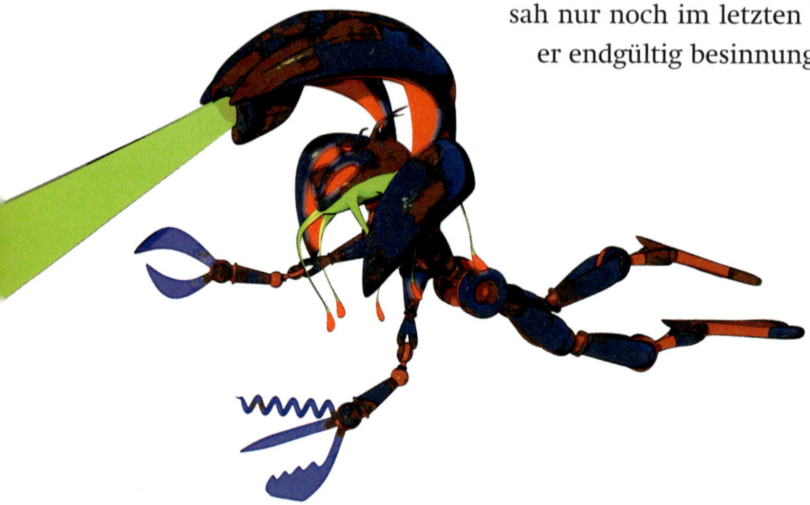

Grossmutters Rezepte

«Kampf dem Krampf»-Tee

MAN NEHME:

1 TL Gänsefingerkraut
1 TL Melisse
1 TL Kamillenblüten

Nimm 1 Teelöffel dieses Kräutergemisches, schütte 250 ml kochendes Wasser darüber und lass das Gebräu 10 Minuten ziehen. Dann abseihen.

Du kannst den Tee gegen Krämpfe jeder Art versuchen: Magenkrämpfe, Bauchkrämpfe, aber auch Muskelkrämpfe.

Wenn du häufiger unter Wadenkrämpfen leidest, trinkst du von diesem Antikrampf-Tee täglich 1 Tasse, drei bis sieben Tage lang (Erwachsene 2 bis 3 Tassen).

Wenn die Krämpfe nicht verschwinden, musst du zu dem Arzt deines Vertrauens. Bei Wadenkrämpfen wird er dir eine altersgemäße Dosis von Magnesium oder anderen Mineralien verordnen.

thronähnlichen Stuhl, auf dem kurz vorher noch der Sobbot gesessen hatte, der für den Großvater vorgesehen war, ehe der Roboter geschrumpft wurde und durch das kleine Loch im Boden des Sitzes in ein Reagenzglas plumpste.

«Puh, das wäre geschafft, Scherge! Gerade noch rechtzeitig …»

«Sie sind ja so betörend, Herr Professor», fiel ihm Scherge ins Wort, «da würde selbst ich ohnmächtig!» Ein automatischer «Injektomat» hatte dem Großvater ein Betäubungsmittel injiziert.

«Hör mal, zack, zack. Auf deine blöden Sprüche kann ich verzichten. Bevor der jetzt gleich wieder aufwacht, schnell noch den Sobbot in den alten Tattergreis spritzen.»

«Jau. Dann wird er das Werk vollenden, das der erste Gobbot schon begonnen hat, Professor.»

«Richtig! Bist ein kluges Kerlchen, Scherge.»

Der Angesprochene drehte sich um und hustete sich wie immer fast die ganze Lunge aus dem Leib. Und das hörte sich richtig widerlich an. Könnt ihr es hören, dieses röchelnde «Grrrchhh, rrcchh, häch, höchh»?

«Deine Zigaretten bringen dich bald ins Grab, Scherge, dein Gebiss ist ja schon dort …»

Scherge verzog keine Miene, sondern zog den gerade mikrotisierten Sobbot durch eine Kanüle auf eine riesige Spritze, die Professor von Schlotter anschließend genüsslich langsam in die Blutbahn des Ellenbogens vom Großvater injizierte.

«Zentrale Schmerzausschaltung garantiert. Du wirst bald gar nichts mehr merken, alter Trottel. Dein Gehirn ist mein!» Und Götz von Schlotters hässliches Lachen hallte noch lange von den Hallenwänden zurück.

Überraschungsbesuch für Schlotter

In der Zwischenzeit waren die Freunde vor der verwahrlosten Fabrik angekommen. Leoberta war «wie von einer Wespe gestochen» losgebrettert und hatte Micros Spezial-Ei vor Schlotters finsterem Hauptquartier quietschend zum Stehen gebracht. Staub wirbelte auf.

«Mannomann, deinen Fahrstil muss man erst mal verdauen …», maulte Dr. X. «Ich hatte uns schon als Rührei an irgendeiner Wand kleben sehen …»

Vor dem Gebäude warteten bereits die Freunde und trippelten nervös von einem Fuß auf den anderen.

«So, frisch ans Werk!» Micro wummerte gegen das Tor. Plötzlich öffnete sich eine kleine Seitentür. Ein massiger Bauch, gefolgt von einem grimmig dreinschauenden Scherge, quetschte sich durch die Türzargen.

«Was?» Vor Schreck fiel ihm fast die obligatorische Zigarette aus dem Mundwinkel, aber nur fast. Der feuchte Filter blieb an seiner Wange kleben, glimmte weiter fröhlich vor sich hin und versengte Scherges Dreitagebart.

«Au, au, verdammt!» Er tanzte auf einem Bein und jaulte wie eine verliebte Katze.

«Ich sag doch immer wieder: Rauchen schadet der Gesundheit», kommentierte Dr. X trocken Scherges temperamentvolle Gesangseinlage.

Das Spezialkommando Nachtigall stürmte das Haus und schlug Scherge die Tür vor der Nase zu.

«Oh, oh, das gibt Ärger …» Wieder tat Scherge es der Katze gleich und kratzte wie von Sinnen an der Tür.

«Lasst mich rein! Professor Schlotter wird das gar nicht gefallen! Er kann echt sehr gemein sein. Der bringt es fertig und streicht mir … ähm, ähm», verzweifelt suchte er nach einer intelligenten Begründung, «… das Zigarettengeld.»

«Vielleicht wäre es eh das Beste aufzuhören», meinte er leise zu sich selber. Traurig rieb er die verletzte Wange und zündete sich die nächste Zigarette an. In seiner Hosentasche spielte er mit einer Kreditkarte, die er letzthin aus Schlotters Brieftasche entwendet hatte.

Angeführt von Nano stürmte der Trupp durch die Fabrikhallen und stoppte schockiert, als er die «Drachenmaschine» sah.

«Was ist das denn für ein Ding», stotterte Nano nervös.

«O nein, ein Drache hat unseren Großvater gefressen!» Marie fing leise an zu weinen, als sie ihren Großvater in dem Drachen unter einer rosa

Käseglocke liegen sah. Micro Minitec legte tröstend eine Hand auf ihre Schulter und sagte: «Keine Sorge, kleine Madame, ich denke, das wird Schlotters Schrumpfmaschine sein – was für ein Schrotthaufen!»

«Schlotter! Was haben Sie mit Herrn Sonntag gemacht?», donnerte Dr. X und ging in Kampfstellung. Überrascht zuckte der Professor zusammen. Er hatte versonnen an der Maschine gelehnt, die Anzeigen betrachtet und sich ausgemalt, wie es sein würde, wenn er erst die Welt beherrschte.

«Keinen Schritt weiter, ihr Kakerlaken! Sonst grill ich euren Opa! Ich brauch nur diesen Hebel umzuhebeln.» Schlotters Hand umschloss einen Hebel, der zur Drachenmaschine gehörte, in der Opa lag. «Der blufft», murmelte Nano – aus seinen Augen sprühten Funken.

Unbemerkt hatte Micro während des Wortgefechts drei ihrer Sonnenlichtstrahler hervorgeholt und Nanolino und Marie jeweils einen in die Hand gedrückt. Wie Pistolen richteten sie diese auf Professor Schlotter.

«Eins, zwei, drei … ES WERDE LICHT!» Micros Stimme hallte von den Wänden der Fabrik wider. Plötzlich wurde es taghell in der Halle, Sonnenstrahlen durchfluteten den Raum und blendeten Schlotter. Dieser jaulte auf wie ein verwundetes Tier.

«Nein, nicht, meine Augen, das ertrag ich nicht! Ich komm mir vor wie auf einem Gletscher ohne Sonnenbrille … Oh, tut das weh. Scherge, Hilfe!» Schützend schlug er die Hände vor sein Gesicht und wandte sich von den Kindern ab. Er wich zurück, sah durch seine zusammengekniffenen Augen aber nichts, taumelte, knallte mit dem Kopf gegen eine Wand, dass es nur so schepperte, und stürzte zu Boden. Eilig liefen die Kinder zu ihm, und Nanolino fragte, über Schlotter gebeugt: «Erinnern Sie sich noch an die Hypnomaschine?» In Nanos letztem Abenteuer hatten die Freunde die beiden Bösewichter in eine Falle gelockt und hypnotisiert.

«Ja?», schluchzte Schlotter. Ihm schwante nichts Gutes.

«Wir hatten diesmal keine Zeit für eine derart kunstvolle Art der Betäubung. Deshalb haben wir uns etwas anderes einfallen lassen, und Sie werden lachen – ja wirklich, Sie werden LACHEN.»

Schadenfroh grinsend winkte Eliza mit einem von Micro entwickelten Gerät, das vollkommen schmerzlose Injektionen ermöglichte. Sie hielt eine lustige kleine Luftpumpe in der Hand, mit der man mit Überdruck Flüssigkeit unter die Haut pumpen konnte. Micro war hinzugekommen und schaute Schlotter spöttisch an.

«Kleine Nebenprodukte meiner Forschungen, eine Spritze ohne Nadel und ein Medikament, das ähnlich wie Lachgas wirkt. Viel Spaß, Professore.»

«Sie – hi, hi, hi – impertinente Person!»

Er wollte gerade die Hand wieder auf die Hebel legen, da platzte ein gewaltiges «Ho» aus ihm heraus, dem weitere Lachsalven folgten. Er hielt sich den Bauch und plumpste auf sein Hinterteil.

«Lachen ist gesund, du Weihnachtsmann! Los, Kinder, an die Arbeit. Ich schaue mir an, wie das Monstrum funktioniert. Dann verkleinern wir Nano und Marie und schaffen Opa aus diesem finsteren Loch.» Gesagt, getan. Gemeinsam setzten sie den letzten Teil des Plans um: schrumpften die Korponauten und das mantaähnliche neue U-Boot, die Aquarius 2, im Schrumpfdrachen, spritzten sie in Opas Blutbahn und transportierten den schlafenden Opa in das Spezial-Ei, das Leoberta inzwischen in das geöffnete Tor der Schlachterhalle gefahren hatte.

WAS IST EIGENTLICH …

Nikotin?

Eines der stärksten Pflanzengifte! Das wusstest du noch nicht! Oder?

Nikotin ist der Hauptwirkstoff des Tabaks. Bei Kindern kann das Essen einer Zigarette oder eines abgerauchten Zigarettenstummels tödlich sein!

Die Notfallbehandlung erfolgt durch Magenspülung oder künstliches Erbrechen.

Nikotin erhöht die Herzfrequenz und verengt die Gefäße. Da die Haut stark durchblutet ist, führt die Gefäßverengung durch das Rauchen zu schlaffer Haut und früher Faltenbildung, später zu Gefäßeinengungen oder Arterienverschlüssen. Ein offenes Raucherbein oder sogar der Verlust eines Fußes oder Beines durch operative Entfernung – man nennt das Amputation – kann die Folge sein.

Beim Rauchen entsteht zusätzlich Ruß und auch Teer aus dem abgebrannten Tabak und Papier. Teer kennst du aus dem Straßenbau – so ein zäher, tiefschwarzer Schleim, der grässlich stinkt, wenn er heiß wird.

Ruß kennst du von der Kohleverbrennung, z. B. vom Kaminfeuer oder vom Grillen. Beide, Teer und Ruß, sind krebserzeugend und können beim Rauchen Lungenkrebs auslösen.

Leider kann tödlich sein, was chic und lässig aussieht!
Fang lieber erst gar nicht an, sonst gewöhnst du dich noch dran!

Scherge, der die Tür mit Schlotters Kreditkarte geknackt hatte, betrachtete irritiert seinen Boss, der zuckend am Boden lag und sich in Lachkrämpfen wand.

«Herr Professor, ich konnte sie wirklich nicht aufhalten, außerdem glaube ich», er betrachtete das krumme Plastikkärtchen in seiner Hand, «hat Ihre Kreditkarte einen Schaden.»

«Hi, hi, hi, Scherge … ich … hi, hi, hi.»

«Mensch, Chef, ich hätte echt nicht gedacht, dass Sie das so locker aufnehmen. Sie verblüffen mich doch immer wieder.» Er ließ sich genervt neben seinem Boss auf den Boden nieder und wartete auf weitere Befehle von ihm, die in nächster Zeit (nicht) kommen sollten.

Vorgeplänkel zum Kampf

Während Nano im miniaturisierten U-Boot hockte und darauf wartete, dass Micro die letzten Vorbereitungen an ihrem mobilen Magneten abschloss, dachte er über die brutale Manipulation von Opa Erwins Verstand nach. Er erinnerte sich an seine erste Reise ins Gehirn und daran, wie verletzlich es ihm damals erschien. Dabei musste er wieder und wieder an Frau Bolle denken, die an Demenz erkrankt war. So traurig das Schicksal von Frau Bolle und ihrem Bruder auch war – ein kleines bisschen war Nanolino auch erleichtert. Denn Opa Erwin hatte nicht Alzheimer, das war jetzt klar. Und er war auch nicht demenzkrank. Genau genommen war er sogar topfit.

Spätestens seit Nanolino bei Schlotter die Unmengen von kleinen und großen Gobbot-Klonen entdeckt hatte und ihnen gerade rechtzeitig noch entwischen konnte, war ihm klar, dass Schlotter etwas im Schilde führte. Und dass er Opa Erwin wieder einmal als Versuchskaninchen benutzte. Und wie erstaunlich! Sein Unterbewusstsein hatte ihn schon vor einigen Tagen in seinem konfusen Traum gewarnt: Gobbot war wieder da und unheimlicher als je zuvor! Er war in der Zwischenzeit gewachsen, oder besser: Ihm war ein dritter Arm gewachsen, dem am Ende eine Laserkanone anstatt einer Hand anmontiert war. Außerdem war Gobbot gelenkiger und schneller geworden. Der Turbo in seinem Antrieb war nicht zu übersehen. Nur noch Gischt schäumte auf, wenn er sich in Flüssigkeit fortbewegte.

Metallisch funkelte Gobbots bedrohlicher Körper nun im Licht des Schweinwerferstrahls der neuen Aquarius. Gobbot zischte regelrecht durch das Gehirn, und Opa Erwin war zum zweiten Mal Opfer geworden. «Der Arme», dachte Nano. Er seufzte einmal tief, dann zischte er: «Du Schwein.» Es war nicht klar, wen Nanolino damit meinte. Diesen ekligen Gobbot da vorne oder den perversen Professor. Vermutlich beide, aber das war auch egal. Denn der Roboter schwamm direkt vor ihnen und war dabei, tief ins Gehirn einzudringen.

«Viel tiefer als letztes Mal, Marie.» Nanolino war froh, dass Marie ihn jetzt wieder begleitete. Obwohl es ihm im ersten Moment einen Stich versetzt hatte, dass Eliza nicht an seiner Seite sein würde. Aber er und Marie waren nicht nur ein Dreamteam, sie fühlten sich auch so. Und kampferfahren waren sie allemal. Das gemeinsame Fußballspielen und die Abwehrschlachten hatten sie richtig zusammengeschweißt.

«Ein Kampf David gegen Goliath wird das hier, Mariechen. Ungerechte Kräfteverteilung – wie damals.»

«Ich bin doch auch noch da, Nanolino. Hast du das vergessen?» Marie versuchte, ihren Bruder zu beeindrucken. «Muss heißen: Nano & Marie gegen Goliath! Wie lautet noch dein berühmter Ausspruch? ‹Gemeinsam sind wir saustark und unausstehlich›!»

«Geee-nau!» Jetzt nutzte er auch schon immer öfter das Wort «genau», genauso wie Micro Minitec, deren Lieblingswort unter anderen dieses «genau» war.

«Genau, Marie! Wir haben den Gobbot ja schon einmal gemeinsam zur Schnecke gemacht.» Kaum hatte er das Wort «Schnecke» ausgesprochen, dachte er vergnügt an seine Abenteuer im Ohr von Dr. X.

In diesem Moment verdrückte sich der Roboter vor ihnen in den Flüssigkeitsraum zwischen den Hirnwindungen und entschwand ihrem Blickfeld. Gischt schäumte auf, sodass ihr ganzes Gesichtsfeld auf einmal völlig in Schaumbergen verlorenzugehen drohte. «Nicht

WAS IST EIGENTLICH …

eine Zirbeldrüse?

Ob du bei Sonneneinstrahlung ohne Sonnencreme braun wirst, wird von hier bestimmt. Die Anzahl und Farbbeschaffenheit der **Melanozyten** in deiner Haut – die Schwarzfärberzellen – legen fest, ob du mit schwarzer, weißer, gelber oder roter Hautfarbe zur Welt kommst. Andere Aufgaben der Zirbeldrüse sind weitgehend ungeklärt. Sicher ist eben die Bildung des **Melatonins**, deines **Sonnencreme-Hormons**, das tageszeitlichen Schwankungen unterliegt. Das Melatonin steuert den Färbungsgrad der Haut, indem sie den dort vorhandenen Farbstoff, das Melanin, in den Melanozyten aktiviert oder vermehrt.

Wahrscheinlich ist sie auch beteiligt an deinem Zeitgefühl. Es gibt seit langer Zeit Vermutungen, dass die Zirbeldrüse kleinste Lichtpartikel «sehen» bzw. fühlen kann und möglicherweise auf Sonnenlicht reagiert. Deshalb wurde sie auch in alten Zeiten als das **dritte Auge** bezeichnet.

schlecht, die Technik des Schäumens», bemerkte Micro, «aber nicht gut genug.»

«Haltet euch fest, Kinder», hörten sie die Stimme von Dr. X aus der Kommandozentrale des Zimmertomographen. «Wir jagen jetzt hinterher.»

«Wie? Mitten durch dieses verflixte Schaumgebirge?», wollte Marie ungläubig wissen.

«Genau! Gerade dort, denn wir können hier draußen über die Ganzkörperbilder sehen, dass es überhaupt keine andere Möglichkeit gibt, um an der Zirbeldrüse …» «vorbeizukommen», wollte Micro Minitec noch sagen, wurde aber aufgeregt von Marie unterbrochen.

«Bloß nicht, Micro. Neeeein, ich habe Angst. Habe keine Lust, von einer Wirbeldrüse in eine Windhose hier drinnen gewirbelt zu werden. Nee, wirklich nicht, Micro.»

«Keine Sorge, kleine Frau. Die Zirbeldrüse zwirbelt und wirbelt nicht …» «Du musst genau hinhören, was ich sage», wollte sie noch hinzufügen, merkte aber schnell, dass diese Pädagogik hier fehl am Platze war. Marie war zu geschockt im Moment.

«Von der Zirbeldrüse wird euer persönlicher Sonnenschutzfaktor bestimmt.»

«Wie?»

«Ja, genau. Dort wird bestimmt, wann und wie viel Melanin – das Bräunungspigment in eurer Haut – abgegeben wird. Jeder von euch besitzt einen anderen Faktor.»

«Das ist ja toll, deshalb wird Marie immer viel brauner als ich.» Marie grinste.

«Genau, kleiner Medicus.»

«Und erst mal Eliza, oh, wie gut ihr das Braun steht.» Nano schwelgte, doch jetzt sah ihn Marie grimmig an. «Du Blödian!»

«Wisst ihr eigentlich, dass die Erbanlagen aller Menschen zu über 99 Prozent gleich sind?», warf Dr. X ein. Er bemerkte den drohenden Eifersuchtskonflikt.

«Nö», antwortete Marie.

«Ja wirklich, nur durch den Gehalt des Farbstoffs und möglicherweise die Aktivität der Zirbeldrüse wird festgelegt, ob wir gelb, schwarz, weiß werden oder Rothäute sind.»

«Genau! Und die Zirbeldrüse wird gesteuert von der Hypophyse, die genau gegenüber im Gehirn liegt», ergänzte Micro Minitec.

«Die Hypophyse ist die Zentralstelle eurer Hormonproduktion im Körper, das noch zu eurer Information», warf Dr. X ein und erklärte kurz: «Von hier werden die wichtigsten Körpervorgänge gesteuert. Wachstum, Stoffwechsel, Abwehr, Stressverarbeitung oder auch die Geschlechtsentwicklung.»

«Genau.» Nanolino lächelte über dieses verflixte Wortteufelchen. Aber es passte doch «genau».

«Unsere Mutter nimmt täglich Schildkrötenhormone oder so», fuhr er fort. «Sie sagt, das mache schlank und fit.»

die Schilddrüse?

Deine Schildkröte – oh, sorry! –, deine Schilddrüse liegt unterhalb des Kehlkopfes, beiderseits vorne um die Luftröhre im Halsweichteilgewebe. Normalerweise ist sie nicht von außen zu erkennen. Beim Erwachsenen wiegt sie ungefähr 18 Gramm. Sie ist mit Blut stark versorgt, ebenso mit Lymphgefäßen und Nerven. Die Schilddrüse besitzt ganz viele kleine Drüsenläppchen, die die Hormone direkt in deine Blutbahn abgeben.

Deine Schilddrüse kann leider den wichtigsten Baustein ihres Hormons, das Jod, nicht selbst bilden. Deshalb musst du bitte auf eine jodhaltige Nahrung mit Meersalz sowie Pflanzen, die auf speziell jodhaltigen Böden wachsen, oder Seefisch bei der Ernährung achten. Sonst wird deine Schilddrüse langsam immer größer und größer, bis du einen sogenannten **Kropf**, ein riesiges Doppelkinn, bekommst.

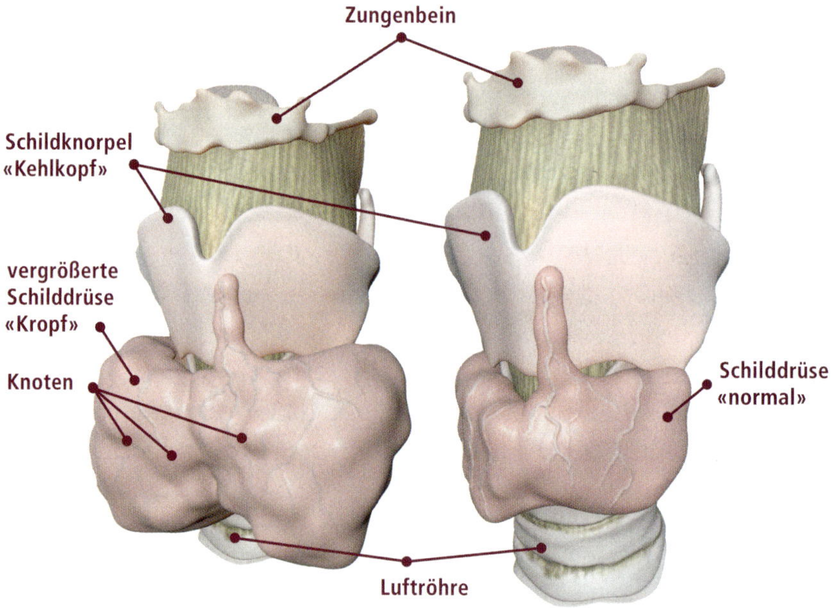

Das **Schilddrüsenhormon** (Thyroxin) beschleunigt alle deine Stoffwechselvorgänge und ist damit für die ständige Weiterentwicklung des Gesamtorganismus von zentraler Bedeutung.

Dieses Thyroxin unterstützt und optimiert die **Sauerstoffaufnahme** in deinen Zellen und regelt die **Körpertemperatur**. Daher auch im Sport zum **Doping** beliebt. Bei der **Reifung des Gehirns** von Neugeborenen ist das Hormon genauso wichtig wie beim **Wachstum der Knochen** und des gesamten Körpers.

Antriebsmangel oder erhöhte Erregbarkeit sind Zeichen einer Unterfunktion bzw. Überfunktion der Schilddrüse. Damit zeigt sich auch, dass das Gehirn beim Denken, Fühlen und Handeln auf das Schilddrüsenhormon angewiesen ist. Erhöhte **Nervosität** kann z. B. neben psychischen Faktoren auf ein Überangebot von Schilddrüsenhormonen bzw. auf eine **Überfunktion** (Hyperthyreose) hinweisen. **Depressionen**, Niedergeschlagenheit und auch **Müdigkeit** und **Erschöpfung** deuten immer wieder auf eine **Unterfunktion** der Schilddrüse hin (Hypothyreose). In solchen Fällen muss künstlich das Schilddrüsenhormon Thyroxin in Tablettenform zugeführt werden. Dies gilt auch für alle Zustände, bei denen wenig oder kein Schilddrüsenhormon produziert wird, z. B. nach Schilddrüsenentzündungen oder -operationen.

«Damit sie uralt wie eine Schildkröte wird, oder was?» Dr. X konnte vor unterdrücktem Lachen kaum weiterreden. Sein Lachen vermischte sich mit dem von Schlotters, der noch immer ebenso prustend wie hilflos auf dem Boden lag. Micros Lachserum hatte ganze Arbeit geleistet. «Du meinst sicher Schilddrüsenhormone. Richtig, die brauchen Menschen, deren Schilddrüse nicht mehr normal funktioniert, damit sie nicht dick und träge werden oder ständig müde sind.»

Nanolinos Ohren färbten sich in diesem Moment mal wieder rot, sein Gesicht dazu. Oh, wie oberpeinlich, er hätte sich auf die Zunge

Radioaktivität?

Radioaktive Strahlung kann man nicht sehen, riechen oder fühlen. Man kann sie jedoch mit einem sogenannten Geigerzähler messen. Viele natürliche Stoffe geben eine geringe Strahlung ab. Bei radioaktiven Stoffen verändern sich Atomkerne spontan und geben dabei Energie als radioaktive Strahlung frei. Manche Stoffe strahlen nur ein bisschen, einige jedoch sehr stark. Geringe Dosen von Radioaktivität macht sich die Medizin zunutze, z. B. in der Bildherstellung durch Röntgen oder Computertomographie. Auch Krebstumore kann man durch starke Strahlung zerstören. Das sind wertvolle Hilfsmittel. Aber trotzdem gilt – vor allem für Kinder –, möglichst wenig Strahlung bei der Erzeugung von Bildern abzubekommen. Lieber eine Kernspintomographie oder Ultraschall als Ersatz, wenn möglich. Radioaktivität kann Materie durchdringen, deshalb muss sie durch bauliche und sonstige Maßnahmen abgeschirmt werden.

In größeren Mengen ist Radioaktivität jedoch sehr gefährlich, weil die Strahlen gesunde Körperzellen verändern oder zerstören können. Große Mengen Radioaktivität befinden sich beispielsweise in Atomkraftwerken oder speziellen Bomben. Kommt es durch einen Unfall im Kraftwerk zur Freisetzung der Strahlung, werden die Natur und der Mensch extrem hoher Strahlung ausgesetzt. Menschen, die sehr hoher Strahlung ausgesetzt sind, sterben meist innerhalb weniger Wochen. Weniger verstrahlte Menschen erkranken häufig an Infektionskrankheiten oder Krebs. Viele radioaktive Stoffe strahlen über unzählige Jahre, gar über Jahrhunderte oder Jahrtausende, und können noch die Nachkommen der verstrahlten Menschen nachhaltig schädigen. Deshalb sind auch Bomben, besonders aber Atombomben oder kaputte Atomkraftwerke so schrecklich.

WAS IST EIGENTLICH …

Strahlensensibilität?

Schade, dass wir kein eingebautes Navigationssystem in uns haben. Leider können Magnetfelder wahrscheinlich nur von Vögeln und einigen anderen Tieren erfasst werden. Es wird vermutet, dass Vögel so beispielsweise den Nordpol fühlen können und sich auf diese Weise im Raum orientieren.

Du kannst aber einige andere physikalische Felder wahrnehmen. Zum Beispiel Infrarotstrahlung über die Wärmesensoren unserer Haut oder Drehbewegungen oder die Schwerkraft der Erde. Dafür hast du ganz feine Sinne, u. a. im Labyrinth deines Ohrs.

Röntgenstrahlung oder Ultraschall fühlst du normalerweise nicht. Nur in Extremdosen würdest du diese physikalischen Energien spüren. Dann sind sie aber meistens tödlich! Diese schreckliche Erfahrung musste die japanische Bevölkerung während des 2. Weltkriegs beim Atombombenabwurf in Hiroshima und Nagasaki machen.

Hoffentlich erleben wir alle so etwas nie wieder! Es liegt an uns.

beißen können. Als Hilfsarzt musste man das entweder wissen oder seine Klappe halten oder besser noch: fragen! Dieser Fauxpas wurmte ihn sichtlich. Doch Dr. X, der bemerkte, dass er Nano in Verlegenheit gebracht hatte, beruhigte ihn mit seinem sanften amerikanischen Akzent.

«Sorry, mein kleiner Medicus, du hast dieses blöde Wort ja fast richtig ausgesprochen, zumindest richtig gemeint.»

«Meine Mutter hat eine Schildkr…d…drüsenunterfunktion von dieser blöden Grippe – sagt sie immer», antwortete er erleichtert. «Blödes Wort.»

«Genau! Es gibt Entzündungen oder bösartige Tumore, die eine Unterfunktion erzeugen können», erklärte Micro Minitec.

«In manchen Regionen der Welt wird die Schilddrüse leider

durch radioaktive Strahlen geschädigt. Beispielsweise nach Unglücken in Atomkraftwerken wie in der Ukraine, in Tschernobyl.» Die Kinder wurden nachdenklich, denn letztens hatten sie noch einen Bericht darüber im Fernsehen gesehen. Diese Sendung hatte sie sehr betroffen gemacht, weil sie auf einmal verstanden, dass ganze Landschaften in riesigem Ausmaß verstrahlt werden können und dass dieser Unglücksreaktor noch viele tausend Jahre radioaktive Strahlung abgeben würde. «Schrecklich, viele Generationen werden betroffen sein», dachte Nanolino.

«Und viele Kinder und Erwachsene leiden dort vermehrt an Schilddrüsenentzündungen oder Krebs, vor allem Blutkrebs», fuhr Micro fort.

Inzwischen waren sie mitten in das Schaumgebirge eingetaucht. Hier irgendwo musste diese Hypophyse sein, die für die Hormone verantwortlich war. Marie nahm sich ein Herz und fragte Nano unvermittelt: «Kann es sein, dass deine Hormone da oben in letzter Zeit auch manchmal verrückt spielen, Nano? So, wie du manchmal Eliza ansiehst und mit ihr sprichst?»

«Wieso?» Nanolino errötete.

«Hör mal. Nichts bleibt unbemerkt, mein Lieber.»

Er hätte ihr eine scheuern können.

«Blöde Kuh.»

«Übrigens nennen wir Ärzte die Zirbeldrüse auch Epiphyse», unterbrach sie Dr. X, um einen Streit zu verhindern.

«So heißen doch auch die Wachstumsfugen bei uns Kindern im Knochen, habe ich mal gelesen», erwiderte Marie.

«Genau! Super, dein Gedächtnis. Beide sind wirklich gleich benannt in der Medizinwelt!» Dr. X lobte sie sehr, und Marie strahlte.

Die neue Aquarius war mittlerweile um die Drüse herumgeschwommen und näherte sich dem Limbischen System.

WAS IST EIGENTLICH ...

Krebs?

Die Zellen unseres Körpers bilden sich ständig neu. Alte und geschädigte Zellen werden abgebaut und durch neue gesunde Zellen ersetzt. Eine gesunde innere Uhr regelt diesen Vorgang und sorgt dafür, dass jede Zelle ihrer Funktion entsprechend «programmiert» ist. Krebs ist eine Erkrankung, bei der dieser Prozess gestört ist. Einige Zellen wachsen plötzlich unkontrolliert und können gesundes Gewebe zerstören, verdrängen oder beeinträchtigen. Da theoretisch jede Körperzelle entarten kann, gibt es viele verschiedene Krebsformen. Je nachdem, welche Zellen und Körperorgane betroffen sind, entstehen verschiedene Beschwerden wie **Schmerzen**, **Abgeschlagenheit**, **Schwindel** oder **Gewichtsverlust**. Obwohl Krebs als sehr schwere Krankheit bekannt ist und häufig auch tödlich verläuft, sind viele Krebsarten **heilbar**, vor allen Dingen im sehr frühen Stadium. Wird eine Krebserkrankung festgestellt, muss sie möglichst schnell von einem Spezialisten, dem sogenannten **Onkologen**, behandelt werden. In der Regel versuchen die Ärzte, mit **Operationen**, **Bestrahlung** und/oder mit tumorvernichtenden – (**Chemotherapie**), Hormonen, Wärme (Hyperthermie) – oder abwehrsteigernden Medikamenten (**Immuntherapeutika**) – auch aus der Naturheilkunde – möglichst alle Krebszellen zu zerstören. Die Behandlung kann für den Betroffenen sehr belastend sein.

Jede Therapie verläuft anders, jeder Mensch verträgt sie auch anders und geht anders mit sich selbst um. Sich um seinen eigenen Seelenfrieden kümmern und seine Abwehrkräfte durch Schlaf, Ernährung, frische Luft, richtiges Atmen und Bewegung stärken, sind die wichtigsten Grundregeln für die **Hilfe zur Selbsthilfe**.

Krebs ist **nicht ansteckend**. Er kann durch zufällige Fehler in den Erbanlagen entstehen oder durch äußere Einflüsse, wie durch Viren, Rauchen oder chemische Schadstoffe, aber auch durch Radioaktivität, ausgelöst werden.

Durch die anregende Diskussion und die Frotzeleien hatten die Kinder gar nicht mitbekommen, dass sie schon ganz schön weit geflogen waren. Micro Minitec hatte sie sicher gesteuert und probierte dabei gerade ihre neue Technik der Gedankensteuerung aus. Worüber sie tunlichst zu reden vermied, um nicht neue Ängste zu schüren. Aber Dr. X nickte zwischendurch immer wieder anerkennend. Gerade in diesem Moment zwinkerte er ihr zum wiederholten Male fröhlich zu.

«Da, da ist der Unhold ja schon wieder.» Marie streckte aufgeregt ihren Zeigefinger aus und hätte ihn fast ihrem Bruder in die Nase gebohrt.

«Lass das!» Er schlug ihre Hand weg. «Du sollst Gobbot zur Schnecke machen und nicht mich!»

«Aber, aber sieh doch. Er bohrt sich ein Loch in die Erde.» Marie wurde ganz wild.

«Vergiss nicht, Marie, wir sind im Gehirn und nicht im Weltall. Das ist keine Erde! Aber witzig sieht das schon aus! Hört mal, ihr da draußen auf der Außenstation. Hier spricht der erste Korponaut. Der Roboter vor uns buddelt wie ein Turbo-Maulwurf.»

«Au scheiße. Oh, Verzeihung!» Micro Minitec war außer sich. «Mensch, Leute, der will die Gefühlswelt von eurem Großvater durcheinanderbringen oder gar zerstören. Gobbot ist im Zentrum der Gefühle. Unsere Fröhlichkeit oder gar Wut und unsere Schmerzen verarbeitet diese Hirnregion. Und wenn wir diesen Gobbot nicht aufhalten, wird euer Opa bald keine Gefühle mehr haben!», fügte sie schnell hinzu.

«Okay, dann müssen wir jetzt aber auf jeden Fall aufhören zu philosophieren. Handeln ist angesagt, Micro Minitec. So sorry.» Dr. X drängelte zu Recht, wie alle wussten. Doch Micro Minitec sah ihn zornig an.

«Man muss doch verstehen, was man tut. Erst recht die Kinder!»

«Ja, später. Es gibt auch noch ein Frontalhirn, ein Sprach-, ein Hör-, ein Sehzentrum und noch vieles mehr, was dort zusammenwirkt. Vielleicht könntest du das jetzt auch noch erklären, dann wären zwar die Kinder schlauer, aber Gobbot auf Nimmerwiedersehen verschwunden und Opa Erwins Limbisches System schwer geschädigt. Also, ran an die Buletten!»

«Diese Monsterkreatur ist ganz schön gewitzt und gleichzeitig so gemein!», rief Nanolino und zeigte zornig auf den Roboter, meinte dabei aber den Professor, der Gobbot programmiert hatte.

das Limbische System?

Hier sitzt dein **Gefühl**! Hiermit bewertest du jede Situation in deinem Leben! Ob Liebe, Freude, Glück oder Wut, Aggression, Furcht oder Trauer, alles wird hier zusammengeschaltet und vermittelt dann auch deine körperlichen Reaktionen wie Erröten, Zittern, Blutdruckanstieg oder Herzfrequenzerhöhung. Beim Verlieben zum Beispiel. Und: Auch deine Lern- und Gedächtnisfähigkeiten werden von hier optimiert. Hier sitzt ebenfalls das Riechhirn. Riechen und Gefühle gehören also eng zusammen. «Ich kann den Typen nicht riechen», sagt ja auch eine Redensart.

Dein Gefühl, dein gefühltes Inneres – deine **Intuition** – ist in fast allen Lebenslagen hilfreich und macht deine Individualität aus. Verlass dich ruhig mehr auf dieses **Bauchgefühl**, obwohl es im Kopf sitzt.

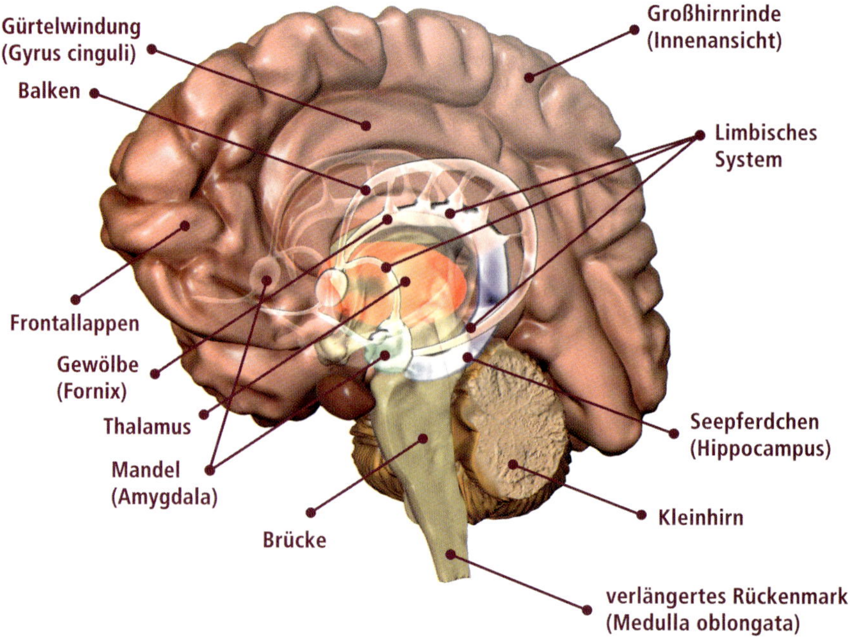

WAS SIND EIGENTLICH …

Gehirnfunktionen?

Die bewussten und unbewussten Sinneswahrnehmungen und deren Verarbeitung sowie das Fühlen und Denken, das Erinnern und Lernen, die Planung und Durchführung von Handlungen finden alle in bestimmten Zentren im Gehirn statt. Die Großhirnrinde liegt dicht unter der Schädeldecke und hat ein **motorisches Rindenfeld**, das den Befehl zur Muskelanspannung gibt. Hier sitzt also die **Muskelbefehlszentrale**, die bestimmt, wie und wann und wie lange der Muskelmotor zu laufen hat. Nebenan sitzt das **sensorische Rindenfeld**, also der **zentrale Körpersensor**, der Schmerz, Berührung oder Temperatur misst, sowohl in Stärke als in Dauer, in Qualität und auch, wo genau der Reiz stattgefunden hat. Er leitet die Info zum motorischen Rindenfeld weiter. Alle Wahrnehmungszentren für Töne, fürs Sprechen, fürs Sehen, fürs Riechen haben eigene Hirnzentren, die mit allen anderen aber komplex vernetzt sind. Selbst beim Schlafen ist dein Gehirn hochaktiv. Millionenfach werden Nachrichten ausgetauscht oder Mikrobefehle von den einzelnen Zentren initiiert, damit man am nächsten Morgen auch noch froh und munter wieder aufsteht. Selbst Träume werden im Gehirn produziert.

Im **Zwischenhirn** werden die Signale, die aus dem Körper hereinkommen, mit dem Gehirn verbunden. Dies ist im Grunde die Telefonzentrale des menschlichen Körpers, außerdem werden von hier der gesamte Stoffwechsel des Körpers kontrolliert, die Funktionen der Körperdrüsen aktiviert; auch deine Gefühle, das Essen und Trinken, die Sexualität werden von hier gesteuert.

Wichtige Strukturen deiner Gefühls- und Sinnesverarbeitung:
Limbisches System: die Zentraleinheit, die deine Gefühle (Emotionen), aber auch dein Langzeitgedächtnis organisiert und ganz wichtig fürs Lernen ist
Mandelkerne (Amygdala): gehören zum Limbischen System und sind an vielen Hirnfunktionen beteiligt, darunter Emotion, Lernen und Gedächtnis
Gewölbe (Fornix): Struktur, die den Hippocampus mit anderen Teilen des Limbischen Systems verbindet

Seepferdchen (Hippocampus): wichtige Rolle bei der Bildung des Langzeitgedächtnisses
Gürtel-Lappen (Gyrus cinguli): spielt eine Rolle bei der Entwicklung des bewussten Gefühls-Erlebens
Thalamus: zentrale Verbindungsstation zwischen den Sinnen, Gefühlen und Hirnrinde
Kleinhirn (Cerebellum): Bewegungssteuerung
Frontallappen: unterstützt die Kontrolle der Feinmotorik und des Gemüts. Hilft bei Zukunftsplanung und Zielsetzung
Scheitellappen: empfängt und verarbeitet Informationen über Temperatur, Geschmack, Berührung und Bewegung, die vom Rest des Körpers kommen. Lesen und Rechnen finden ebenfalls in dieser Region statt
Brücke (Pons): beinhaltet Zentren zur Kontrolle lebenswichtiger Funktionen wie Atmung und Herz-Kreislauf-System. Sie ist auch an der Koordination der Augenbewegung und des Gleichgewichts beteiligt
Verlängertes Rückenmark (Medulla oblongata): hier befinden sich Zentren für lebenswichtige Funktionen wie Herzschlag, Atmung, Blutdruck, Schlucken
Schläfenlappen: Hören, Gedächtnis und Sprachfunktionen
Hinterhauptslappen: hilft, visuelle Informationen zu verarbeiten

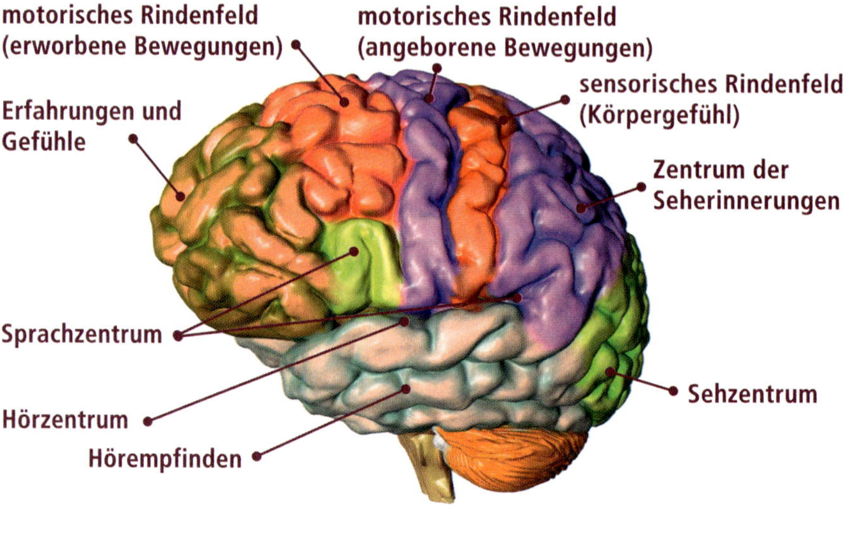

WAS SIND EIGENTLICH ...

Sprachzentrum, Seh- und Hörbahn?

Als Sprachzentrum bezeichnet man jene Teile des Gehirns, die es uns ermöglichen, zu sprechen und Sprache zu verstehen. Das Gehirn verarbeitet diese beiden Funktionen an zwei verschiedenen Orten. Das sogenannte **Broca-Zentrum** im vorderen Teil des Gehirns reguliert die Sprachbildung. Es ist aktiv, wenn Kinder sprechen lernen und wenn mit Hilfe des Mundes, der Atmung und der Stimmbänder einzelne Laute zu Wörtern und Wörter zu Sätzen zusammengesetzt werden. Menschen, die eine Störung im Broca-Zentrum haben, können daher gar nicht oder nur gestört sprechen. Sprache verstehen können sie aber trotzdem, weil die Sprachverarbeitung im hinteren Teil des Gehirns, dem **Wernicke-Zentrum**, stattfindet. Hier ist die Bedeutung der einzelnen Laute, Wörter und Sätze abgelegt. Bei einer Störung im Wernicke-Zentrum machen die gehörten Wörter plötzlich keinen Sinn mehr. Bei einer solchen Störung wäre man beispielsweise in der Lage, eine Rose zu sehen und zu beschreiben, würde das «Gebilde» aber nicht in einen Zusammenhang mit dem Wort «Rose» stellen können. Damit das Sprechen und Verstehen reibungslos funktioniert, sind die beiden Zentren über Nervenbahnen miteinander verknüpft.

Fast alle Bereiche des Körpers sind über Nervenbahnen mit dem Gehirn verknüpft. Über sie kann das Gehirn Informationen versenden und aufnehmen. Die Sehbahn z. B. verknüpft das Auge mit einem Teil des Gehirns, der die durch das Auge aufgenommenen Bilder für uns weiterverarbeitet. So können wir die Dinge nicht nur sehen, sondern auch **verstehen**, **einordnen**, **benennen**, mit **Gefühl versehen**. «Oh, ist die Blume nicht wunderschön – und wie sie duftet …» Auch Bewerten oder Vergleichen mit alten Erlebnissen wird somit möglich. Sinnliches Verarbeiten ist ein extrem komplexer Vorgang. Ähnlich ist es mit dem Riechen, Tasten oder der Hörbahn. Sie leitet die im Ohr aufgenommene Information weiter zum Gehirn. Hier werden die Reize dann weitergeleitet, um entsprechend verarbeitet zu werden (Musik, Sprache, Lärm etc.).

eine Gehirnhautentzündung?

Dein Gehirn, mit dem du denkst und fühlst, schwimmt in einem See von Wasser. Dieses Wasser nennen wir **Liquor**, aber bitte nicht verwechseln mit Likör, einem Alkoholgetränk der Erwachsenen. Dieser See reicht bis hinunter zu deinem Becken, denn der Liquor umhüllt auch das **Rückenmark**, das ganz geschützt in der Wirbelsäule liegt und sachte und leise vor sich hinschwingt. Damit das Wasser des Gehirnsees nicht ausläuft, ist es von **Hirnhäuten** umgeben, einer äußeren, sehr stabilen, straffen und faserreichen Haut und einer sehr dünnen Schicht, die dem Gehirn und Rückenmark direkt anliegt. Das Gehirnwasser wird laufend aus dem Blut im Gehirn gebildet und fließt hier auch wieder ab.

Wenn Bakterien oder Viren in diesen inneren See eindringen, dann entsteht eine Entzündung dieser Hirnhäute, die sogenannte **Meningitis**. Diese kann sich beispielsweise infolge von Hals-, Nasen- und Ohrenerkrankungen entwickeln. Kleinkinder und Säuglinge sind besonders gefährdet. Meistens ist die Meningitis aber eine Spätfolge von Infektionskrankheiten, kombiniert mit Kopfschmerzen und vor allen Dingen Nackenschmerzen bzw. Nackensteifigkeit. Dies weist auf eine Reizung der Hirnhäute hin. Eine bedrohliche Komplikation sind Krämpfe und Bewusstseinsstörungen. Kinder sind dann häufig ganz abgeschlagen und wollen nicht trinken, obwohl das unheimlich wichtig ist. Bei solchen Symptomen musst du dringend zum Arzt.

eine Gehirnentzündung?

Aufgepasst im Frühsommer und Sommer, dann greifen wieder die blöden Zecken an. Sie greifen nicht an, sondern sie können auf dich rüberkrabbeln, wenn du durch Wiesen läufst oder im Unterholz des Waldes herumläufst. Wenn sie zubeißen, können die Zecken in manchen Regionen der Welt eine

Gehirnentzündung auslösen, die sogenannte **Enzephalitis**. Gefürchtet ist die Frühsommer-Meningo-Enzephalitis (FSME), bei der nicht nur das Gehirn entzündet ist, sondern auch die Hirnhäute. Immer wieder findet man eine Gehirnentzündung als Komplikation nach Infektionskrankheiten bei Masern, Mumps oder Röteln. Du erkennst sie an plötzlich entstehendem hohem Fieber mit starken Kopfschmerzen und Nackensteifigkeit. Auch Wesensveränderungen mit scheinbar geistiger Abwesenheit oder sogar epileptischen Krämpfen und Lähmungen können entstehen. Im Gegensatz zu einer Hirn**haut**entzündung ist bei einer Enzephalitis **das Gehirn selbst** entzündet und nicht die das Gehirn einhüllenden Gehirnhäute.

eine Gehirnerschütterung?

Wenn du beim Erdbeerpflücken von der Leiter fällst – nein, Spaß beiseite, wenn du vom Fahrrad fällst oder die Treppe runterstürzt, kann dein Schädel so stark aufschlagen, dass das Gehirn durch den Aufprall einen Schlag oder Stoß bekommt. Häufig geht das ja glimpflich vonstatten, aber manchmal ist der Stoß so hart, dass man für einige Sekunden oder auch Stunden bewusstlos werden kann. Das Gute daran ist, man erinnert sich häufig nicht an das Ereignis, aber blöd ist doch, dass es nach diesem Unfall oft zu **Kopfschmerzen**, **Übelkeit** und **Brechreiz** kommt. Dies wird ausgelöst durch die Erschütterung des Gehirns, und im kernspintomographischen Schnittbild sehen wir dann häufig eine kleine oder größere lokale Wasseransammlung im Gehirn, die dort nicht hingehört und quasi wie eine Schwellung aussieht. Eine einfache Gehirnerschütterung bildet sich nach einigen Tagen Ruhe wieder vollständig zurück. Bei einer Gehirnerschütterung gehörst du ins Bett und musst ärztlich untersucht werden, damit Nervenschädigungen, innere Verletzungen oder Blutungen im Gehirn ausgeschlossen werden.

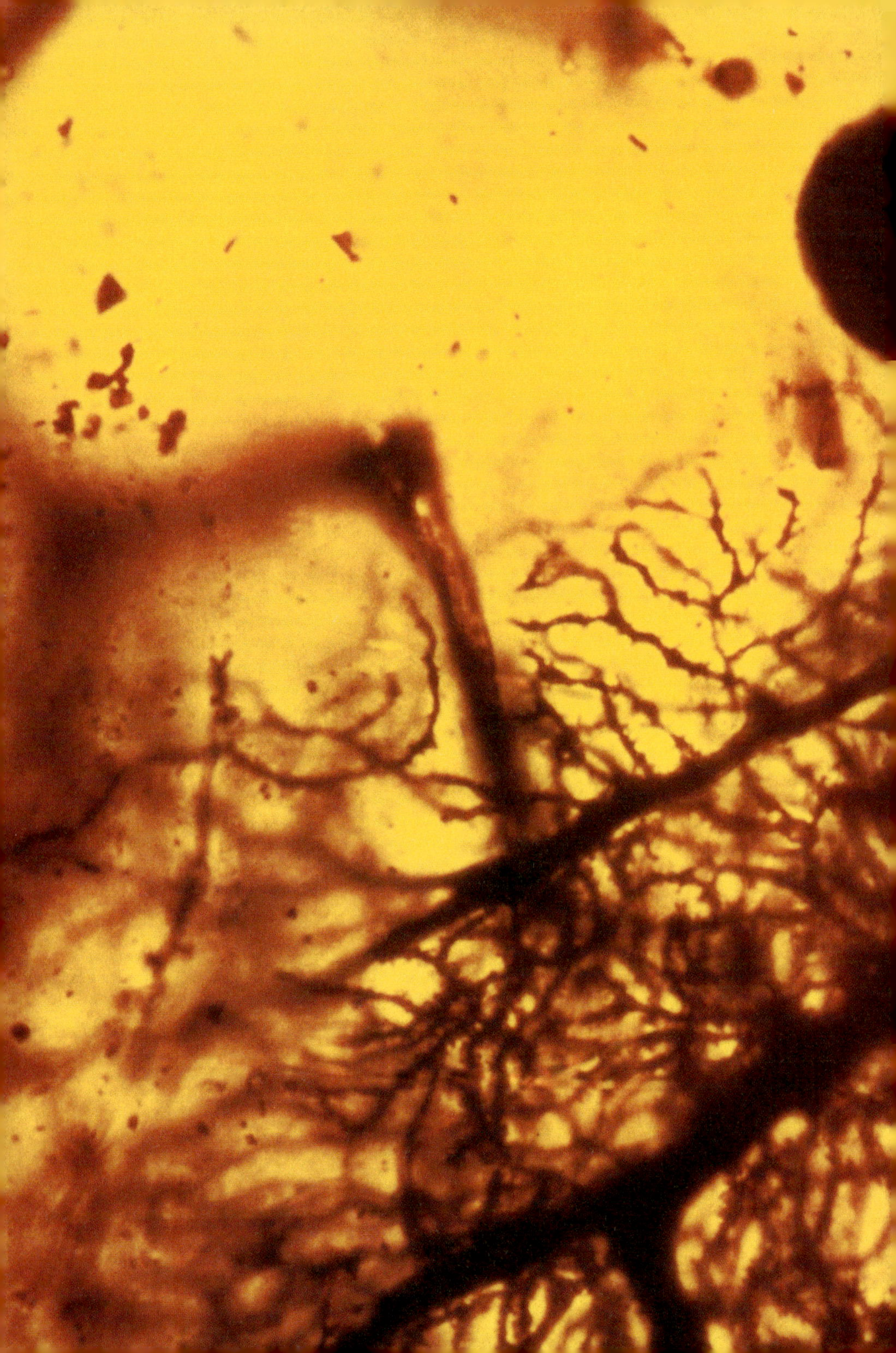

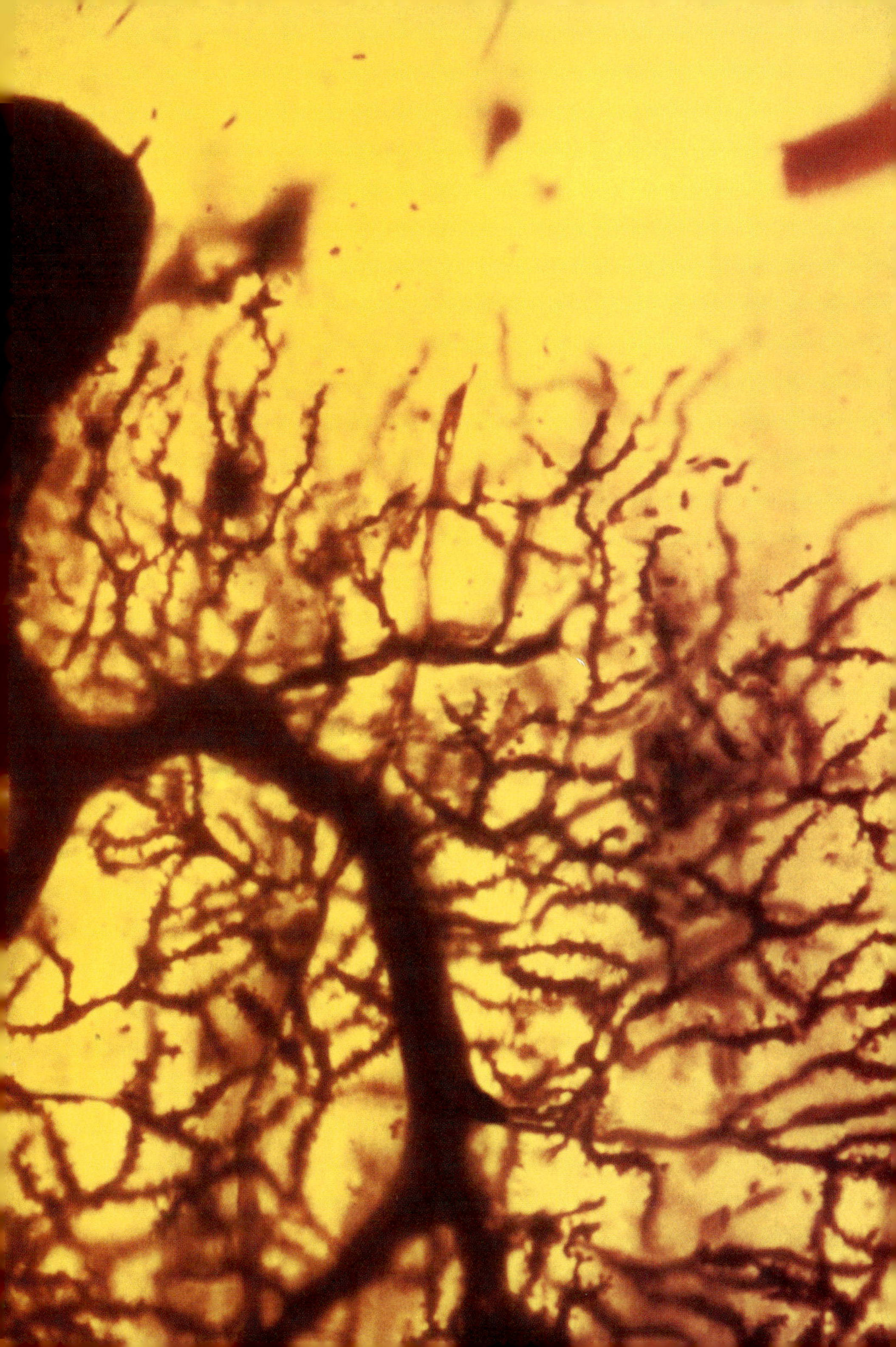

Nichts wie hinterher

«Weg ist er.» Nanolino war völlig fertig mit den Nerven. «Habt ihr gesehen, echt futsch und so rasend schnell!» Er schüttelte den Kopf und sackte in seinem Cockpit-Sessel zusammen, zog sich ein Kissen übers Gesicht, sodass gerade noch seine Segelohren zu sehen waren, und weinte fast. «Wie sollen wir den denn noch kriegen? Wir sind viel zu langsam. Abschießen hätte ich ihn sollen!», hörte man aus der Tiefe des Sesselpolsters.

«Das haben wir ja beim letzten Mal bei der Verfolgungsjagd gesehen, was daraus wird», erklang Micro Minitecs Stimme aus dem Off. «Wir waren uns doch einig, geschossen wird nicht mehr, oder? Du hättest bei der letzten Exkursion in deinem Großvater ihn mit dem Laser erheblich verletzen können. Hast du das schon vergessen?» Nanolino presste sich jetzt das Kissen gegen beide Ohren und strampelte kurz mit den Beinen. «Ich will nichts mehr hören, versteht ihr. Ist doch alles Mist!»

Marie strich Nanolino aufmunternd über den Kopf und rüttelte an seinen Schultern. «Komm, mach dich doch nicht selbst fertig, wir brauchen deine Kraft noch. Du bist es doch, der die Tore schießt.»

«Lass mich!»

«Nanoooooo.»

«Nee, ohne mich.»

«Manno!»

«Ich heiße Nano!»

«Da, da ist er schon wieder», rief Marie auf einmal.

«Woooo?» Nanolino hatte das Kissen weggeschmissen und war hochgeschossen. «Ich sehe nichts.»

«Da, sieh nur.» Und Marie zeigte wild fuchtelnd nach vorne. Nanolino presste seine Nase gegen die Scheibe und starrte angestrengt in die Landschaft. «Du spinnst. Beim besten Willen und größter Vergrößerungstechnik: Da ist nichts! Du veräppelst mich, oder?»

«Iiiiiiich? Doch nie, mein liebstes Bruderherz. Wie könnte ich nur?» Marie grinste zweideutig, und Nanolino zog beleidigt eine Fratze. Ihr wisst schon: Mund und Augen weit geöffnet, Nase hoch, Augen verdreht, Zunge raus und mit den Händen hinter den Ohren wackeln. «HÄH, HÄH, HÄH, HÄH», röhrte er und grinste nun auch – ein kleines bisschen zumindest.

«Trotzdem, Marie, der Gobbot ist weg, da beißt die Maus keinen Faden ab!», sagte er schließlich.

«Kinder, wir haben doch unseren Gobbot-Sucher! Schon vergessen?» Dr. X schaltete sich dazu. «Ihr werdet ihn ganz schnell wiederfinden! Da bin ich mir sicher.» Man hörte ihn mit Micro Minitec flüstern, aber man verstand kaum etwas, nur einzelne Wortfetzen wie «mittendrin» oder «zwei Signale».

«Ich habe den Gobbot-Sucher in dieser neuen Aquarius noch optimiert», teilte ihnen Micro Minitec stolz mit. «Er kann jetzt nicht nur die Gobbots im Körper aufspüren, sondern auch mit Hilfe seines GGP-Systems Distanzen lesen. Wir können euch also immer genau sagen, wie weit ihr von Gobbot entfernt seid.»

«Mit Hilfe von was?», fragte Marie.

«Mit Hilfe eines GOBBOT-GENERAL-POSITION-Systems, einem speziellen Satelliten-Positioniersystem.»

«Super, das ist spitzenklasse, das hat der Vater von Frido auch in seinem Dienstwagen. Echt geil, Marie!»

«Nur dass der Wagen von Fridos Vater im Gegensatz zu unserem Gobbot-Sucher, der Metall und Kunststoff im Körper erschnüffelt, nicht riechen kann. Schon gar nicht Kunststoff und kleinste Moleküle», erklärte Micro Minitec ganz stolz. «Und der Satellit ist hier in meinem Zimmer, das ja wie ein Weltraum für euch da unten in den menschlichen Untiefen ist.»

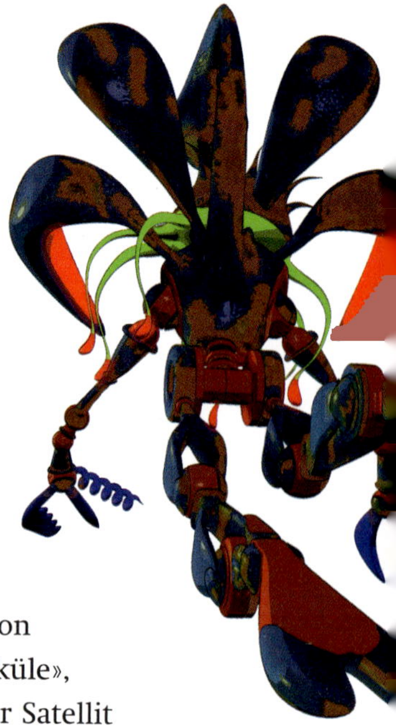

An Micro Minitec ist wirklich ein Professor verlorengegangen, dachten Nanolino und Dr. X gleichzeitig. Doch das wussten sie nicht. «Hey, jetzt habe ich den Gobbot auch wiedergefunden», rief Dr. X den Kindern zu. «Er sitzt mitten im Limbischen System und bewegt sich in Richtung Sprachzentrum!»

«Wie, Sprachzentrum, will Gobbot jetzt auch sprechen?» Marie war außer sich.

«Quatsch, aber er will wahrscheinlich euren Opa mundtot machen. Das Sprachzentrum liegt in der linken Gehirnhälfte und wird häufig beim Schlaganfall geschädigt, schlagartig sozusagen, man kann dann nicht mehr sprechen, weil die Durchblutung verstopft ist.»

«Ach so, ich verstehe, und Gobbot soll das Zentrum jetzt schlaganfallmäßig ausschalten! Dieses Monster!»

«Genau! Schaut mal, hier ist er zu sehen. Genau hier auf der Leinwand vor mir. Schaut nur!» Micro Minitec schaltete aufgeregt die

Ganzkörperübersicht des Tomographen und auch die vergrößerte Spezialansicht des Gehirns jeweils auf einen der Innenbildschirme der Aquarius. Das Signal des Roboters war präzise auszumachen.

«Und hier seid ihr, ihr beiden Korponauten!» Micro kringelte ihre Position mit einem Marker rot ein. Zwei Komma drei Zentimeter von Gobbot entfernt.

«Boah, schon so weit! Der hat wirklich 'nen Turbo verschluckt.»

Nano war sowohl beeindruckt von Micros Technik als auch negativ fasziniert von der Schlotter'schen Gerissenheit und seinen Fertigkeiten. «Was könnte man nicht alles Gutes anstellen mit dieser Technologie, wenn der Anwender nur gute Absichten hätte», grübelte er. «Warum tun einzelne Menschen so etwas Ungeheuerliches wie der miese Schlotter? Was treibt sie an? Was fühlen die dabei? Hat der Professor überhaupt eine Seele?»

Nanolino hätte es zu gerne gewusst und versuchte, sich in ihn hineinzuversetzen! Aber es funktionierte nicht. «Zu gerne wäre ich jetzt in von Schlotters Gehirn, dann könnte ich es vielleicht herausbekommen.» Er kratzte sich am Kopf. «Obwohl, das reicht bestimmt nicht aus. Ich müsste schon das Gehirn vom Professor besitzen.» Er bekam einen großen Schreck und wurde blass. «Oh, lieber nicht», dachte er gleich darauf, «dann wäre ich auf einmal wie er und wahrscheinlich seelenlos.»

«Nano, was ist los? Du bist auf einmal so blass.» Marie hatte gesehen, wie das Gesicht ihres Bruders auf einmal alle Farbe verloren hatte, und gehört, wie er seufzte.

«Ach nichts, hatte nur an dieses Schwein von Schlotter gedacht! Dr. X, kann man eigentlich Gedanken und Gefühle in einem anderen Menschen lesen?»

«Es gibt seit vielen Jahren Versuche mit dem EEG – der elektrischen Hirnsignalmessung –, der funktionellen Kernspintomographie und der biomagnetischen Signalverarbeitung. Habe darüber viel geschrieben, kannst du ja später nachlesen.

MEDIZINTECHNISCHES LEXIKON VON DR. X

Angiographie

Was passiert, wenn der Abfluss im Becken verstopft ist? Richtig, das Wasser kann nicht mehr ablaufen. Kannst du dir vorstellen, was passiert, wenn ein **Blutgefäß** im Körper **verstopft** ist? Ja, es ist dann genauso wie im Waschbecken: Das Blut kann nicht weiterfließen, und das Gewebe hinter der Verstopfung wird nicht mehr mit Blut versorgt. Ein Blutgefäß kann auch kaputt sein wie ein Autoreifen und plötzlich **platzen**. Zum Glück passiert das äußerst selten. Das ist aber dann natürlich sehr gefährlich. Um herauszufinden, ob die Blutgefäße im Körper oder Gehirn richtig funktionieren, kann man sie mit einem **Röntgengerät** untersuchen. Da man mit dem Röntgengerät eigentlich keine Blutgefäße darstellen kann, muss das Blut zunächst mit einem **Kontrastmittel** «angefärbt» werden. Dieses wird über eine kleine Sonde in die Gefäße geleitet. Das Kontrastmittel fließt dann mit dem Blut durch den Körperabschnitt, den der Arzt sich genau ansehen will. So kann man auf dem **Röntgenbild** sehen, ob ein Gefäß irgendwo zu eng oder gar ganz verstopft ist. Auch eine Ausbeulung im Gefäß kann man sehen und notfalls schnell operieren, damit das Gefäß nicht platzt. Eine Untersuchung der Arterien nennt man **Arteriographie** und eine Untersuchung der Venen Venographie bzw. in Medizinchinesisch **Phlebographie** (Phlebo steht für Vene).

Defibrillator

Jedem **Herzschlag** geht ein kleiner Stromschlag voraus. Dieses Signal verbreitet sich im Herzen, und die Herzmuskeln schlagen einmal. Dann kommt ein neues Signal, und das Ganze geht von vorne los. Bei manchen Menschen kommt dieser «**Stromkreislauf**» durcheinander. Statt zu schlagen, **flimmert** das Herz dann nur noch und kann kein Blut mehr in den Körper pumpen. Dies ist **lebensgefährlich**, weil das Herz ohne Hilfe womöglich ganz aufhört zu schlagen. Menschen, denen dies passiert, fallen manchmal plötzlich um und sind nicht mehr ansprechbar. Dann ist es eine ganz große Hilfe, wenn ein Defibrillator da ist, der sofort eingesetzt werden kann. Das passiert nicht nur alten Menschen, auch bei jungen Sportlern kann das leider eintreten, wenn beispielsweise ein Herzfehler nicht erkannt wurde. Ein Defibrillator ist ein Gerät, das den Herzrhythmus überwacht. Das «flimmernde Herz» kann dann durch den Stromstoß einen «**Neustart**» bekommen. Das Herz bekommt dann wieder den richtigen Rhythmus. Ein Defibrillator besteht aus einem Ladegerät und einer Elektrode aus Metall. Nach einem akustischen Signal hält man die geladene **Elektrode** auf den Brustkorb und versetzt dem Betroffenen einen Stromstoß. Man darf den Menschen aber auf keinen Fall während des Stromstoßes berühren, sonst bekommt man selbst einen Schlag, und der ist etwas stärker als der elektrische Zaun an einer Pferdekoppel …

Heutzutage kann man an vielen öffentlichen Plätzen, z. B. im Fußballstadion, Defibrillatoren sehen. Da der Notarzt oft nicht rechtzeitig zur Stelle sein kann, hängen sie meist zentral an der Wand und können so schnell von jedem eingesetzt werden. Defibrillatoren haben schon vielen Menschen das Leben gerettet.

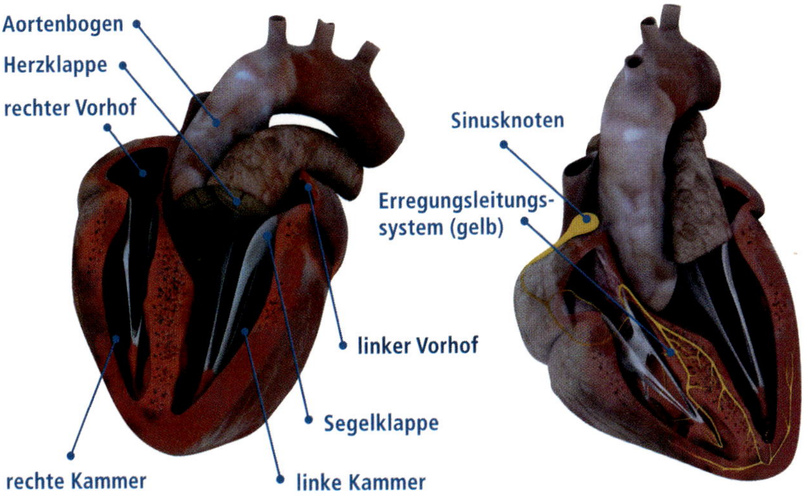

EEG

Alles, was du fühlst und denkst, findet in deinem Kopf in Milliarden von Gehirnnerven statt. Wenn dein Gehirn arbeitet – und das tut es die ganze Zeit, auch nachts –, stehen diese Nerven ständig in Verbindung zueinander. Nur so kann blitzschnell Information von einer Zelle zur nächsten flitzen, Informationsverarbeitung nennen Ärzte dies, und in Befehle umgewandelt werden. Zum Beispiel, dass eine Mücke dich pikst, dein Gehirn dies spürt und dir den Befehl gibt: «Lass jucken, Kumpel», oder dich schreien lässt: «Hau ab, du blödes Viech!» Die Kommunikation zwischen den Nerven läuft über Stromsignale in den Nervenzwischenräumen (**Synapsen**). Diese Stromsignale kann man mit einem EEG-Gerät messen. EEG steht für «**Elektroenzephalogramm**», also **Elektro** für elektrisch und **Enzephalogramm** für **Gehirnmessung**. Um die Gehirnströme zu messen, werden ganz viele kleine Sensoren, die Mess-Elektroden, am Kopf befestigt. Am EEG-Gerät entsteht dann ein unheimliches Gekrakel, durch das nur ein Facharzt durchblickt. Meistens sind dies spezielle Neurologen (Nervenärzte). Die Zacken im EEG verändern sich je nach Bereich im Gehirn, der gerade besonders aktiv ist. Schläfst du, sind die Zacken ziemlich klein, hast du jedoch einen Albtraum, werden manche Zacken größer. Nur den Traum selbst kann das EEG nicht aufschreiben. Zu schade. Ein EEG tut nicht weh, und mit viel Übung kann man erkennen, ob im Gehirn alles o.k. ist.

EKG

Mit deiner Hand auf der Brust kannst du dein Herz schlagen fühlen, manchmal auch hören, wenn es sehr schnell schlägt. Aber du kannst nicht sehen, warum es schlägt. Denn die kleinen elektrischen Signale, die den Herzschlag auslösen, sind so zart, dass niemand auf der Welt sie fühlen kann. Aber messen könntest du sie mit einem EKG. EKG steht für «**Elektrokardiogramm**», also **Elektro** für elektrisch und **Kardiogramm** für **Herzmessung**. Mit einem EKG kann der Arzt deine **Herzfunktion** überprüfen. Jedem **Herzschlag** geht ein kleiner Stromschlag voraus. Dieses Signal verbreitet sich im Herzen, und die Herzmuskeln schlagen einmal. Dann kommt ein neues Signal, und das Ganze geht von vorne los. Mit dem EKG kann man dieses feine **elektrische Signal** messen. Dafür werden auf ganz bestimmten Stellen am Brustkorb kleine Sensoren, die **Messelektroden,** aufgeklebt, die wiederum an ein EKG-Gerät angeschlossen werden. Das EKG-Gerät nimmt dann das Herzsignal auf und zeichnet einige Minuten das EKG auf. Ausgedruckt oder auf einem Monitor sieht das EKG aus wie eine lange gezackte Linie. Mit jedem Herzschlag schlägt die Linie nach oben aus. Ein Arzt kann aus diesem **Zick-Zack-Gekritzel** herausfinden, ob dein Herz gesund ist oder dein Opa oder deine Oma eine Herzerkrankung haben. Es gibt auch Geräte, die kann man einen Tag lang für ein 24-Stunden-EKG tragen, zum Beispiel, um das Training von Sportlern zu überwachen. Ein EKG ist völlig ungefährlich und tut überhaupt nicht weh.

Mammographie

In jeder Sekunde des Lebens bildet der Körper neue Zellen, um abgestorbene Zellen zu ersetzen. Zellen vermehren sich ständig weiter und bauen unseren Körper. Jede Zelle hat ihre bestimmte Form und Funktion. Bei einer Krebserkrankung bilden sich veränderte Zellen, die unserem Körper schaden können. Manche bösartigen Krebszellen vermehren sich sehr schnell und zerstören lebenswichtige gesunde Zellen. Beim **Brustkrebs,** der in der Regel bei erwachsenen Frauen auftritt, verändern sich die Zellen in der Brust. Sind die Krebszellen bösartig und «fressen» quasi das gesunde Gewebe auf, kann Brustkrebs leider zu einer sehr schweren Krankheit werden. Die Mammographie ist eine spezielle **Röntgenuntersuchung,** bei der ein Arzt **veränderte Zellen** in der Brust erkennen kann. So lassen sich kleine Zellknoten finden, die man von außen nicht ertasten kann. Die Mammographie ist eine **Krebsvorsorgeuntersuchung,** die vor allem Frauen ab dem 35. Lebensjahr durchführen lassen sollten. Je früher man bösartige Zellen in der Brust erkennt, desto größer sind die Heilungschancen.

WAS IST EIGENTLICH …

Biomagnetismus?

Viele Vorgänge im Körper sind mit elektrischen Strömen verbunden. Dabei entsteht ein elektrisches Feld, das sich auf der Haut messen lässt (z. B. mit einem Elektrokardiogramm für die Herzaktivität oder einem Elektroenzephalogramm für die Gehirnströme). Neben dem elektrischen Feld entsteht gleichzeitig auch ein **Magnetfeld**, das man untersuchen kann. Biomagnetismus beschäftigt sich mit diesem Magnetfeld, und man kann die sehr **schwachen Felder** mit besonders empfindlichen Messgeräten aufnehmen. Dazu muss sogar das Erdmagnetfeld in solchen Untersuchungsräumen abgeschirmt werden. Aus Magnetfeldern kann man Informationen über den Körper gewinnen, die die elektrischen Felder nicht liefern. Dabei muss der Körper des Patienten nicht einmal berührt werden. Spezielle Sensoren messen die magnetischen Vorgänge, die im Gehirn, in den Nerven oder im Herzen ablaufen. Da jeder Mensch eigene Magnetfelder erzeugt, kann man mit dieser Methode sogar das Herz eines ungeborenen Babys im Leib der Mutter untersuchen.

Auf jeden Fall kann man bis heute nur vereinzelt Gefühle von Menschen registrieren: wie Angst, Freude und Appetit. Gedanken lesen, das können möglicherweise manche Wahrsager – aber auch da bin ich skeptisch. Unsere Gedanken und Gefühle sind so komplex, das wird zum Glück nie funktionieren. Nur: Das Militär hat großes Interesse am ‹gläsernen Gehirn›. Deshalb steckt es auch weltweit ganz viel Geld in die Forschung. Gedankenlesen und Gehirnmanipulation von Menschen könnten ja ein moderner Kriegsschauplatz werden. Auch an einer neuen Generation für Lügendetektoren ist man interessiert.»

«Dann will ich lieber Wahrsager werden», flüsterte Nano. Und laut: «Zuerst müssen wir jetzt GOBBOT und den gemeinen Professor besiegen! Und zwar schnell WAS TUN!»

«Auf in den Kampf, die Schwiegermutter ruft … Siegesgewiss … klappert ihr Gebiss», fing Dr. X fröhlich zu singen an. Und trällerte die Melodie dieses bekannten Ohrwurms weiter vor sich hin. Er hatte zwar Passagen des berühmten Textes vergessen und machte sich ein wenig Sorgen um seine Gedächtnisleistung, die in letzter Zeit etwas nachgelassen hatte. Dafür war aber sein Tatendrang zurückgekehrt. Er beruhigte sich damit, dass jedes Gehirn ab und zu auch mal die «Platte putzen» musste, wie Micro sagen würde, genau wie ein Computer eben. Wir speichern täglich unbewusst so viel Müll von Texten oder Bildern, die einem von Fernsehen, Computer, Zeitungen oder sonst wie aufgezwungen werden, dass unser Gehirn manchmal ganz schön erschöpft ist. Man muss eben lernen, sich auf das Wesentliche zu konzentrieren, und diesen ganzen «Infomüll», mit dem wir täglich unser Gehirn beschießen lassen, aussortieren. «Eine Aktion gegen Diebstahl von Gehirnspeicherplatz – und gegen Zeitdiebe – sollte ich wirklich mal initiieren.» Dr. X schmunzelte vergnügt bei diesem Gedanken und ballte die Faust unter dem Tisch.

Mitten im «Indischen» System

Kopfüber war die Aquarius jetzt hinter Gobbot hergeschossen. Micro Minitec hatte die langatmigen Diskussionen satt und schickte die Aquarius mit Karacho hinter dem Gobbot her. Ihre Gedankensteuerung half ihr enorm: Sie brauchte keine anderen Menschen mit irgendwelchen Erklärungen oder Befehlen belästigen. Und das sparte richtig Zeit. Das Geruchs- und Bild-Signal von Gobbot hatte sie auf dem Monitor markiert, und die Automatik der Aquarius beförderte jetzt die beiden Kinder sicher ins Innere des Gehirns. Der neue Raketen-Klebe-Antrieb bohrte sich gewebeschonend durch das Gehirn, und eine intelligente Spezialsteuerung vermied, dass wichtige Strukturen geschädigt wurden. Die Kinder wurden aufgrund der großen

GROSSMUTTERS REZEPTE

Der Rundum-Muntermacher-Drink

MAN NEHME:

¼ l Aprikosensaft
¼ l Mangosaft
¼ l Melissentee (kalt)
1–2 frisch gepresste Orangen
(wenn du noch fitter werden willst)
1 Zitrone

Du mischst einfach den Saft und den kalten Tee zusammen, schmeckst mit frisch gepresstem Zitronensaft ab. Fertig ist der Fitmacher. So schnell geht das!

Geschwindigkeit in ihre Sessel gepresst. Zum Glück waren sie angegurtet, sonst hätten die Turbulenzen sie sicherlich miteinander verknotet … Mit großen Augen sahen sie fassungslos aus dem Fenster: Es ging vorbei an wundervollen Zellen, Nerven und Gefäßen.

«Oh, wie ‹traumatisch› schön!», rief Nano aus.

«Da hast du recht», schmunzelte Dr. X, «traumatisch ist die Aquarius schon, sie muss sich ja durch das heile Gewebe wursteln, aber es wird fast nichts zerstört. Wir sind so klein und fein, und dieser tolle Klebstoff von Micro hat heilende Wirkung. Beste Immunstimulanzien sind darin!»

«Da, seht mal dort die Mandelkerne», hörten sie Micro ausrufen.

«Gebrannt und mit Zucker am liebsten. O ja, die mag ich auch so gerne, Micro. An was du auch immer denkst! Wie auf der Kirmes! Danke, danke, danke, liebste Microlein.»

«Schade, Marie, hätte dich jetzt gerne mit was Süßem verwöhnt.

WAS IST EIGENTLICH ...

eine Herzrhythmus-Störung?

Vom ersten Tag deines Lebens schlägt dein Herz wie durch Zauberhand gesteuert tagein und tagaus. Beim Schlafen, am Tag, beim Sport, bei Freude, bei Trauer. Du merkst es bewusst fast nie. Toll, oder?

Diese **Zündung** von elektrischer Erregung ist vergleichbar mit dem Starten eines Autos und entsteht mitten im Herzen, am **Sinusknoten**! Hier wird der Herzschlag immer wieder ausgelöst, in deinen superspezialisierten stromgebenden Zellen. Die Stromimpulse werden über spezielle Bahnen im ganzen Herzen verteilt und führen dazu, dass alle Muskelzellen in einer harmonischen Wellenbewegung nacheinander «gezündet» werden. Ein gezielt gesteuertes Feuerwerk der Herzerregung findet normalerweise bis zu 80 Schlägen pro Minute je nach Alter statt. Bei Belastung findet das gigantische Feuerwerk auch viel häufiger statt. Das alles geschieht koordiniert über die Erregungsbildungs- und **Leitungsbahnen** des Herzens.

Diese Bahnen oder auch einzelne Zellverbände können geschädigt werden, z. B. durch **Infektionen** oder **Überlastungen**. Dann schlägt dein Herz entweder zu langsam (**Bradykardie**) oder zu schnell (**Tachykardie**). Es kann aber auch mit einzelnen Pausen oder Extraschlägen (**Extrasystolen**) reagieren.

Die meisten Taktabweichungen deines Herzens sind aber normal. Das Herz ist eben keine Maschine und macht auch mal Hüpfer, vor Freude zum Beispiel. Gerade bei Kindern. Kinderherzen schlagen auch manchmal beim Atmen etwas asynchron. Aber wenn Menschen darunter leiden, dann sollte ein Arzt aufgesucht werden, besonders wenn solche Taktstörungen plötzlich ganz heftig sind und vor allem bei älteren Menschen auftreten. Dann solltest du deine Eltern, Großeltern oder Freunde und Bekannten zum Arzt schicken.

Grossmutters Rezepte

Traumhaftes Lassi mit Mango oder Banane

Hierbei handelt es sich nicht um Lassie, einen berühmten Hund aus Kinderfernsehsendungen von früher. Ein Lassi ist ein köstliches indisches Milch- und Joghurtgetränk, das schon vor mehreren tausend Jahren den Menschen viel Freude gemacht hat. Damals hatten die Menschen geglaubt, dass über den Nahrungskreislauf Menschen und Götter miteinander in Verbindung treten und sich gegenseitig beschenken. Bis heute glauben viele Inder dies und versuchen, jede Speise so genussvoll wie möglich zu gestalten. Milch und Milchprodukte galten schon damals als unentbehrlich, und die fruchtigen süßen Lassis wurden als erfrischende Getränke an großen Adelshäusern als Zwischenmahlzeiten gereicht. Heute ist das Lassi als traditionelles Getränk in Indien nicht mehr wegzudenken. Es gibt auch salzige Lassis, und die altindische Wissenschaft vom Leben (Ayurveda) hat das Lassi als wesentlichen Baustein einer ausgewogenen Ernährung im Speiseplan. Probier es mal und lass dir dieses köstliche Getränk genussvoll die Kehle hinunterlaufen. Hmmm!

Das köstliche Bananenlassi

FÜR 4 PERSONEN

1	reife Banane
500 g	Vollmilchjoghurt
0,5 l	stilles Wasser
125 g	süße Sahne
1–2 EL	brauner Rohrzucker (anstatt Rohrzucker kann man auch Honig nehmen)
1 EL	Mangosirup oder Agavendicksaft bzw. Ahornsirup

Zunächst schälst du die Banane und schneidest sie in kleine Röllchen. Dann wirfst du diese in den Mixer oder nimmst den Zauberstab und gibst nach und nach Vollmilchjoghurt und Wasser hinein. Das Ganze gut verquirlen, auch die Sahne und die übrigen Zutaten. Dann lässt du es schön aufschäumen und stellst das Bananenlassi kühl.

Traumhaftes Mangolassi

FÜR 4 PERSONEN

1	reife Mango
300 g	Vollmilchjoghurt
600 ml	stilles Wasser
1 EL	brauner Rohrzucker oder Honig

Du schälst die Mango und halbierst sie. Danach schneidest du das Fruchtfleisch vom Kern und zerkleinerst die Mango. Anschließend wieder im Mixer oder mit dem Zauberstab pürieren. Joghurt und das Quellwasser dazugeben, alles schön schaumig schlagen und kühl stellen – und dich darauf freuen!

Aber schau raus, dort draußen, diesen Knoten nennen wir Mandelkern. Ist der nicht schön?», sagte Micro schwelgerisch.

«Das ist ein wichtiger Teil vom Limbischen System», erklärte Dr. X, «dem inneren Planetensystem des Menschen.»

«Indisches System!? Habe ich etwa was verpasst in diesem ganzen Tohuwabohu, oder habe ich doch geschlafen? Ihr habt mich hypnotisiert, oder …», sie rieb sich die Augen, «… sind wir schon soooo weit geflogen? Und ich dachte immer, dass Indien nahe bei Delhi liegt. Micro Minitec, ich mag indische Kleider und Seide total gerne», sie plapperte aufgeregt immer weiter, «Mami hat mir ein wunderschönes buntes Kleid aus Delhi von ihrem Indienurlaub mitgebracht und … und … duftende Räucherstangen.» Jetzt mischte sich Nanolino ein und grölte vor Lachen, dass fast der Gurt gesprengt wurde.

«Also Mariechen! Neu-Delhi ist erst einmal die Hauptstadt von Indien, Indien liegt somit nicht bei Neu-Delhi oder Kalkutta, sondern umgekehrt», prustete er, «das ‹Indische› System spielt hier drinnen aber überhaupt keine Rolle. Das ‹Indische System› hat etwas mit ihrer Politik und ihrer Religion des Hinduismus zu tun und findet auf einem anderen Planeten statt. Hier befinden wir uns nicht im INDISCHEN, sondern im LIMBISCHEN Planetensystem des Menschen, oder, Dr. X?», erklärte er etwas angeberisch.

«Marie, dein Bruder hat leider recht, und du hast sicherlich ein wunderschönes indisches Kleid. Die medizinischen Begriffe sind ja auch wirklich schwer. Aber es wird noch phantastischer, passt auf!» Die Kinder waren gespannt wie ein Flitzebogen.

«Da vorne, Kinder, seht ihr das Tal der Pferde oder genauer das Seepferdchen und die Brustwarzen», sagte er schelmisch.

«Ja, den Steigbügel habe ich schon im Ohr gesehen, obwohl die Pferde fehlten. Und hier sehe ich auch keins, schon gar nicht irgendwelche Seepferdchen oder Brüste. Das wäre auch zu unanständig», fügte Nanolino schnell hinzu. Es brauchte ja keiner mitzukriegen, dass sein Hals trocken wurde und sich ein rötlicher Schimmer auf seiner Haut breitmachte. Nach Brüsten sah er sich zugegebenermaßen manchmal im Schwimmbad heimlich um, und auch Eliza hatte schon einen kleinen niedlichen Brustansatz.

«Also, alte Ärzte, Chirurgen oder Pathologen – also Ärzte, die Leichen sezieren …»

«Igitt, igitt.» Marie schüttelte sich vor Ekel.

«… wenn wir die nicht hätten, wüssten wir gar nichts vom Körper, liebe Marie. Du musst das ja nicht selbst durchführen, aber für die Wissenschaft und das medizinische Handeln ist das Aufschneiden total wichtig. Stell dir mal vor, du hättest einen Tumor im Kopf, dann müsste ihn ja auch jemand operieren und sich richtig auskennen, damit er nichts verletzt, oder?», erklärte Dr. X liebevoll. Marie nickte sprachlos.

«Also, alte Ärzte haben dieses Gebiet hier untersucht und den Strukturen Namen aus dem täglichen Leben gegeben, weil sie in ihrem Aussehen an Pferde, Seepferde, Steigbügel oder Brustwarzen erinnerten.»

«Ach so», riefen Marie und Nanolino wie aus einem Mund.

«Und hier ist eben das Tal der Pferde oder präziser das sogenannte Seepferdchen, der Hippocampus.»

«Oh, wie niedlich, ja, die sehen wirklich bezaubernd aus und so zart.» Marie schmolz dahin.

«Ja, das ist das Zentrum des Kurzzeitgedächtnisses, Marie. Und je intensiver und schöner das Erlebnis des Lernens ist, umso besser und länger bleibt die Information dort erhalten. Stunden oder Tage, es liegt auch an uns.»

«Genau, mit Spaß lernen, das wär's. Nicht öde pauken!», mischte sich Micro ein, «durch Freude werden zusätzlich viele Zentren im Gehirn aktiviert und neue Informationen in der Großhirnrinde durch neu entstehende nervige Querverbindungen im gesamten Gehirn abgelegt. Unser Hippocampus ist ein wundervoller Gedächtnismanager, quasi der Dirigent von allem.»

«… und die sogenannten Mamillarkörper, die brustwarzenähnlichen Körperchen, die koordinieren eure Gefühle beim Lernen und in allen anderen Lebenssituationen. Ganz, ganz wichtig sind diese wunderschönen zarten Brüstchen.» Dr. X schmunzelte: «Leider wird dies von der herkömmlichen Wissenschaft und in der Lehrerausbildung stiefmütterlich behandelt.»

«Jetzt hör mal auf mit deinen anzüglichen Bemerkungen, Xchen.» Zu gerne neckte Micro Minitec ihren Doktor.

«Genau, genau, Dr. X. Hier lerne ich viel, viel mehr als aus einem Buch.» Nanolino war ganz aufgeregt. «Seht mal dort. Oh, diese wunderbaren Färbungen und vielfältigen Formen hier überall. Sieh mal, Marie, dieser riesige Regenwurm da vorne!»

«Das ist der Riechtrakt, der zum Riechkolben führt! Aber noch eins, Kinder: Nachlesen müsst ihr schon und auch eure Lehrer löchern, um die tieferen Zusammenhänge zu verstehen …»

«Riechkolben, jetzt willst du uns veräppeln, Dr. X!»

«Nein wirklich, so nennen wir die Nervenfasern, mit denen ihr riecht: Tractus olfactorius nämlich. Und wenn der verletzt ist, dann kann alles auf einmal erheblich stinken, oder man riecht gar nichts mehr in der Welt – auch nicht den verführerischen Duft von Rosen oder Parfüm.» Auch bei diesen Worten dachte Nanolino wieder einmal selig an Eliza und ihren zarten Frühlingsduft. Ihm stockte kurz der Atem.

«Also deshalb will Gobbot hierhin! Wo ist der eigentlich? Leute, wir quatschen zu viel.» Nanolino machte Dampf.

«Ich habe ihn immer im Auge, noch flieht er vor uns. Ich glaube, er will uns in eine Falle locken! Doch lassen wir uns nicht täuschen, Kinder. Ich muss euch jetzt meinen Verdacht mitteilen: Ich beobachte seit längerem ein zweites GOBBOT-Signal im Ganzkörperbild. Es kommt von hinten auf euch zu.»

«Au Mist, Micro!», rief Nanolino aus.

«Wir passen auf, Kinder. Er ist noch weit entfernt. Ihr müsst jetzt erst einmal Gobbot eins erledigen», versuchte Dr. X zu beruhigen.

«Das wird jetzt aber echt ätzend hier. Was, was haben die geplant, Dr. X?», fragte Marie ziemlich unsicher.

«Ich weiß es natürlich auch nicht. Aber eins ist sicher, sie wollen gemeinsam die Gefühle von eurem Großvater …», und als wenn dieser die Worte von Dr. X verstanden hätte, schrie der auf einmal laut: «NEIIIIN.» Es klang furchterregend, vor allem das zweite Mal: «NEIIIIIIN – HIIIILFE – NAAANOOOO!»

«Trotz Vollnarkose, ich glaube, Großvater kriegt mehr mit, als wir glauben. Da bin ich mir absolut sicher. Wenn Professor von Schlotter glaubt, er kann meinen Großvater diesmal fertigmachen, dann hat er die Rechnung ohne den Wirt gemacht. Der Wirt ist nämlich saustark, und gemeinsam sind wir unausstehlich, nicht wahr, Marie?» Er grinste sie an und war nun wieder extrem motiviert, besonders seit sein Opa ihn um Hilfe gerufen hatte. Er verstand ihn zwar nicht wirklich, den alten Knurrhahn, aber irgendwie hatte er ihn doch gern, «vor allem, wenn er so hilflos ist», dachte er verlegen.

«Der Geist von Opa wird mir immer ein Buch mit sieben Siegeln bleiben, Marie. Aber Gobbot machen wir jetzt wieder zur Minna, auch wenn er Zwillinge oder Drillinge gebären sollte!»

«Genau!!!» Marie strahlte ihren mutigen Bruder an, und beide klatschten zur Bestätigung ihre Handflächen gegeneinander. Es klatschte so laut und stark, dass selbst das U-Boot vor lauter Begeisterung zu wackeln anfing.

Gefährliche Turbulenzen im Großvater

Von hinten brauste das zweite Ungetüm heran. Nanolino beugte sich näher an die Cockpitscheibe und starrte angestrengt hinaus, konnte aber nichts entdecken. «X seh nix», rief er nervös.

«Dann schau doch einfach mal auf den Schirm mit der Körperübersicht, Captain Medicus», antwortete Dr. X. Und tatsächlich, der zwei-

WAS SIND EIGENTLICH …

Tesla-Transformatoren?

Du kennst vielleicht den Effekt von Zauberkugeln, die mit Lichtblitzen auf die Berührung deiner Hand reagieren. Mit diesen Transformatoren lassen sich hochfrequente Wechselströme mit sehr hohen Spannungen erzeugen. Ziel war und ist es, ohne Kabel Strom zu übertragen. Vor kurzem ist es Forschern gelungen, über eine kabellose Strecke von 2 Metern eine Birne zum Glühen zu bringen.

Die größten Anlagen stehen in Auckland (Neuseeland) und im Wissenschaftsmuseum in Hot Springs (Arkansas, USA). Bis zu 15 Meter hohe Blitze können mit bis zu 1,5 Megavolt erzeugt werden.

te Roboter, Sobbot, war zum Greifen nah. Lediglich eine lange Gefäßkurve trennte ihn noch von Nano, und deshalb war er auch noch nicht in seinem Blickfeld. Aber er näherte sich schnell, zu schnell für Nanos Empfinden. Obwohl er darauf vorbereitet war, zuckte der kleine Medicus zusammen, als die teuflische Maschine wie ein Geschoss aus der Kurve kam und auf ihn zuraste. Auch Micro Minitec war so geschockt, dass ihre Warnung förmlich aus ihr herausplatzte: «Nano, geh in Deckung. Los, runter! Zieh den Hebel nach oben! Sofort!»

Vor lauter Schreck drückte Nano jedoch den Joystick nach unten, und das U-Boot flog abwärts, wie ein nasser Sack. Aber das Manöver kam gerade noch rechtzeitig; anstatt mit dem Robotergeschoss zu kollidieren, sahen Nano und Marie nur einen Lichtstrahl, der wie ein Komet über ihr Schiff hinwegraste.

«Puh, das war aber knapp!» Von Nanolinos Stirn kullerten Schweißperlen aufs Armaturenbrett – plöpp, plöpp, plöpp …

«Der wollte uns umbringen», jaulte Marie auf. «Habt ihr das gesehen?»

«Ja, sah ganz so aus! Ich vermute, Schlotter hat diesen Roboter

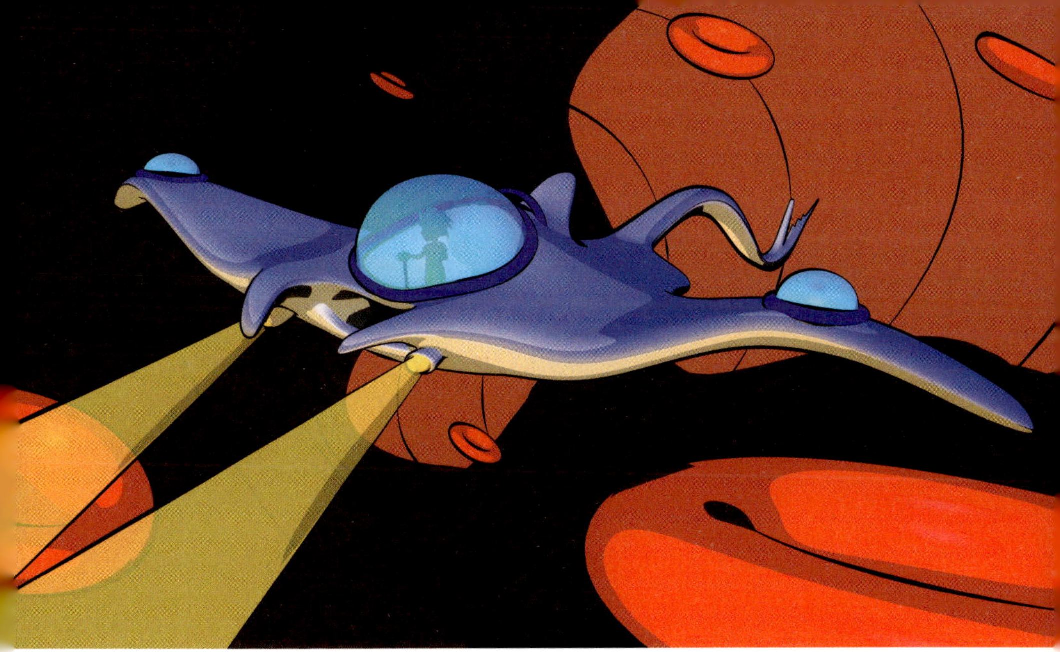

wie eine Rakete programmiert, allein dafür gedacht, das U-Boot zu zerstören.» Nachdenklich strich sich Dr. X durch seine Bartzotteln. Er wusste ja um die Gefährlichkeit dieses Ganoven, aber dass er hemmungslos alles vernichten wollte, was ihm quasi vor die Flinte kam – selbst Kinder –, hätte er nicht für möglich gehalten. Umso überlegter galt es zu handeln und die Kinder sicher zur «Erde» zurückzubringen.

«Dieses verrückte Ekelschwein. Dem werden wir es zeigen!» Maries Kampfeslust war zum Glück ungebrochen. «Micro, weißt du was? Wir brauchten jetzt nur ein starkes Magnetfeld, und schwups! könnten wir dieses …» Doch in diesem Moment erstarben ihre Worte in einem rasanten Salto mortale der Aquarius. Nanolino war dem nächsten Angriff elegant ausgewichen, indem er den Manta hochkant an die Gefäßwand gepresst hatte. Marie hatte den Faden aber nicht verloren. Sie plapperte aufgeregt weiter: «Leute, ich habe ein Buch von dem alten Physiker Tesla gelesen, der Wechselströme und Magnetfelder erforscht hat …»

«Wie, du liest wirklich Bücher von dem Erfinder Nicola Tesla?»,

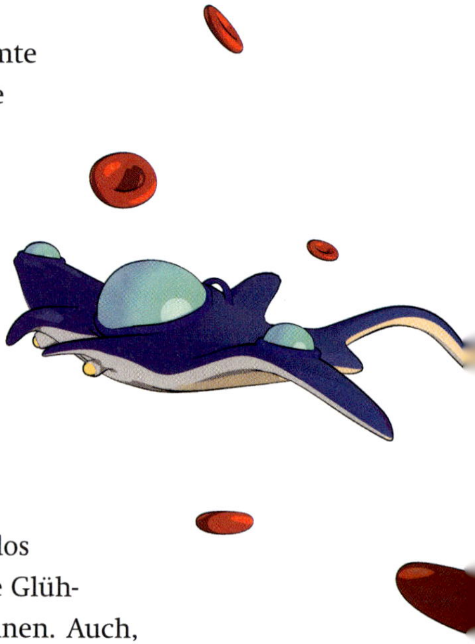

unterbrach sie Dr. X. «Der berühmte Erfinder, der unter anderem die kabellose Übertragung von Wechselstrom entdeckt hat? Er hat den Wechselstrom salonfähig gemacht.»

«Ja, ich weiß, seine Werke sind furchtbar spannend, und deshalb fiel es mir nicht schwer, sie mir einzuprägen, Seite für Seite. Hört mal, manche Ströme können so stark sein, dass sie berührungslos andere Metalle aufladen oder eine Glühbirne zum Leuchten bringen können. Auch, wie Strom ohne großen Energieverlust fließen kann, hat Tesla erforscht.» Und sie fing an, aus ihrem Gedächtnis zu zitieren.

«Du mit deinem fotografischen Gedächtnis. Hoffentlich hast du da mal nichts verwechselt. Außerdem, was soll's? Hilft jetzt auch nicht weiter», schrie Nano, «pass lieber auf.» In letzter Sekunde konnte er gerade noch ausweichen. Der zweite Roboter, der Sobbot, schoss auf sie zu, seine Flugbahn war diesmal nicht geradlinig, sondern erinnerte vage an einen Korkenzieher. Er hatte seine Taktik geändert und sofort den gefährlichen Salto der Aquarius imitiert. Trotzdem verfehlte er, dank Nanos beherzter Ausweichmanöver, wieder die Aquarius.

Nano nutzte die lange Schleife, die der Roboter nun fliegen musste, um sich wieder auf seinen Gegner stürzen zu können, und brachte die Aquarius auf Distanz zu ihrem wahnsinnigen Verfolger. Er gab Gas und steuerte das Schiff rasant um mehrere Kurven und in jede neue Abzweigung, die sich vor ihm auftat. Dr. X hatte von außen wieder das Signal von Gobbot auf das GGP-System geschaltet, der in Richtung Nase zu schwimmen schien. Auch Sobbot hatte scheinbar ihre

Spur verloren. Nanos Hände zitterten fürchterlich – er brauchte dringend eine Pause. Er bremste ab und dockte das Boot an die Gefäßwand an.

«Mensch, Marie, das ist genial. Genau, ja wirklich, das ist es!» Micro Minitec war aus dem Häuschen. Sie hatte sich blitzschnell Maries gespeichertes Wissen durch den Kopf gehen lassen und eine neue Kampfstrategie entwickelt. «Ja, so muss es gehen!»

«Alle mal herhören», rief sie ins Mikrophon.

«GOBBOT, da ist GOBBOT wieder!», schrie Nanolino verzweifelt dazwischen. «Ich sehe ihn vor mir. Wir müssen losschlagen. Mensch, Leute …»

«Jetzt hör mal 'nen Moment zu. Erst überlegen und dann zuschlagen, sonst kann's böse enden.» Gobbot hatte sich umgedreht und tastete suchend die Umgebung mit seinem Laserscanner ab. Ein grüner Lichtstrahl schoss von vorne aufs Boot zu. Die Kinder mussten die Augen zusammenkneifen. Vorsichtig entkoppelte Nano das U-Boot wieder und stellte den Geschwindigkeitsregler auf Schleichfahrt.

«Zum Glück habe ich auf Tarnfarbe gestellt, aber das wird euch nicht mehr lange helfen.» Ein intensives rotes Licht schimmerte durch die Unmengen der «Meeresbewohner» der Blutbahn hindurch. Die Kinder hatten diese bisher nicht beachtet, da sie sich so extrem schnell durch das Gefäßlabyrinth bewegt hatten. Aber jetzt war die Fahrt langsamer geworden, und diese wilden Gestalten – in den merkwürdigsten Formen – waberten um sie herum. Einige sahen aus wie rote Bonbons, andere wie mit Kokosraspeln beflockte Kugeln. Kleine Päckchen, Kugeln, Eier, Plättchen in den unterschiedlichsten Farben und Formen, mit und ohne Stacheln oder Dellen waren zu sehen. Auch spinnenförmige Feinstgebinde erschienen im Lampenlicht.

«Verrückt, dass ich sie in dieser Vielfalt letztes Mal bei Opa im Blut so nicht gesehen habe», dachte Nanolino. Und in diesem Moment legte sich auch schon ein klebriges Etwas auf den Manta und schien sie einzuwickeln.

«Macht nichts, Kinder», beruhigte Micro Minitec die jetzt doch zunehmend aufgeregteren Kinder. «Das sind nur Abwehrkontrolleure, die sollen herausfinden, ob das U-Boot ein Fremdkörper ist oder nicht. Die Mantaoberfläche ist mit Spezialschuppen beschichtet. Da passiert gar nichts. Alle Attacken von Killerzellen oder ‹Blutverklumpern› werden vergeblich sein, sie werden abrutschen oder das Boot nicht als Eindringling erkennen können. ‹Lotuseffekt›, sage ich nur. Doch die Gobbots dieser Erde sind nicht so einfach in Schach zu halten. Aber ich hab jetzt – dank Maries Tesla-Inspiration – eine Idee.»

Sie erklärte ihnen ganz schnell ihren Plan. Maries Ausführungen über Tesla hatten sie darauf gebracht. Sie berichtete über ihre neue Erfindung des gezielten Schrumpfens von Einzelteilen, die sie schon Nanolino vorgeführt hatte. Sie erklärte, dass eine der Techniken hierzu auf starken Wechselströmen beruhe, eine andere in der Erzeugung starker Magnetfelder bestehe. Außerdem habe sie im Untergeschoss des Mantas noch eine neue Aquarius platziert, die noch kleiner sei, aber dafür mit der neuen Technik ausgestattet. Dieses rote, blutkörperchenähnliche Gefährt könne Nano, wenn Marie darin Platz genommen hätte, vom großen Schiff abdocken.

«Warum sollen wir uns trennen? Ich lasse Marie nicht allein!», entfuhr es Nano. Marie sah ihn mit großen Augen an, und ein wohliger Schauer kroch ihr über den Rücken. Natürlich ließ sie sich nichts anmerken.

«Du musst jetzt ab sofort allein weiterkämpfen, damit wir den zweiten Gobbot in Schach halten. Anders geht's nicht. So verdoppeln sich eure Chancen, und ihr seid nicht mehr in der Unterzahl.» Dem skeptischen Blick von Marie setzte sie gleich entgegen: «Wenn du dann in der zweiten Aquarius sitzt und den Roboter im Visier hast, Marie, drück einfach gleichzeitig auf die zwei großen roten Energietasten auf dem Armaturenbrett, dann wird der Tesla-Effekt greifen. Die Tasten sind nicht zu übersehen. Wenn das nicht klappen sollte, lässt du ihn einfach näher herankommen und schrumpfst ihn dann mit der rechten Taste.»

WAS IST EIGENTLICH …

der Lotuseffekt?

Von der seit Jahrtausenden verehrten Lotusblume hat die Wissenschaft den Effekt der Selbstreinigung nachgeahmt. Forscher beobachteten, dass sich die meisten Flüssigkeiten nicht auf der Oberfläche des Lotus halten können. Vielmehr bilden sich, wenn man sie mit Wasser benetzt, Tropfen, die sofort abperlen. Die Pflanzen schützen sich so zum Beispiel vor der Besiedelung durch Mikroorganismen, Pilzsporen, Algen und Keimen. Der Lotus hat auf seiner Oberfläche winzigste Noppen, die in einem sehr geringen Abstand nebeneinanderliegen (etwa 10 bis 15 Mikrometer). Deshalb haben nur etwa 2 bis 3 Prozent der Tropfenoberfläche mit den «Mikronoppen» Kontakt, und der Tropfen findet auf der Pflanze keinen Halt.

Das ist natürlich eine sehr vereinfachte Erklärung des Effekts, der sich nur bei Verständnis der Adhäsionskräfte (Anhaftungskräfte an die Oberfläche) vollständig nachvollziehen lässt. Der Lotuseffekt ist nur eine der vielen Möglichkeiten, welche die **Bionik** (Erfindungen, die von der Natur inspiriert sind) bietet. Beschäftige dich mal näher mit dem spannenden Thema – du kannst noch so viel von der Natur lernen!

Inzwischen gibt es selbstreinigende Dachziegel und Fassadenfarbe, auch in der Nanotechnologie werden sogenannte superhydrophobe Beschichtungen genutzt. Das Wort hydrophob setzt sich aus altgriechisch «hydro» (Wasser) und «phob» (Furcht) zusammen. Die Übersetzung lautet also «**wassermeidend**».

«Auweia!»

«Ja, mir wäre auch lieber, der Teslaangriff klappt, dann würde durch diesen enormen Energieschub Gobbots Software zerstört, und wir könnten ihn dann leicht mit dem Magnetfeld des Mantas anziehen und wegtransportieren.»

«Wie, Magnetfeld?», fiel Nanolino wissbegierig ein.

«Du kannst im Manta kurzzeitig für ca. 10 Minuten ein starkes Feld aufbauen. Mit dem kann man je nach Abstand die Roboter schwerfälliger werden lassen oder gar an den Manta kleben und sie abtransportieren.»

«Okay, das klingt nach einem Plan. Wird gemacht. Nichts wie los.» Nano war vor lauter Tatendrang nicht zu bremsen.

10 Tesla

Professor von Schlotter kullerte derweil immer noch lachend über den gekachelten Boden seiner Schlachterhalle.

«Jetzt nehmen Sie doch Verstand an, Professor!» Ärgerlich versuchte Scherge, auf seinen Chef einzuwirken. Doch vergebliche Lie-

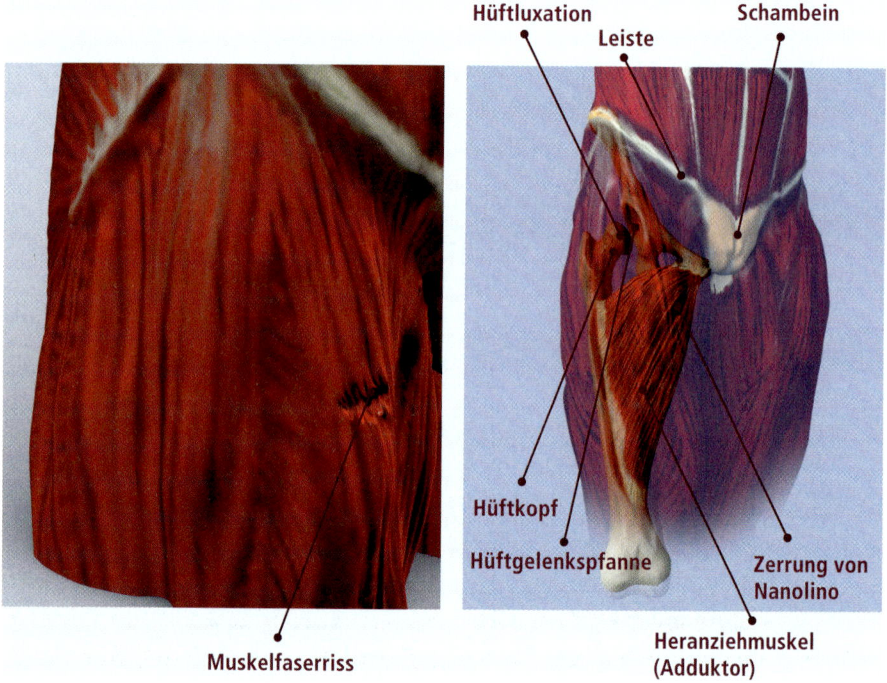

WAS TUN BEI …

Zerrung und Muskelfaserriss

Die Überdehnung eines Muskels, die noch nicht zu einer Zerstörung von Muskelgewebe geführt hat, nennt man **Zerrung**. Hierbei kommt es zu Mikrorissen der Muskelhäute. Der Muskel wird an dieser Stelle ganz hart. Hier kann man meistens eine «**Muskelmaus**» tasten. Die stechenden und auf Druck zunehmenden Schmerzen sollten akut mit Eispackungen und Akupunktur behandelt werden, danach mit Wärme. Nach einer leichten Muskelzerrung kann ab dem dritten Tag wieder mit aktiver Muskelbelastung – z. B. mit einem langsamen Dauerlauf – begonnen werden. Heilung meistens nach 2 bis 4 Wochen.

Wenn der Muskel mehr überdehnt wird, können Muskelfasern reißen. Meistens geschieht dies bei gespannter Muskulatur. Der Übergang eines solchen **Muskelfaserrisses** zu einem **Muskelriss** ist selten. An der Stelle des Risses ist eine schmerzhafte Delle tastbar. Muskelanspannung ist nur unter Schmerzen möglich. Der begleitende Bluterguss ist mit Ultraschall oder Kernspintomographie sichtbar zu machen. Nach einem Muskelfaserriss sollte – wenn möglich – ein schützender Tapeverband angelegt und eine Trainingspause von bis zu sechs Wochen eingehalten werden. Außerdem Wärmeanwendungen, vorsichtige Massage, Akupunktur oder Akupressur und abschwellende Salben. Der Entlastungsverband hilft gegen Schmerzen. Nach einer Woche Ruhe kann langsam mit vorsichtigem Dehnen und Anspannungsübungen unter Anleitung einer Krankengymnastin begonnen werden. Eine Heilung kann bis zu 3 Monate in Anspruch nehmen.

besmüh. Hi, hi, ho, ho. Der Professor hielt sich seinen wackelnden Unterbauch, Tränen standen in seinen Augen.

«Bitte achten Sie auf Ihre Haltung, Professor. Sie sind nicht allein!»

«Allein machen sie dich ein, hö, hö, wie schön, hi, hi …» Scherge war das zu viel, es hatte so viel Zeit und Nerven gekostet, ihre Pläne

Echte Kamille (Matricaria recutita)

Die Kamille ist eine der ältesten Heilpflanzen überhaupt und wächst eigentlich überall. Du kannst sie wunderbar sammeln und trocknen. Bei Haut- und Schleimhautentzündungen kannst du Kamille als Heilpflanze äußerlich einsetzen. Der Sud oder alkoholische Auszug wird für Spülungen bei Entzündungen des Zahnfleisches oder der Mundhöhle verwendet. Bei Erkrankungen, Ausschlag oder Verletzungen des Popos oder im Genitalbereich führen Bäder oder Spülungen zu einer rascheren Heilung.

Fenchel (Foeniculum vulgare)

Wer Fenchelsamen in die Schlüssellöcher spukender Häuser legt, treibt so die bösen Mächte aus. **UND**: *Wer Neuvermählten Fenchelsamen auf den Weg streut, sorgt für ihr Glück.* **UND**: *Man soll mit Fenchelsamen verzauberte Personen heilen können. Welch schöner Aberglaube!*

Solch einen Rat hätte Harry Potter gut gebrauchen können! Als Tee wirkt Fenchel wunderbar entspannend bei Magenverstimmungen – schon bei Babys. Wenn du wieder einmal nach fettreichem Essen oder blähenden Mahlzeiten viel «pupsen» oder aufstoßen musst, kannst du dir auch den berühmten Antipupstee von Omi Rosa zusammen mit Anis, Kümmel und einem Pfefferminzblatt brühen. Du kannst alternativ auch die Samen des Antipupstees langsam nach dem Essen kauen. Am besten, du mischst noch einige Liebesperlen oder Traubenzuckerperlen darunter. Diese liebliche Verdauungs-Mischung essen Inder seit Jahrtausenden nach dem Essen, jeweils einen Teelöffel.

zu verwirklichen, und sie konnten doch jetzt nicht einfach kampflos aufgeben.

Er verdrückte sich ins Nebenzimmer, wo der Kampfanzug vom Professor noch auf dem Boden lag. Auf den Monitoren waren Gobbot und Sobbot – seine persönlichen Missgeburten – zu sehen, wie sie im Körper von Großvater Sonntag herumwühlten.

«So, jetzt wird endlich der Richtige die Regie übernehmen. Der richtige Mann zur richtigen Zeit.» Gesagt, getan. Er schlüpfte in die Sensorkleidung und setzte sich die Bildschirmbrille auf.

«Alles ganz schön eng. Aber was nicht passt, wird passend gemacht.» Und mit einem Ruck zog er sich die Knieschoner an. Der Stoff platzte, doch das interessierte Scherge nicht im Geringsten. Er aktivierte den Kampfanzug und sah durch Gobbots Augen das U-Boot der Kinder. Scherge grinste böse. «So fern und doch so nah», dachte er. «Egal, was ihr macht, mir könnt ihr dank der Gobbot-Fernsteuerung kein Leid zufügen. Aber ich kann euch Leid zufügen – und ich werde es mit Vergnügen tun.»

Man konnte sich leicht das Gehirn dabei verrenken, wenn man genauer darüber nachdachte. Scherge stand hier in der Fabrik und konnte im Nebenzimmer Schlotter kichern hören. Aber zugleich sah er durch seine Brille die Kinder, die so unendlich viel kleiner waren als er, und dennoch konnte er sie mit Gobbots Klauen greifen und zerquetschen. Der hervorragende Kampfanzug mit seiner Cyber-Steuerung vermittelte Scherge das Gefühl, durch das Gefäßlabyrinth von Opa Erwin zu kurven. «Hier und heute endet alles, ihr kleinen Maden! Der Kammerjäger ist da!», rief er, und seine Augen glänzten irre.

Scherge ging in Kampfstellung, drehte sich ungelenk und grapschte nach dem Boot. Dieses hatte sich Gobbot inzwischen fast bis auf Körperkontakt genähert, und die Tarnung funktionierte nun natürlich nicht mehr. Er sah Nanolino im Cockpit stehen. Aber halt, wo war Marie? Er sah sich um. Nirgends zu sehen? Oh, doch. Da, wie schlau. Er griff nochmal nach dem Boot, das gerade geschickt den ungelenken Bewegungen des Roboters ausgewichen war. Scherges

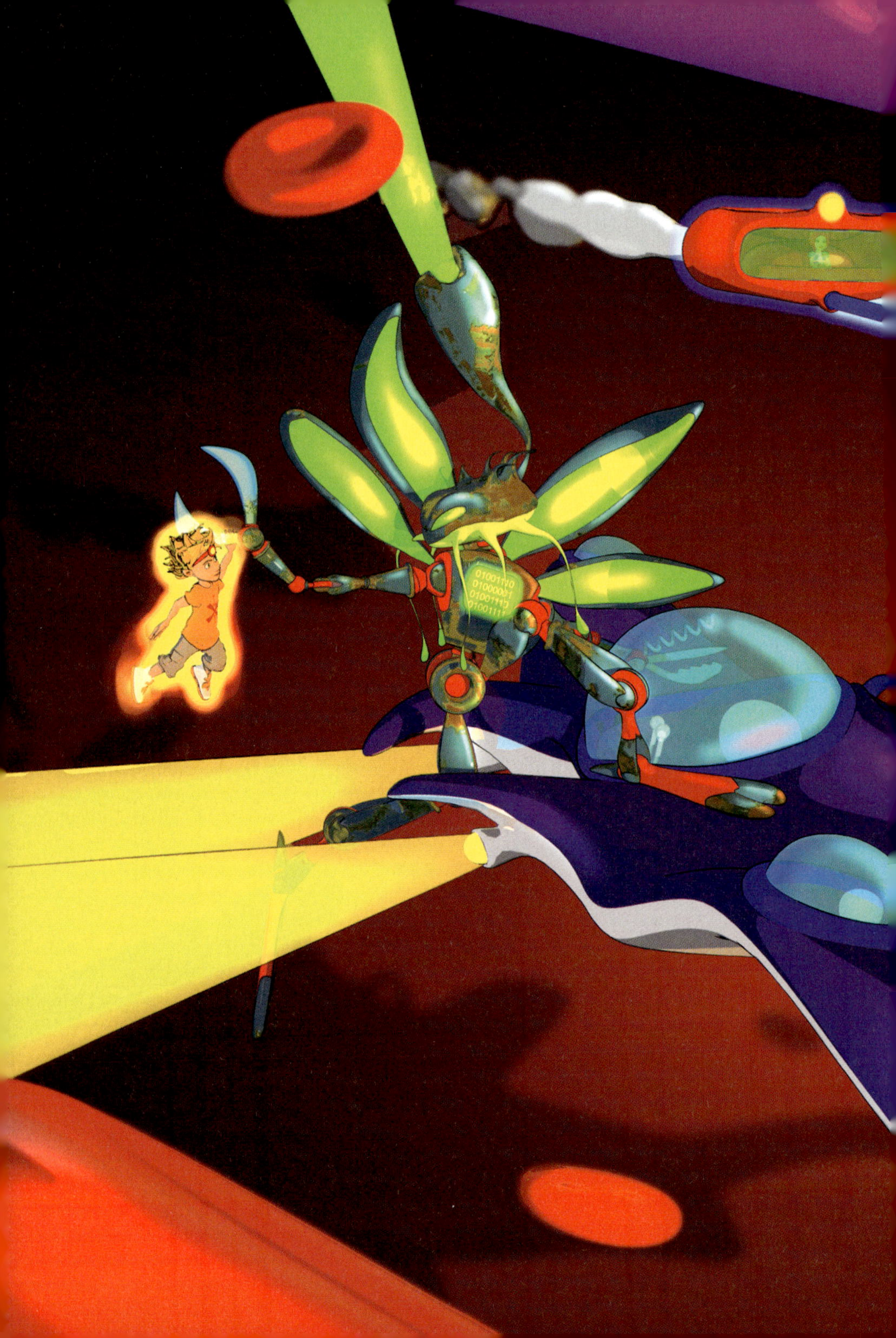

01001110
01000001
01001110

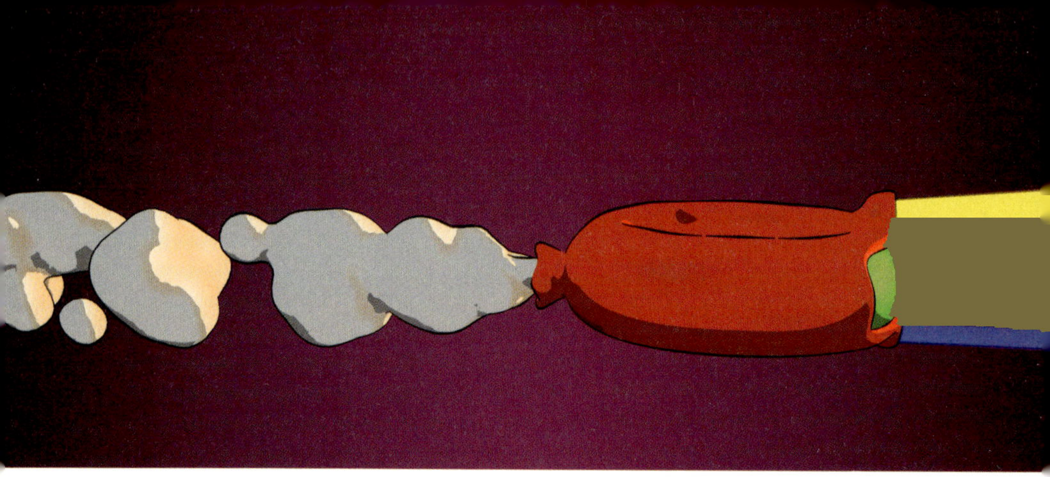

Bewegungen wurden nämlich leicht verzögert durch die Sensortechnik auf Gobbot in Opas Körper übertragen, sodass Nano am Steuer des U-Boots zum Glück immer einen Tick schneller sein konnte. «Mist, der kleine Mann ist ganz schön gewitzt. Na warte. Und du, Marie, genauso, pass bloß auf!» Er hatte gesehen, wie sie im Blutkörperchen-U-Boot vom Manta ausgesetzt wurde und davondüste.

«Euer letztes Stündchen hat geschlagen, wozu habe ich denn drei Arme. Und wenn der Professor zu blöde ist, dann schlage ich eben unbarmherzig zu. Einfach lachhaft, dieser Typ.»

Er griff mit beiden Armen zu, aber ein Hustenanfall ließ seine Hände zittern. Gobbot hatte sich mit seinem ganzen Körper von unten an den Manta geklammert, und das Boot kam gewaltig ins Schlingern. Doch durch den Hustenanfall Scherges musste Gobbot den Manta glücklicherweise wieder loslassen und purzelte rücklings ins Nirwana … nein, leider doch nicht. Aber er wurde erst einmal fortgespült.

Nanolino hatte nach Gobbots Angriff seine Geschwindigkeit erhöht und gleichzeitig den Stachel des Rochen in Stellung gebracht. Er wollte Gobbot mit Hilfe der Hitzeenergie einzelne Gelenke verlöten oder verkleben. Doch Gobbot wich immer wieder geschickt aus.

Marie konnte ihm nicht helfen, denn Sobbot, der zweite Roboter, kam nun von der anderen Seite auf sie zugeschossen. Er hatte sie als

WAS IST EIGENTLICH …

ein Sauerstoff-Transport?

In deinen Lungen wird Sauerstoff durchs Atmen aufgenommen und an die roten Blutkörperchen in deinem Blut übergeben wie der Staffelstab bei einem 4x100-Meter-Rennen. Der Sauerstoff wird in dem roten Blutfarbstoff, dem **Hämoglobin**, gespeichert. Du produzierst also laufend klitzekleine Sauerstoffflaschen. Und diese gelangen dann über deine Lungenvenen zu dem linken Vorhof deines Herzens. Von dort wird das Blut in die linke Kammer gepresst und über deine große Hauptschlagader (Aorta) sowie deine Arterien bis in deine Kapillaren – deine feinsten Gefäße – gepumpt. Auch alle gelösten Nährstoffe werden so im sauerstoffreichen Blut transportiert. Deine Kapillaren sind ein winzig feines Netz überall im Körper. Hunderte Kilometer lang. Hier trifft sich dein Blut aus den Arterien in den klitzekleinen **Arteriolen** mit den winzigen Ausläufern deiner Venen, den **Venolen**.

Nachdem hier jetzt also deine Transportbehälter von Sauerstoff, Hormonen und sonstigen aufbauenden Vitalstoffen geleert wurden, werden in deinen Venen die Abbauprodukte deines Körpers – die Schlacken sozusagen – abtransportiert. Vor allem das giftige **Kohlendioxid**. Dieses wird über deine große Hohlvene in den rechten Vorhof gesogen. Und von dort über die rechte Herzkammer in deine Lunge über die Lungenarterien gepumpt. Hier atmest du das Kohlendioxid wieder aus.

neuen Feind ausgemacht. Er begann mit einer erneuten Raketenattacke. Marie parierte grandios und konnte im letzten Moment unter dem Geschoss wegtauchen. Es schäumte gewaltig in der Ader. Jetzt kam Sobbot zurück, und gleichzeitig griff eine große Krallenhand nach ihr.

«Hilfe, Hilfe!», schrie sie.

«Los, drück auf die Energietasten. Mach schon, sobald du den Roboter vor dir siehst.»

«Wie denn?» Ihre Hände zitterten. Plötzlich sah sie Sobbot direkt im Zentrum der Cockpitscheibe vor sich. Das Herz rutschte ihr in die Hose, doch sie atmete tief durch, presste mit aller Kraft die beiden roten Knöpfe. Ein gigantisches Zischen, ein heftiger Rückstoß. Sobbot leuchtete kurz auf. Dann trieb er wie leblos dahin.

«Ich hab's geschafft, ich hab's geschafft!» Marie war ganz aus dem Häuschen.

«Super», hörte sie Dr. X und Micro Minitec rufen. Aber zu früh gefreut. Die Krallenhand von Gobbot wurde erneut in Stellung gebracht und griff nach der Aquarius, in der Marie saß. Marie konnte ihm im letzten Moment aus der Hand flutschen. Doch sie sah fassungslos, wie Gobbot mit Händen und Beinen erneut den Manta umklammerte und den Kopf immer wieder wie ein Wahnsinniger gegen die Frontscheibe hämmerte, hinter der Nano saß und wie wild auf dem Armaturenbrett hantierte.

«Der will das Glas zerbrechen, Dr. X!», rief sie ins Mikrophon.

«Alarm! Leute, helft mir!», schrie auch Nanolino. «Gobbot greift an und will mich ersäufen.»

«Kleiner Medicus, jetzt machst du genau das, was ich dir sage», beruhigte ihn Micro sanft. Es fiel ihr schwer, die Unruhe in ihrer Stimme zu verbergen, aber sie klang fest und entschlossen.

«Genau.» Nano versuchte zaghaft zu lächeln.

«Du sagst jetzt nur ganz bestimmt: 10 Tesla, und die Sprachsteuerung wird dir gehorchen.»

«Zehn Tesla», wiederholte Nano sofort. Im gleichen Moment wurden die Bewegungen von Gobbot extrem langsam, und er hörte auf, mit dem Kopf gegen die Frontscheibe zu schlagen.

«Verflucht, was ist denn das?» Scherge fing an zu schwitzen. «Was ist das für ein Widerstand auf einmal. Das artet ja in Arbeit aus! Bin ich hier im Fitnessstudio, oder wo? Verstehe ich nicht!» Er keuchte und hustete. Der Manta wackelte ungeheuerlich, denn Gobbot hielt ja noch immer am Manta fest. Was Scherge nicht wusste, Micro hatte das Magnetfeld auf Stärke 10 aktiviert, damit wurden die magnetischen Anziehungskräfte so hoch, dass Gobbot sich kaum noch bewegen konnte. Micro Minitec war begeistert. Sie hatte die Magnetfelder der neuen Aquarius bisher noch nie live testen können.

«So, Nanolino, jetzt wird's ernst!»

«Wie, erst jetzt?» Nano rümpfte die Stirn.

«Jetzt ganz schnell die Tauchermaske anziehen, sie ist unter deinem Sitz versteckt, und nichts wie ab in die Schleuse! Dort wirst du automatisch mit einem durchsichtigen Tauchanzug aus der Dose sprüh-angezogen – und dann geht's raus, kleiner Medicus. Du musst die Drähte auf dem Rücken vom Gobbot mit der Zange dort neben dir durchtrennen. Nur so können wir ihn unschädlich machen. Ich übernehme von außen die Steuerung des Mantas.»

«Aye, Aye, Madame. Wird gemacht!» Kurz darauf war er draußen. Seine Stirnlampe erhellte das wundervoll rot schimmernde Gewässer. Er musste sich kurz orientieren, dann sah er Gobbot im Schein seines Stirnlichts. Nano schwamm mit kräftigen Zügen auf ihn zu. Marie hatte ihn ebenso längst entdeckt und leuchtete ihm mit ihrem Blutkörperchen-Imitat den Weg. Unzählige kleine und große Lebewesen schwammen neben Nanolino. «Wie Plankton oder Fische im Mittelmeer», dachte er. Doch er hatte keine Angst vor ihnen, sondern nahm sich vor, noch mehr über sie zu lernen. Über diese wundervollen Blutzellen, Hormone, Vitamine und Spurenelemente. Er schwamm zu Gobbots Rücken, der immer noch schwerfällig das Schiff umklammerte und sich kaum noch bewegen konnte, und suchte mit seiner Stirnlampe nach den besagten Drähten.

Was er nicht sehen konnte: Professor von Schlotter war inzwischen wieder zu sich gekommen, hatte sich auf Scherge gestürzt und umklammerte ihn von hinten – so wie Gobbot den Manta umklammerte. Die Dosis der Lachmedikation hatte leider schon erheblich nachgelassen. Alle Anwesenden konzentrierten sich so sehr auf die Opa-Rettungsaktion, dass Professor von Schlotter heimlich Scherge zu Hilfe eilen konnte, der in dem Körperanzug schwer gegen die Magnetkräfte ankämpfte.

«Hi, hi, halte fest, mein Sohn. Wir haben es gleich geschafft», flüsterte Schlotter Scherge zu und zog mit äußerster Kraft an Scherges Armen. Der wäre zu gerne das schlotternde Etwas losgeworden. Aber im Gegenteil. Schlotter, der seine Sinne fast wieder unter Kontrolle hatte, riss ihm einen Ellenbogensensor vom Arm.

«Verflucht!» Scherge musste wegen dieser Schlotter-Aktion irritiert für einen Moment das Boot loslassen.

«Verflucht!», schrie auch Nano, denn er hatte gerade den Rücken von Gobbot erreicht und zum Durchschneiden des kabeligen «Rückenmarks» angesetzt. Jetzt ruckelte der Roboter und kippte seitlich weg. Und eine Krallenhand griff behäbig nach Nano. Die scharfe Messerhand hätte ihm fast den Fuß abrasiert. Marie, die aus ihrem U-Boot zugesehen hatte, rutschte zum zweiten Mal das Herz in die Hose. Doch sie besann sich und richtete ihr Zielvisier auf Gobbot und – nichts passierte. Sie drückte. Ein-, zwei-, dreimal. Nichts.

«Es geht nicht mehr, scheiße, es funktioniert nicht mehr», brüllte sie weinend ins Mikrophon.

«Was?», hörte sie Micro erschrocken fragen.

«Ja, die, die, die Energie. Ich wollte doch Nano helfen und Gobbot unschädlich machen.»

«Au, zu blöd, du hast wahrscheinlich inzwischen die Batterie entladen, Marie. Da dürfte nicht mehr genug Saft für einen Gegenschlag drin sein – so ’n Mist. Ich überleg mir was», murmelte Micro und wandte sich an Dr. X. Beide grübelten zerknirscht. Dr. X hielt den Steuerknüppel für den Manta mittlerweile sehr, sehr fest und bewegte ihn ganz vorsichtig. Seine Handflächen schwitzten. Aber er hatte trotzdem das gesamte Drama voll im Blick. In der Zwischenzeit hatte Nanolino eine Möglichkeit gefunden, sich an dem harten Rücken von Gobbot festzuhal-

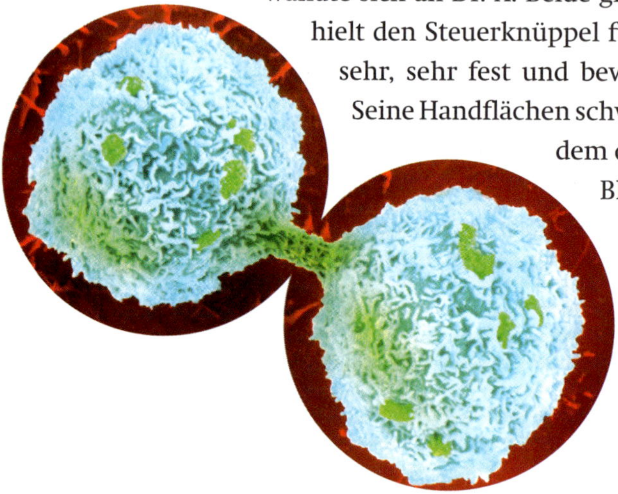

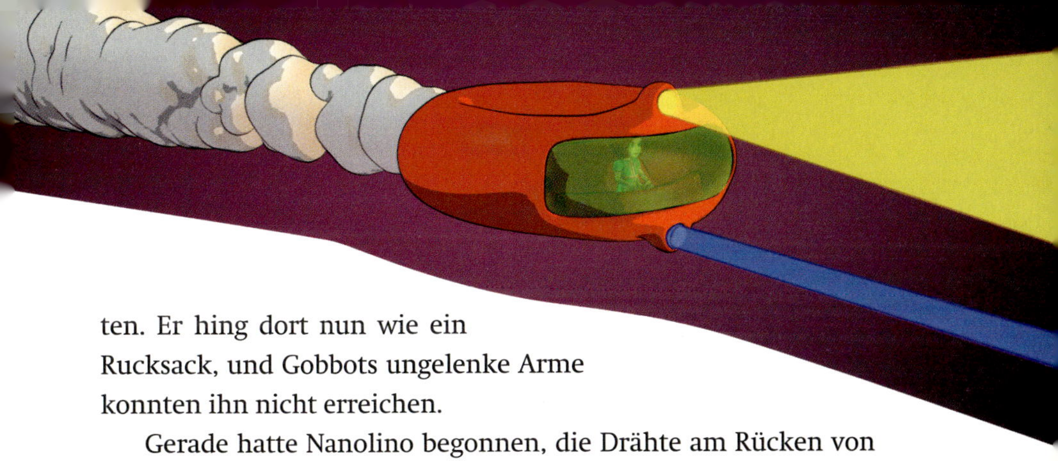

ten. Er hing dort nun wie ein Rucksack, und Gobbots ungelenke Arme konnten ihn nicht erreichen.

Gerade hatte Nanolino begonnen, die Drähte am Rücken von Gobbot durchzuschneiden, da fiel er mit Gobbot hintenüber. Schlotter und Scherge hatten auch die Kontrolle über den zweiten Gobbot-Arm verloren. Professor Schlotter hatte Scherge von hinten mit einem Arm in den Schwitzkasten genommen und dessen Arme an seinen Bauch gedrückt. Der Roboter hing nun nur noch mit den Füßen am Boot. «Ho, ho. Hier kommt der Schlächter vom Schlotterfeld», rief Schlotter und griff mit der zweiten Hand in die Luft, als wolle er Nanolino zermalmen. Er erwischte ihn am Oberarm … und wollte ihm gerade den Arm auf den Rücken drehen, da … fast panisch schnitt Nano mit der freien Hand weiter an den Drähten … einer nach dem anderen wurde durchtrennt … da … ja, was war denn das? Plötzlich schrumpfte der Roboter vor seinen Augen, und gleichzeitig machten dessen Arme endgültig schlapp und hingen schlaff am Körper. Der Roboter entglitt Nano und wurde kleiner und kleiner.

Ein heller Lichtstrahl war auf sie gerichtet. Nano wusste nicht, wie ihm geschah, auch Professor von Schlotter nicht. Nur Marie war stolz wie Oskar. Denn während Nano die Drähte auf Gobbots Rücken durchtrennt hatte, hatte sie den Roboter ins Visier genommen und einfach noch einmal auf einen der Energie-Schalter gedrückt. Aber nur auf einen. Es war der Schrumpfschalter, von dem ihnen Micro erzählt hatte und den sie für den Fall vorgesehen hatte, dass der Tesla-Angriff nicht funktionieren würde. Und die Batterie der neuen Aquarius, die Marie steuerte, hatte zwar nicht mehr genug Energie für einen zweiten Tesla-Angriff, aber für den Schrumpfmechanismus hatte es gerade eben noch gereicht.

«Super-Marie, Super-Nano», riefen Dr. X und Micro Minitec im Chor und klatschten sich ab. Das hatten sie von den Kindern gelernt.

Omi schlägt zu

Der Rest ist schnell erzählt. Die Energie des U-Boots von Marie reichte zwar nicht mehr, um Gobbot auf Staubgröße zu schrumpfen. Aber es reichte allemal, um das schlappe Ungeheuer mit Magnetkräften an die Unterseite des Mantas zu kleben, ebenso wie den kaputten Sobbot, von dem nach dem Tesla-Angriff nicht viel mehr als ein Schrotthaufen übrig geblieben war. Mit Hilfe seines Joysticks saugte Nano, der inzwischen wieder an Bord des Mantas gegangen war, sich den Taucheranzug ausgezogen und die Steuerung des Schiffes übernommen hatte, die Roboter auf Anweisung von Dr. X wie mit einem Staubsauger an die Außenhaut des Bootes, um sie aus Opas Körper hinauszutransportieren. Denn drinbleiben konnten sie nicht. Auch wenn sie nun keinen Schaden mehr anrichten konnten, blieben sie gefährliche Fremdkörper und mussten entfernt werden. Als die kaputten Roboter sicher an der Unterseite des Mantas klebten, warfen sich Nanolino und Marie total erschöpft, aber unverletzt in ihre Sessel, und Dr. X manövrierte sie mit Vollgas durch die dünne Schädelwand unterhalb der Hypophyse in die Nase – das Endgefecht spielte sich ja bereits in unmittelbarer Nähe der Riechzellen ab. Hierzu nutzte er Micro Minitecs Schneid-Klebe-Antrieb.

Professor von Schlotter und Scherge wurden von Omi Rosa überwältigt. Was Omi Rosa auf einmal bei Schlotter zu suchen hatte? Nun, nachdem sie zu der demenzkranken Frau Bolle gefahren war und Nanolino schweren Herzens bei Opa Erwin zurückgelassen

hatte, war ihr doch mulmig geworden. Hatte der Großvater Nano wirklich zu Dr. X gebracht? Und: Sie wartete auf Nanos Rückruf, der doch versprochen war. Schließlich hatte sie sich nicht länger beherrschen können und bei Dr. X angerufen. Und ihr Verdacht bestätigte sich: Leoberta teilte Omi Rosa mit, dass Nanolino gar nicht in der Praxis aufgetaucht sei. Danach rief Omi Rosa Marlene auf dem Handy an und erfuhr, dass ihre Tochter im Stau steckte. Auch ein Anruf zu Hause war ins Leere gegangen. Das alles konnte nur eins bedeuten: Opa Erwin hatte Nanolino nicht zu Dr. X, sondern doch zu Schlotter gebracht.

Also machte sie sich schleunigst auf den Weg dorthin. Als sie eintraf, fand sie zunächst nicht Opa Erwin, aber Professor Schlotter vor, der sich an Scherge klammerte, wilde Bewegungen vollführte und dabei lachte oder weinte. Genaues war nicht auszumachen.

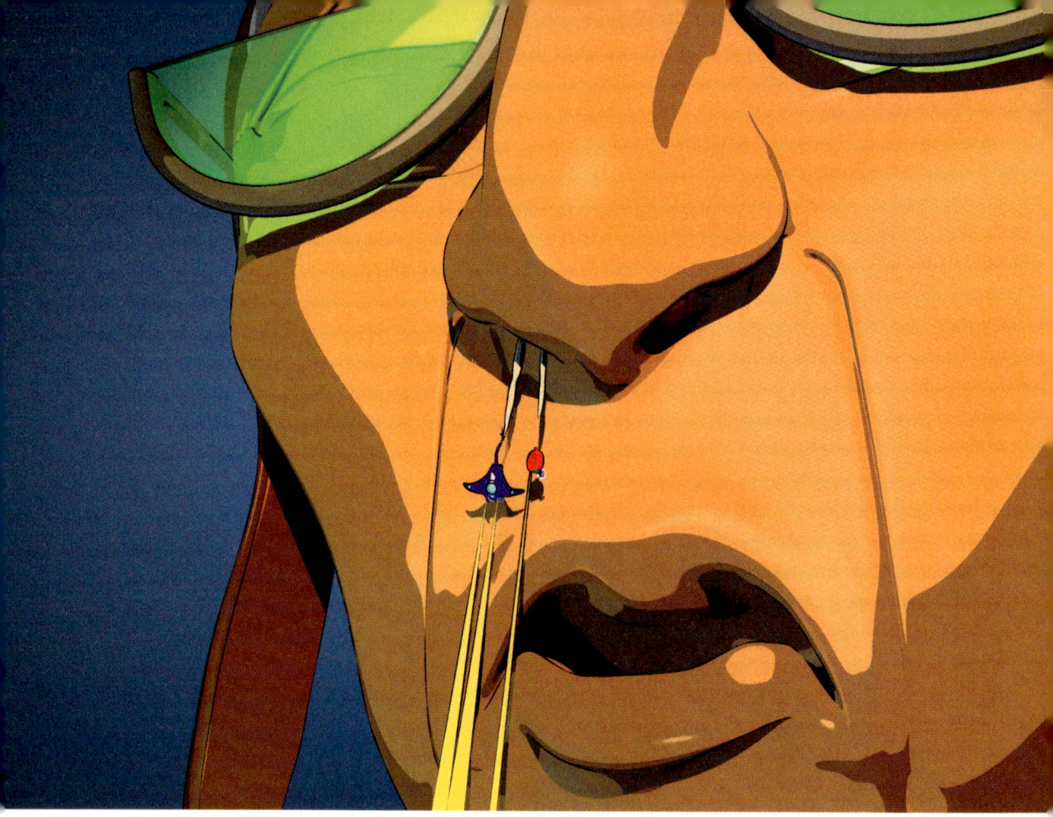

«Hi. Hi, hi, hi, hi», schnupfte er. Omi Rosa holte kurz entschlossen mit ihrer Tasche aus und schlug sie den beiden Unholden über den Schädel. Deung, deung!

«Schlaft in himmlischer Ruh-uh, schla-aft in himmlischer Ruh», hörte man sie vergnügt Textzeilen aus einem bekannten Weihnachtslied singen. Danach machte sie sich auf die Suche nach den anderen – und fand sie gleich darauf im nächsten Zimmer. Alle waren sie um Opa Erwin versammelt, der kurz davor war, aus seiner Narkose zu erwachen und kräftig zu niesen.

«Wo ist mein kleiner Nanolino?», rief sie besorgt in die Runde.

«Keine Sorge – da kommt er gerade auf die Welt», antwortete ihr Dr. X. In diesem Moment musste Opa Erwin niesen, die beiden U-Boote flogen in hohem Bogen aus seiner Nase, und schwups! waren alle wieder beisammen.

Eine wirkliche Verschnaufpause gönnte sich niemand, schließlich galt es jetzt, die zwei Verbrecher Schlotter und Scherge dingfest zu machen, die bewusstlos am Boden lagen. Schnell holten Nanolino und seine Freunde ein paar alte Kabel, die überall verteilt lagen, und knoteten sie zu einem langen «Strick» zusammen. Mit viel Geschick fesselten sie die beiden Verbrecher so, wie sie es schon oft in Filmen gesehen hatten. Dann zerrten sie den Professor und Scherge in eine dunkle Ecke, in einer der hinteren Hallen, damit Schlotter nicht so viel Sonnenlicht abbekam. Auch wenn die beiden zweifellos zu den schlimmsten Verbrechern der Welt gehörten, so wollten die Kinder ihnen nicht mehr Schmerzen als nötig zufügen. Für Gerechtigkeit war schließlich die Polizei da. Micro Minitec hatte schon Wachtmeister Spachtel informiert, der sich sofort mit seinen Kollegen auf den Weg machte.

Müde und zufrieden setzten sich alle gemeinsam vor den alten Schlachthof und warteten auf die Polizisten. Trotz der wärmenden Sonnenstrahlen hatte die Umgebung eine unheimliche Atmosphäre, und alle waren froh, als sie endlich die Polizeisirene hörten. «Die Polizei ist da, die übernehmen den Rest schon. Jetzt lasst uns schnell diesen schrecklichen Ort verlassen!», rief Omi Rosa. Wie auf Kommando sprangen alle hoch, liefen zu Micros Spezialauto, und ohne sich noch einmal umzusehen, fuhren sie davon.

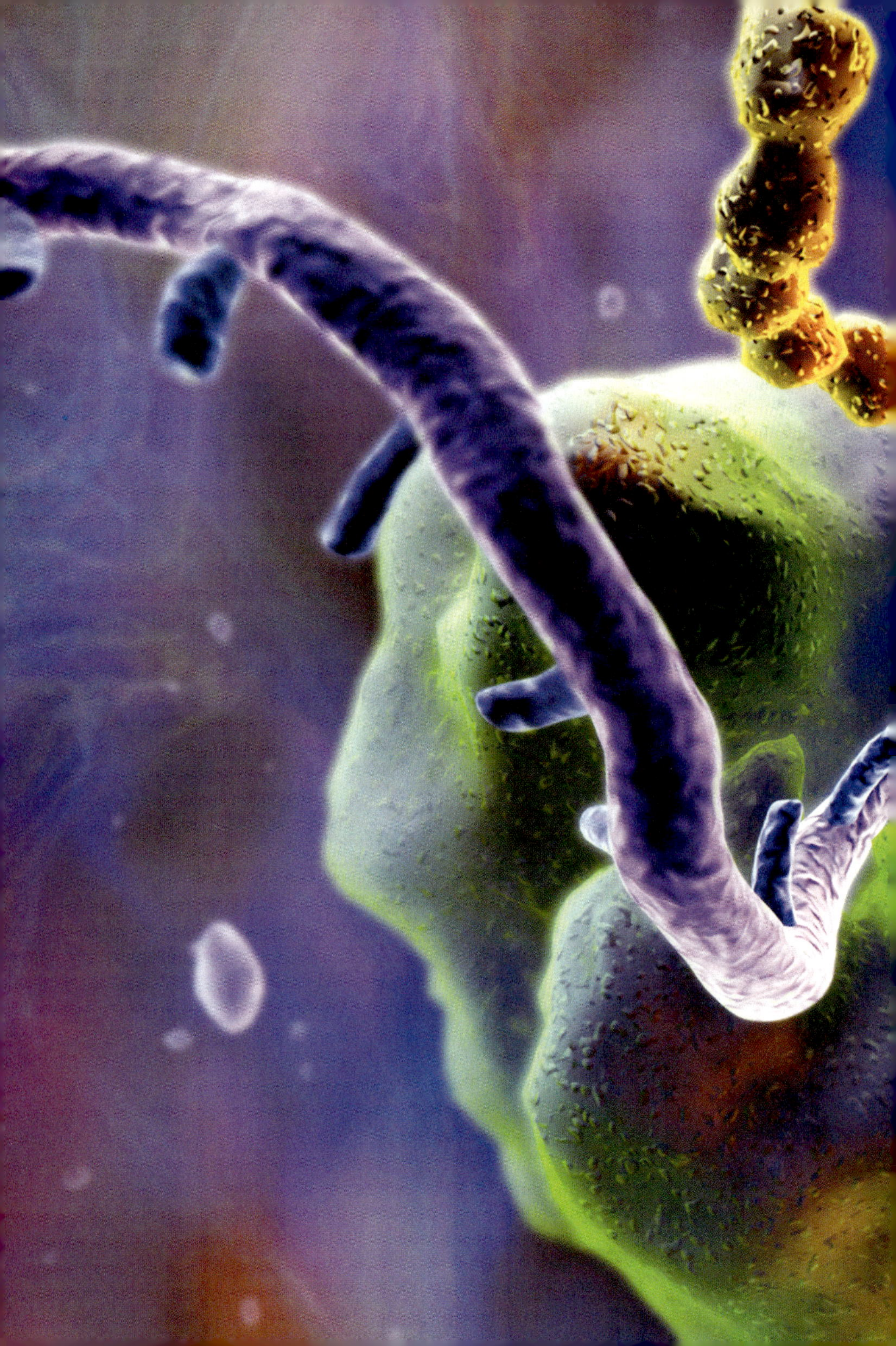

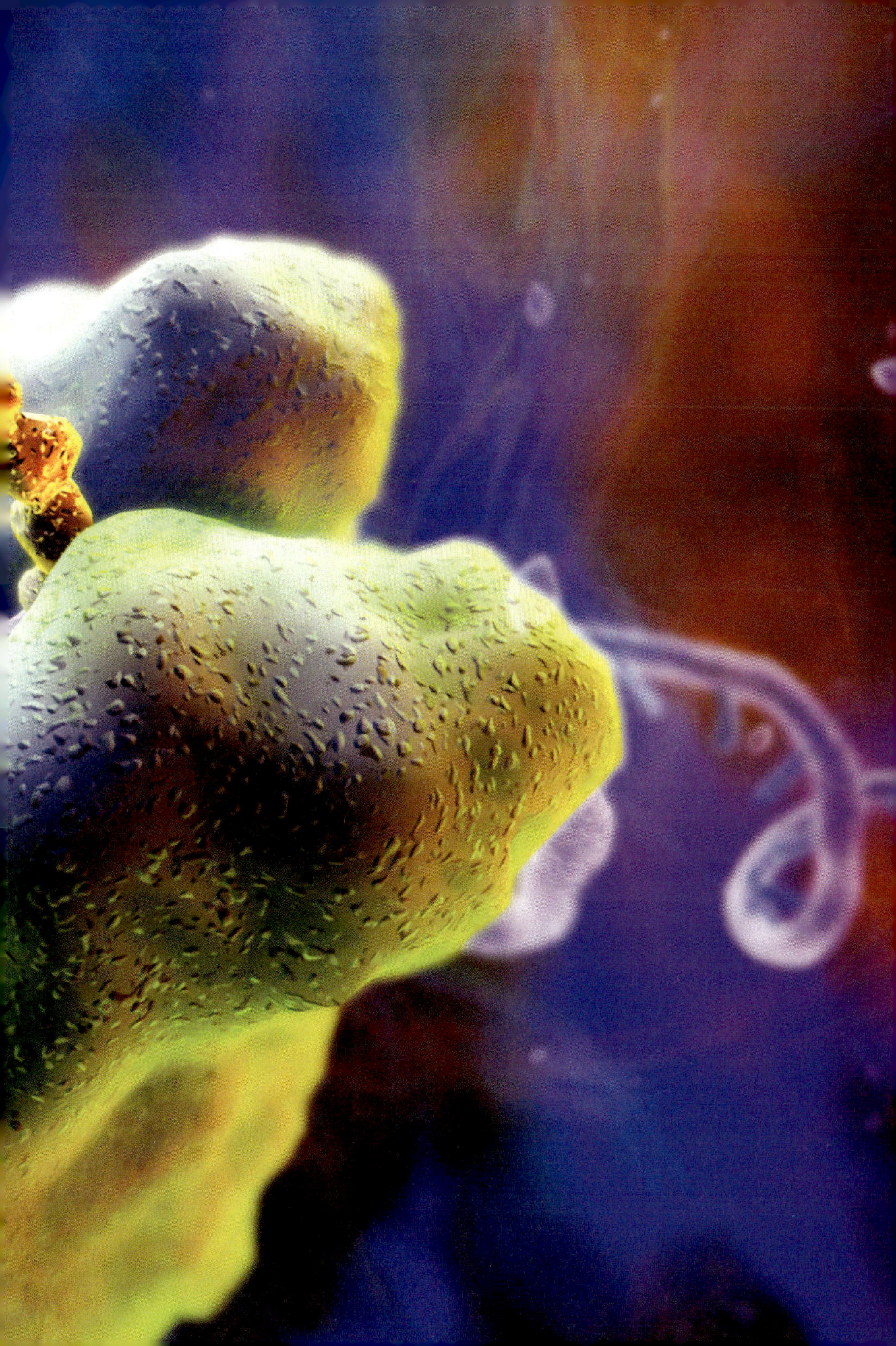

Tanzen, tanzen, tanzen

Eliza war selig. Freudetrunken tanzte sie um Manuel herum. Ihr bunter Zottelrock wippte und schlingerte mit dem südamerikanischen Rhythmus der Gitarrenmusik. Wie anmutig sie sich bewegte und wie hübsch sie anzuschauen war! Marie hätte sich in sie verlieben können und … ein bisschen verliebt war sie ja auch tatsächlich. Sie konnte ihren Bruder irgendwie verstehen. Huijuijui, wie bezaubernd Eliza sich jetzt wieder bewegte.

Marie klatschte vor Vergnügen zusammen mit Sarah, der Freundin von Manuel, die an den Strand mitgekommen war. Diese wundervolle Abendstimmung am Meer nahm sie alle gefangen. Laue Luft und lieblicher Blütenduft machten die Seelen weit, und das intensive Orange mit den tiefroten Schlieren der untergehenden Sonne und ihre Spiegelungen im blauen Meer ließen die Herzen höherschlagen. Die Wellen plätscherten genussvoll auf und ab und umschmeichelten Stein und Bein, als hätten sie ein Eigenleben.

Nach diesem verrückten Abenteuer hatten sie sich alle eine Auszeit am Meer verdient. Mister Schlau hatte seine Einladung für Marlene kurz entschlossen in die Tat umgesetzt und sie zusammen mit den Kindern, Micro Minitec und Dr. X zu einem Fußballcamp am Meer eingeladen. Micro Minitec hatte blitzschnell aus ihren schnellwachsenden Spezial-Eiern ein Wohnmobil gebastelt – und schon war die ganze Bande losgefahren. Tagsüber wurde fleißig für die nächsten Spiele trainiert, und abends versammelten sich alle am Strand und feierten ausgelassen ihren Sieg über Professor Schlotter und Scherge.

«Eine Stimmung zum Verlieben», dachte Eliza in diesem Moment. «Wo Nano nur bleibt?» Sie drehte sich so anmutig und behutsam zur Musik, als wollte sie ihn in Gedanken umgarnen. Manu feuerte sie an, glitt mit seinen flinken Fingern genauso geschmeidig über seine Saiten, wie sie sich bewegte. Mit großen Augen und hinschmelzen-

FITNESSTIPPS

Musik ist Medizin, Tanzen auch!

Wahrscheinlich sind wir die einzigen Lebewesen, die sich zu einem Rhythmus bewegen können. Wenn der DJ, ein Trommler oder Musiker einen Rhythmus vorgeben, bewegen sich die meisten von uns innerhalb von Sekunden mit – egal, ob sichtbar oder nicht. Musik wirkt nämlich auch unmittelbar auf die motorischen Zentren im Gehirn. Man wird unwillkürlich zum Klatschen, Tanzen oder Mitsingen animiert. Neueste Forschungen haben bewiesen, dass dieser Mechanismus im Gehirn fest verankert ist.

Nicht nur die **Durchblutung des Gehirns** und des Körpers nimmt dadurch zu, auch die Nervenzellen im gesamten Gehirn werden aktiviert. Musik stimuliert besonders unser Belohnungssystem, denn hormonelle Botenstoffe (Endorphine), die über dein Limbisches System ausgeschüttet werden, sorgen für **Glücksgefühle** und Wohlbefinden. Übrigens sind es dieselben Zentren, die auch für andere arterhaltende Dinge wie Essen, Trinken oder den Geschlechtstrieb verantwortlich sind. Musik und auch der Tanz gehören damit zu den **wesentlichen Grundlagen deiner Existenz**. Beide sorgen für emotionalen Ausgleich und sind ein wichtiger «**sozialer Kitt**». Wer trällert, ist oder wird fröhlich. Das Leben wird einfach einfacher und das Gehirn aktiver. Daher: Sing einfach mehrmals am Tag, zumindest unter der Dusche, aber tanze woanders, sonst rutschst du noch aus. Es wird Zeit, Musik und Tanz in der Medizin **zur Vorsorge** und **zum Heilen** einzusetzen.

den Gefühlen saßen Sarah und Marie im Sand. Sie hatten ihre Köpfe aneinandergeschmiegt. Immer mehr Strandgänger gesellten sich zu ihnen und klatschten im Takt des Bossa Nova. Auch Frido, Ali und viele andere Schüler und Fußball-Kids waren gekommen. Selbst der Trainer Mister Schlau ließ sich im Hintergrund blicken. Aber was war denn das? Er hielt Marlene Sonntag an der Hand, und die beiden sahen aus wie ein frisch verliebtes Paar.

Frido stupste Marie an und ließ seinen Blick vielsagend nach hinten schweifen. «Schau mal, die beiden Turteltäubchen.» Marie fielen fast die Augen aus dem Kopf, sie wendete sich abrupt ab und schmiegte sich noch näher an Sarah. «Mama hat also ein Techtelmechtel mit Mister Schlau, ich fass es nicht. Und Nanolino ist sicher in Eliza verliebt. Und ich? Wer kümmert sich um mich?» Zum Glück kam in diesem Moment Kannickel angewetzt, sprühte eine Sandfontäne um sie herum und schmiss sich auf Maries Schoß. Viele Anwesende grinsten über diese Hundeattacke. Wie feinfühlig ihr geliebtes Kannickelchen doch war. Beide kuschelten jetzt ganz eng miteinander, und auch Sarah nahm Marie fester in den Arm, als hätte sie deren Unwohlsein gespürt.

«Und da kommt der kleine Mann mit ganz großen Ohren dran», fing Manuel gerade an zu singen, als Nanolino auftauchte. Er grinste breit und ließ sich zu Marie in den Sand plumpsen. «Nano fliegt als Korponaut, ganz dahin, wo ihr nicht schaut», sang Manuel inbrünstig weiter, und Eliza tanzte noch graziler. Am Ende des Liedes klatschten alle Zuschauer frenetisch und riefen rhythmisch «Zugabe, Zugabe». Doch Eliza konnte nicht mehr und sank in Manus Arme. Sie fing an zu schluchzen. «Manu», flüsterte sie, «Manu, glaubst du, dass er mich liebt?»

«Wer?»

«Ja, Nano. Wer denn sonst!»

«Ach so. Komm, wir müssen weitermachen.»

«Nein, antworte mir!» Sie trommelte auf seiner Brust, eine Träne kullerte über ihre Wange.

«Du bist ja ganz schön verknallt. Also soviel ich weiß, hat er dich offensichtlich sehr gern.»

«Aber er ist doch manchmal so cool zu mir!»

«Männer! Sei mutig und geh auf ihn zu, Lizzi. Du kannst sein Herz noch mehr entflammen.»

«Wie denn nur?» Ein tiefer Seufzer entsprang ihrer Brust.

«Mensch, Eliza. Nur Mut. Du bist so hübsch, du tanzt wie eine Göt-

Grossmutters Rezepte

Ein Orangen-Salat wie aus 1001 Nacht

600 g Orangen
20 g Walnusskerne
2 EL Rosenwasser
1 TL Walnussöl
2 TL Akazienhonig
1/4 TL Zimt
1 Handvoll Minzblättchen

Du schälst die Orangen so, dass du auch wirklich alles Weiße entfernst, und schneidest die Orangen dann in ganz dünne Scheiben. Anschließend legst du sie ganz vorsichtig auf einen großen Teller. Öl, Rosenwasser, Zimt und Honig verrühren. Das Rosenwasser bekommst du aus der Apotheke. Dann träufelst du diesen Cocktail über die Orangen und streust klein gehackte Walnusskerne und Minzeblätter darüber. Du wirst sehen – es sieht nicht nur köstlich aus, der Salat wird dich einfach verzaubern.

Du kannst auch auf die Orangen 200 g Hüttenkäse streuen und den Honig darauffräufeln, das Ganze mit Zimt bestäuben und mit Nüssen bestreuen.

tin, und deine Seele ist so schön …» Manu daddelte verlegen herum. Er war auch in sie vernarrt, aber auf seine Art, platonisch eben, wie er sagte. Er war Elizas bester Freund, und Sarah stand ihm insgeheim viel, viel näher: Verliebtheit pur, mit Herz und Seele. Fröhlich

versonnen zwinkerte er ihr auch in diesem Moment zu. Dann gab er Eliza einen Kuss; Nanolino zuckte kurz zusammen – ihm war das Ganze ja nicht entgangen und wirklich nicht egal.

«Los, Lizzi. Tanz!»

Manuel streichelte ihr sanft über ihre krausen Haare und gab ihr einen kleinen Klaps. «Du bist wunderschön», flüsterte er ihr noch zu, dann griff er zur Gitarre und haute einen Flamenco in die Saiten, wie er ihn noch nie zum Besten gegeben hatte. Und Eliza wirbelte mutig mit ganz viel weiblicher Anmut – trotz verweinter Augen und rotem Kopf – in Nanolinos Richtung. Olé!

So lange er zurückdenken konnte, hatte Manuel Gitarre gespielt. Wahrscheinlich war er sogar mit einer klitzekleinen Gitarre zur Welt gekommen.

Von klein an hatte Manuel seine Gitarrenkünste verfeinert und machte sich dadurch viele Freunde. Neuerdings komponierte er sogar. Aber besonders auch aufgrund seines enormen Fußballtalents hatte er viele Freunde. Und Sarah? Ja, in die hatte er sich vor kurzem verguckt, auf einem Musik-Festival. Dort hatte wieder einmal Eliza zu seiner Musik getanzt. Ihre rehfarbene Haut und grazile Anmut beim Tanz hatten viele in den Bann geschlagen. Auch Sarah war verzückt stehen geblieben und hatte sich von ihr und den südamerikanischen Klängen verzaubern lassen. Sie hatte dieses Festival besucht, weil ihr großer Bruder in einer Klezmer-Gruppe auftrat. «Welch einen Kontrast bieten doch beide Stilrichtungen. Deine flotten südamerikanischen Rhythmen und die melancholische Klezmer-Musik. Jede ist auf ihre Art total schön. Die Vielfältigkeit macht eben das Leben so spannend», hatte sie später zu Manuel gesagt, der sich prompt in sie verliebt hatte.

«Ich bin in Israel aufgewachsen, und du?», hatte Sarah die Unterhaltung weitergeführt.

«Zwischen Zuckerhut und Matterhorn», war seine globale Antwort gewesen. «Weißt du, ob weiß, ob schwarz, ob braun – ich liebe alle Fraun …»

«Du Chauvi!» Sarah puffte ihn neckisch in die Seite. Hatte aber verstanden. Ihm war es egal, woher man kam, welche Sprache man sprach oder welcher Religion man angehörte.

«Auf den Einzelnen kommt es an. Es gibt so viele nette Menschen in jeder Kultur, aber auch viele Vollidioten. Und du, du bist meine Traumfee, Sarah.» Ihr Herz war übergeschäumt. Jetzt sah sie verliebt zu Manuel hinüber, wie er Gitarre spielte. Und es schien ihr, als würde Manuel zwischen den Akkorden immer wieder kurz hochblicken von seinem Griffbrett und ihr zulächeln …

Ende gut – wirklich alles gut?

Mister Schlau und Marlene standen derweil am Strand und schauten auf das Meer hinaus. Lange hatte der Trainer diesen Augenblick vorbereitet, war jede Einzelheit im Kopf durchgegangen – jetzt fehlten ihm die Worte, und, was schlimmer war, noch etwas Wesentliches fehlte. Er hatte alles genau geplant: Er wollte Marlene als Zeichen seiner Liebe einen Ring schenken. Nur leider lag dieser Ring nun auf seinem Nachttisch, wo er ihn vergessen hatte.

Unsicher pulte er mit seinem großen Zeh im feuchten Sand und legte eine Napfmuschel frei. Interessiert bückte er sich. Das Mittelteil war herausgebrochen. Die Brandung hatte die Ränder der Bruchstelle weich geschliffen; wenn er Glück hatte, könnte das klappen.

Er fiel vor Marlene auf die Knie, die irritiert lächelnd auf ihn hinabschaute.

«Mensch, Trainer, ein Schwächeanfall? Was ist los mit dir, mein Lieber?»

«Ja, du hast es erraten! Du machst mich schwach. Eigentlich wollte ich dir etwas schenken, aber ich habe es vergessen. Deshalb muss es vorerst dies tun.» Nervös klopfte er den Sand von der Muschel und pustete die letzten Krümel davon.

«Extra für dich gefunden.»

«Wie? Eine Muschel?» Marlene hob amüsiert die Augenbrauen. Sie ahnte, was nun folgte.

«Also! Schau mal genau hin. Hier.»

Die Muschel passte perfekt auf Marlenes Zeigefinger.

«Marlene, wir sollten heiraten oder so», machte er ungelenk sein Hochzeitsangebot.

«Wie, wir?» Sie lächelte, und eine Träne kullerte dann doch und noch eine – aber nur aus einem Auge. Mit dem anderen lachte sie … Und sagte ja.

Mister Schlau drückte sie fest an sich.

Lächelnd sahen die Kinder, wie die beiden eng umschlungen zu ihnen zurückkamen. So deutlich hatten sie bisher ihre Zuneigung noch nie öffentlich gezeigt. Marie zögerte, aber ging ihnen dann doch mit Nanolino entgegen. Nano schaute wissend: Marlene konnte sich die Erklärungen sparen, die Kinder waren längst im Bilde und hatten alles vorbereitet. Die Kinder führten die Verliebten zu einem improvisierten Altar aus Sand, den Marie liebevoll mit Strandgut geschmückt hatte.

«Der neue Freund von meiner Mutter ist ja doch ein ganz netter», sagte Marie versonnen zu Sarah.

Frido mimte einen Pfarrer und vermählte die beiden symbolisch unter grandiosem Beifall. Die Zeremonie wurde mit «himmlischen» Lautenklängen von Manuel untermalt, und Sarah verzauberte das

Grossmutters Heilkräuter

***Arnika** (Arnica montana)*

Im Mittelalter schrieb man der Arnika große magische Liebeskräfte zu. Versuch mal, ob es bei dir funktioniert! Dazu musst du einen anderen Menschen mit der Blüte berühren, dann sollte er ganz von Liebe zu dir erfüllt werden. So der Volksmund. Ob ein Berühren mit der Pflanze wie mit einem Zauberstab auch bei Verstauchungen, Luxationen und Blutergüssen hilft? Wer weiß? Salben und Tinkturen helfen schon.

Paar mit einem brasilianischen Liebeslied. Was für eine tolle Stimme! Ein voller Mond hüllte die Anwesenden in weiße Gewänder, und die züngelnden Flammen der kleinen Lagerfeuer sowie der betörende Duft von Jasmin machten die Herzen weit.

Eliza fing den Brautstrauß aus Seetang. Dabei guckte sie Nano verliebt an und tanzte versonnen wiegenden Schrittes mit ihrem Strauß umher. Sie stolperte, und plötzlich lag der kleine Medicus Aug in Aug mit seiner Angebeteten im warmen Sand. Sein Herz wummerte in der Brust. Doch das war auf einmal egal. Denn unendliche Zärtlichkeit erfasste beide, und auf einmal berührten sich ihre Lippen. Nanolinos erster richtiger Kuss!

«Ich glaube, ich weiß jetzt endlich, wo ich die Seele suchen muss», schoss es Nanolino durch den Kopf. «Sie ist gewiss dort, wo auch die Liebe entsteht …»

Emsig wie die Ameisen …

Professor Götz von Schlotter lag immer noch mit ausgebreiteten Armen und Beinen scheinbar ohnmächtig auf dem verschmutzten Fußboden der Schlachterei. Es machte den Eindruck, als schlummere er total relaxed im Hier und Jetzt. Die Stille der Hallen wurde, wenn man genau hinhörte, nur von einem zarten, stakkatoartigen Scharren unterbrochen. Es klang, als würde irgendjemand mit Sandpapier über den Boden schleifen und zwischendurch mit Millionen von Fingernägeln auf eine Trommel klopfen. Tr, tr, tr, tr … Und wenn man genau hinsah, konnte man etwas Unglaubliches entdecken: Langsam, ja gaaanz, ganz langsam bewegte sich der Smoking, nein, glitt der ganze Körper über den Boden. Eine unsichtbare Kraft bewegte ihn wie auf einem Luftkissen.

Doch was war das? Ja wirklich, was war das bloß? An den Konturen des Körpers konnte man plötzlich unzählige schwarze Kleinstlebewesen ausmachen. Es kribbelte und krabbelte gewaltig hin und her unter dem Professor. Wie Ameisen oder besser wie ein Ameisenheer trugen Abertausende von zentimetergroßen Gobbots die bewegungslose Gestalt aus der Halle, als würden sie ihr Nest säubern wollen. Das rechte Auge des Professors zwinkerte …

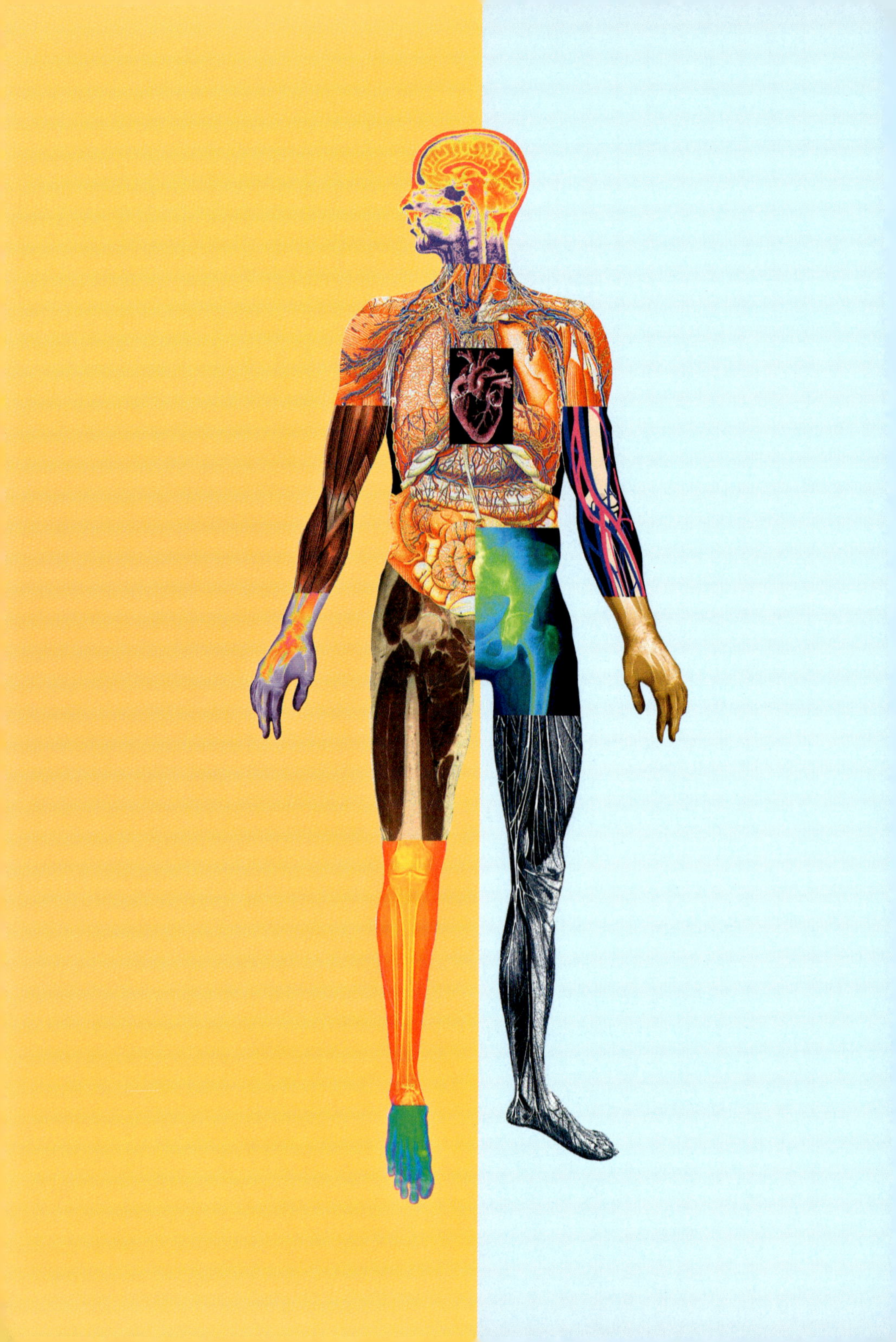

Medizin-Service

für Kinder (und Eltern)

Röntgen und Kernspintomographie – leicht gemacht

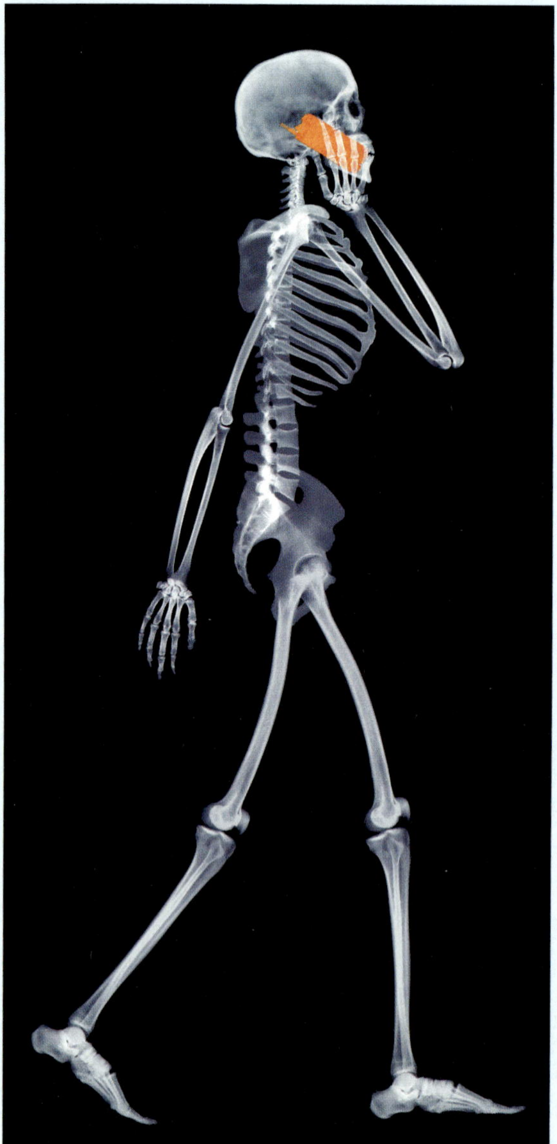

Röntgenbild eines telefonierenden Skeletts

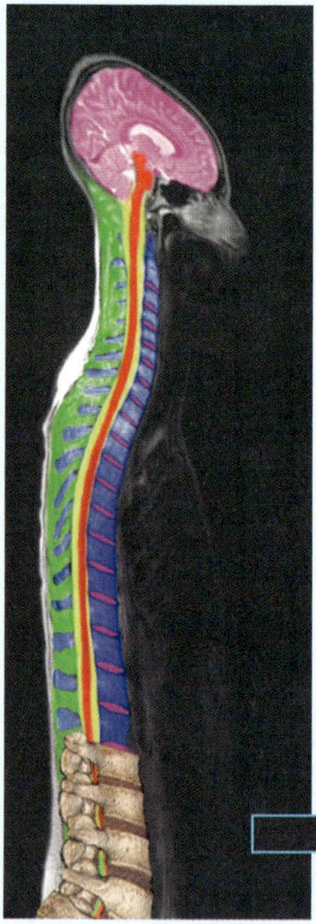

Kernspintomographie

Horizontal-(Axial-)Schnitt der Lendenwirbelsäule
(gesunde Bandscheibe)

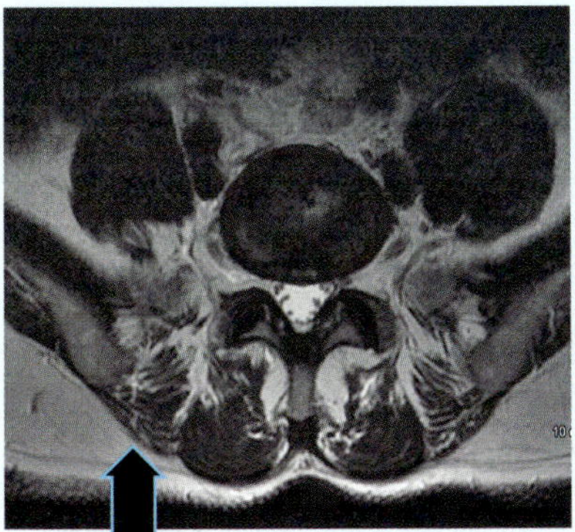

Kernspin-Original

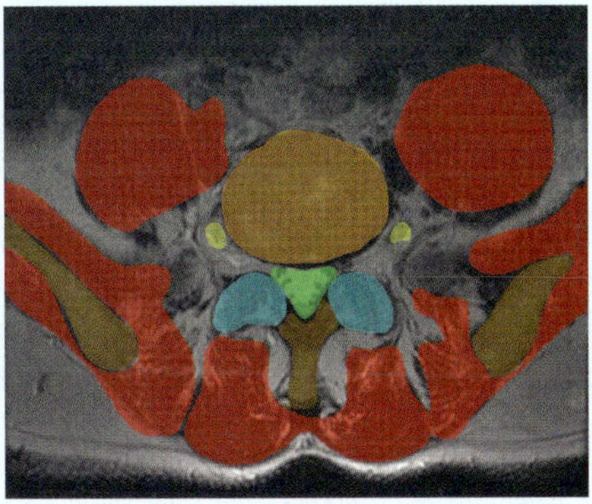

Erklärung der Anatomie

- Muskulatur
- Bandscheibe
- Knochen
- Kleines Wirbelgelenk
- Rückenmarks-kanal
- Nerven

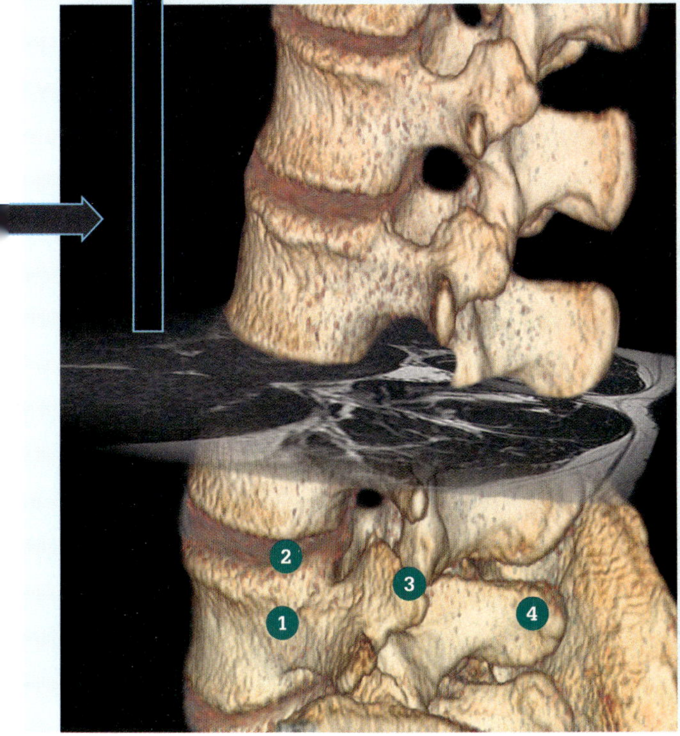

1 Wirbelkörper
2 Bandscheibe
3 Gelenk
4 Dornfortsatz

Normale gerade Lendenwirbelsäule
(Kernspintomographie)

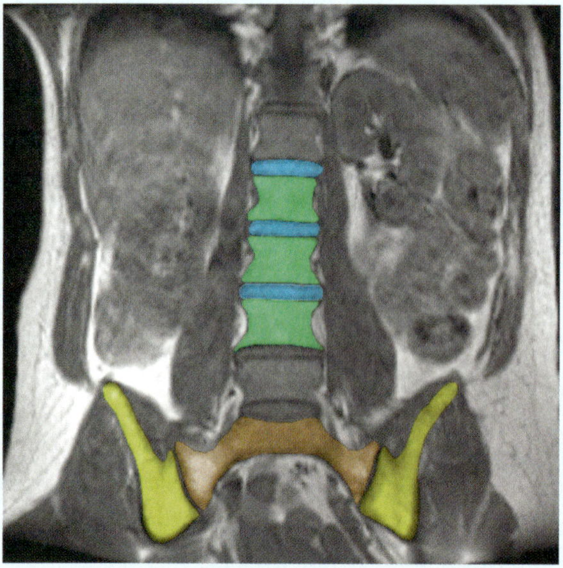

Gerade Lendenwirbelsäule (Röntgenbefund)

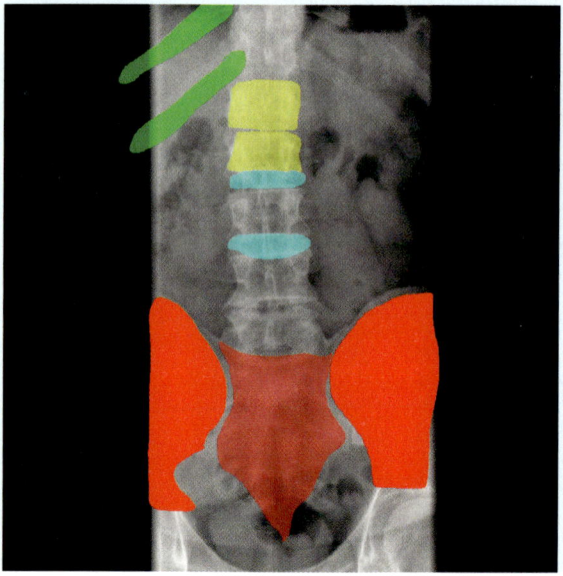

Im Röntgenbild bleiben Bandscheiben und Weichteile leider unsichtbar.

Verdrehte Lendenwirbelsäule (Skoliose)
(Kernspintomographie)

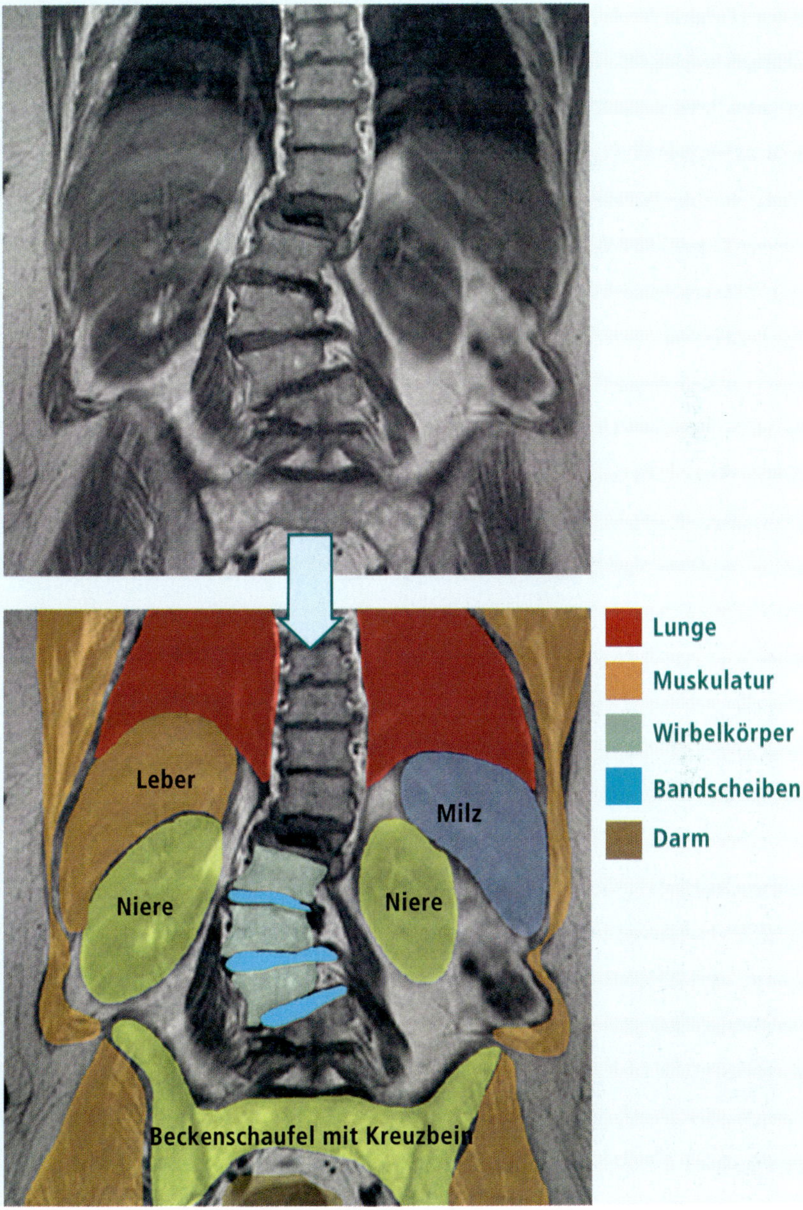

Gesunde Lendenwirbelsäule

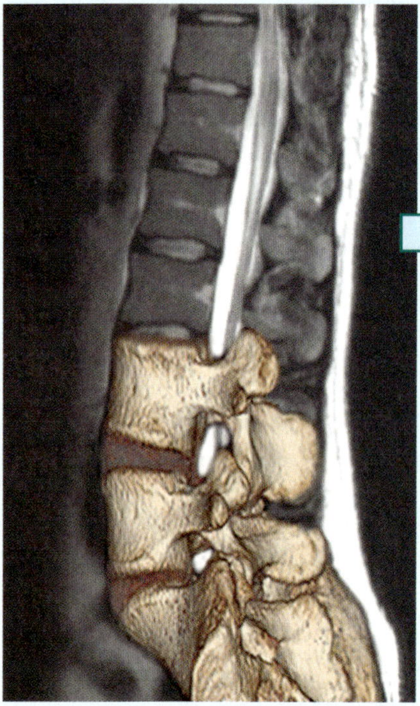

Kernspintomographie

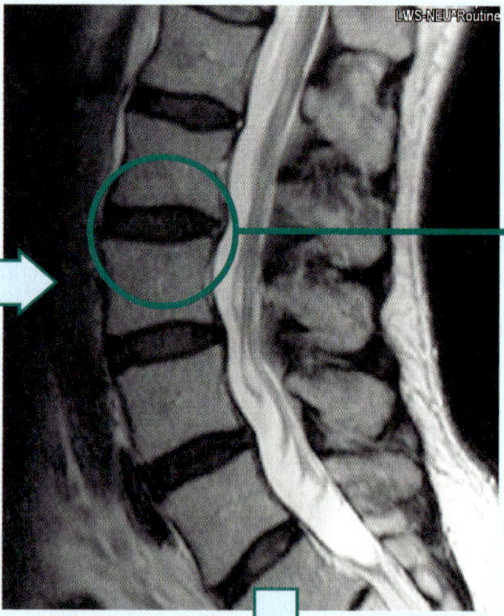

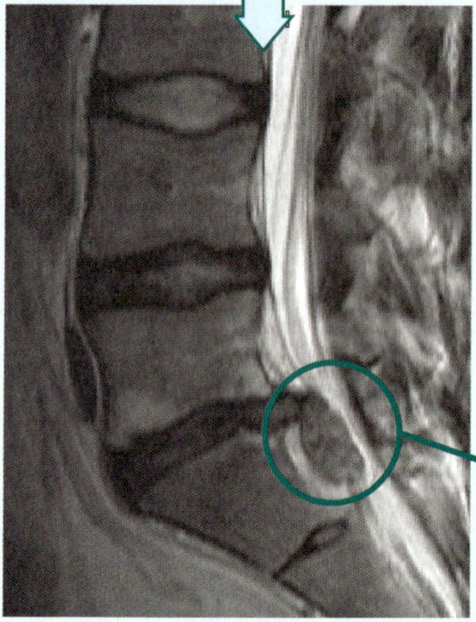

(Massen-)Vorfall

Halswirbelsäule (gesund)

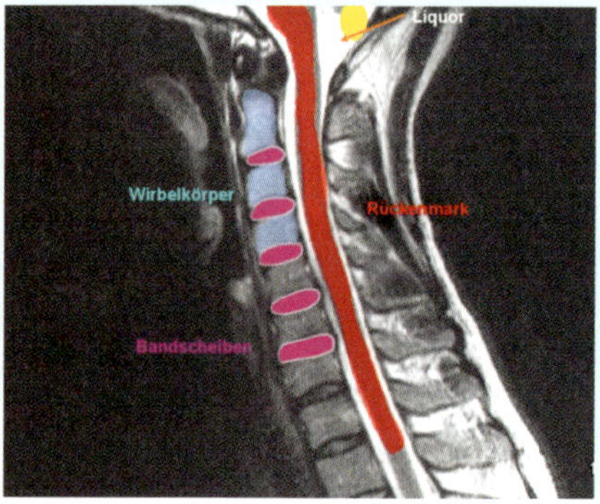

Die Bandscheibe: ihre Krankheiten und einige Therapieformen

Gesunde Bandscheibe

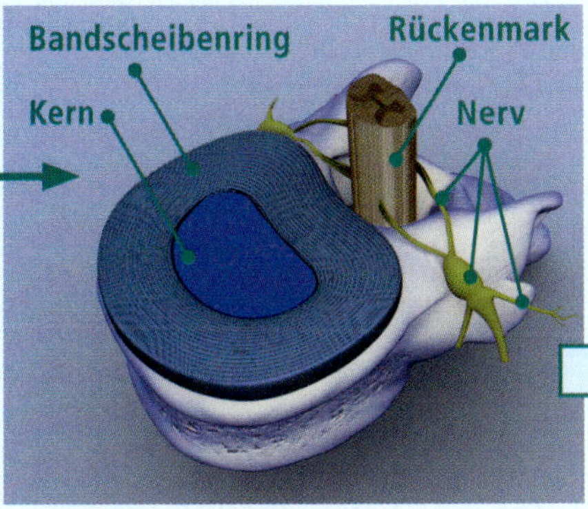

Akupunktur

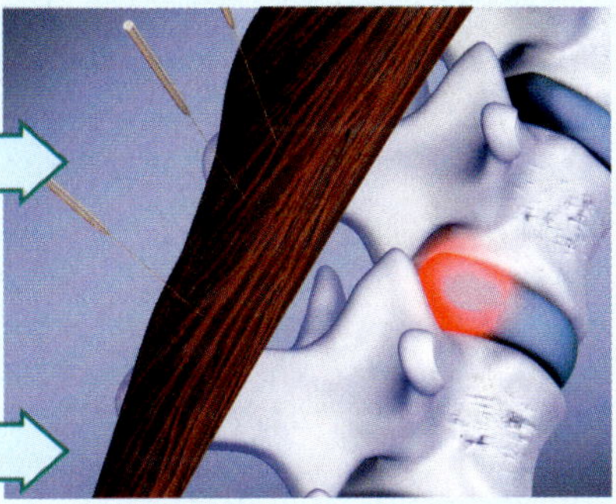

Vorwölbung (Protrusion)

Mikrotherapie mit Medikamenten

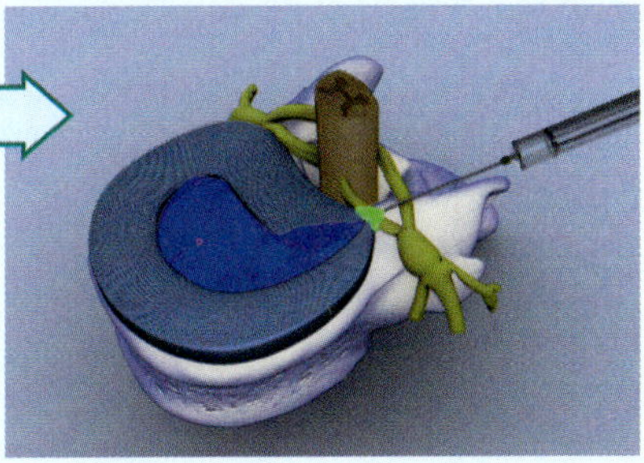

Vorfall (Prolaps)

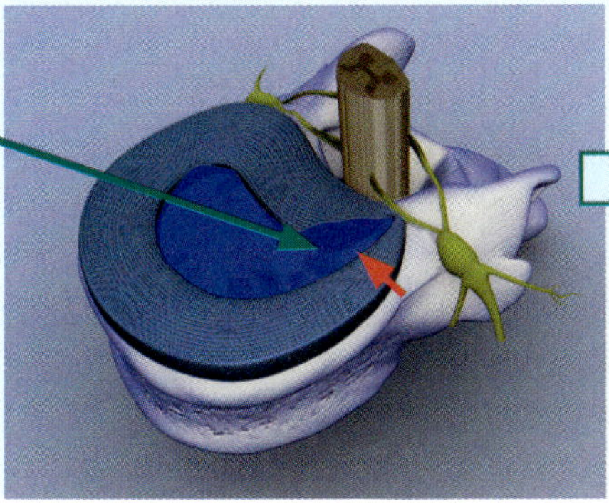

Endoskopie oder Operation

Aufbau der Wirbelsäule

Wie im Stahlbeton der Stahl für die innere Stabilität vor allem in Hochhäusern sorgt, so stärkt die Wirbelsäule als Stab den Rücken, nur dass die Wirbelsäule eben stark beweglich und mit flexiblen Muskeln verbunden ist, der Stahl in Häusern hingegen nur mit starrem Beton. Deine Wirbelsäule gibt dir Rückhalt und macht dich standfest für den aufrechten Gang. Sie kann große Lasten tragen, aber auch unglaublich beweglich sein. Du kannst dich nach vorne beugen, nach hinten neigen, zur Seite drehen, den Kopf auf die Schultern legen oder zur Seite gucken, aber leider nicht wie eine Eule deinen Kopf um 360 Grad drehen. Zu schade, oder?

Dein Rückgrat – wie es auch im Volksmund genannt wird – ist neben der Stabilität, die es dir gibt und die vor allen Dingen durch die knöchernen Wirbelkörper garantiert wird, auch gleichzeitig ein Stoßdämpfersystem. Stoßdämpfer sind die kleinen Kissen zwischen den Wirbelkörpern, die **Bandscheiben**. Diese bestehen aus einem Faserring (**Anulus**) und in der Mitte aus einem gallertigen Kern (**Nucleus**). Die Wirbelkörper sind untereinander mit Gelenken verbunden, den sog. kleinen Wirbelgelenken (**Facettengelenke**). Diese funktionieren wie Scharniere in einer Tür. An der Wirbelsäule selbst sind Muskeln über Sehnen befestigt.

Die Wirbelsäule selbst ist wie folgt gegliedert:

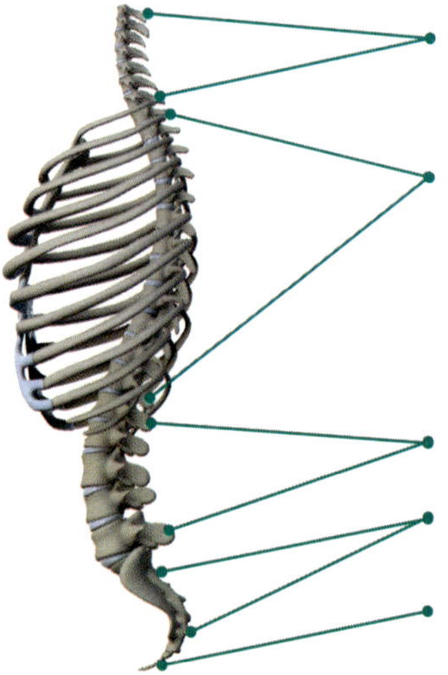

An der Brustwirbelsäule sind noch **12 Rippen** befestigt, die durch zwei Gelenkverbindungen an der Wirbelsäule in der Lage sind, sich während des Ein- und Ausatmens zu bewegen.

Innerhalb der Wirbelsäule im Rückenmarkskanal läuft das Rückenmark, und seitlich aus der Wirbelsäule treten aus den Nervenaustrittslöchern die Segmentnerven aus, mit denen die Muskulatur in Bewegung gesetzt wird. Gleichzeitig laufen Nervenendigungen von der Muskulatur, aber auch von den Organen durch diese Nervenaustrittslöcher in die Wirbelsäule hinein und melden über das Rückenmark dem Gehirn Veränderungen. Hauchdünne Nerven ziehen auch aus der Wirbelsäule zu den kleinen Wirbelgelenken, und diese messen die Stellung der Wirbelsäule im Raum. Sie gehören damit auch zu deinem Gleichgewichtssystem.

Diese kleinen Gelenke können extrem schmerzen, wenn sie durch falsche Bewegung ineinander verkanten und sich somit blockieren. Bei grippalen Infekten, aber auch bei bestimmten rheumatischen Erkrankungen entzünden sich die Gelenke manchmal schmerzhaft.

Rückenmark

Bewegung ist natürlich nicht allein nur durch deine Knochen möglich, dann würde ja jedes Skelett laufen können. Deine Muskeln sind mit Sehnen an deinen Knochen befestigt und bewegen so dein Knochengerüst. Die Befehle dazu kommen von deinem Gehirn und werden von den Nerven direkt bis an deine Muskeln geleitet. Deine Muskeln wiederum senden Informationen, z. B. über Lage und Belastung oder Schmerz, zu deinem Gehirn. **Hauptnervenbahn** ist das Rückenmark, unsere «Informationsautobahn». Es sieht aus wie ein sehr dickes «Elektrokabel» und leitet nicht nur alle Information vom Körper zum Gehirn und zurück, sondern hier fließt auch **Strom**. Strom zum Bewegen der Muskeln, Strom zum Aktivieren aller Organe und Strom für den Datenaustausch. Dein Rückenmark verläuft durch die gesamte Wirbelsäule und wird von den **Wirbeln** geschützt.

Rückenbeschwerden hat jeder einmal

Die meisten Menschen haben panische Angst vor Rückenschmerzen. Vielleicht auch du? Rückenschmerz wird in der Regel sofort mit der Bandscheibe in Verbindung gebracht. Daher denken viele dann gleich an eine Querschnittslähmung und eine möglicherweise notwendige Operation. Keine Angst! 80 Prozent aller Rückenschmerzen kommen allein durch eine verspannte **Muskulatur** zustande. Das ist auch ziemlich schmerzhaft. Aber verspannte Muskeln kann man lockern, indem man sie erwärmt, beispielsweise durch Bewegung oder durch eine warme Dusche oder ein heißes Bad in der Badewanne.

Die zweithäufigste Schmerzursache an der Wirbelsäule ist eine Verrenkung der kleinen Scharniere in der Wirbelsäule: der **Wirbelgelenke**. Diese können sich verkanten – wir nennen das Blockierung –, und diese Verkantung kann ganz heftige Schmerzen hervorrufen, die bandscheibenbedingten ausstrahlenden Nervenschmerzen ähneln. Auch hier kann mit Wärme und vorsichtigen Massagetechniken oder krankengymnastischen Übungen sowie vorsichtigen Einrenkungsversuchen von speziell geübten Krankengymnasten oder Osteopathen geholfen werden.

Die wenigsten Rückenschmerzen sind auf die **Bandscheibe** zurückzuführen. Diese kann in der Tat auf die Nerven drücken und starke Schmerzen oder noch schlimmer Kraftverringerung oder sogar Lähmungen erzeugen. Aber keine Angst – auch eine Bandscheibe muss ganz häufig nicht operiert werden. Vielmehr kann man hier mit Wärme und Bewegung oder Massagen und Akupunktur bzw. vorsichtigen Injektionen helfen, die Bandscheibe zurückrutschen zu lassen. Dazu gibt es heute hervorragende Ansätze mit mikrotherapeutischen Behandlungen: Unter Bildsteuerung mit modernen radiologischen Sichtsystemen wird präzise eine hauchdünne Sonde an die Bandscheibe herangeführt, und es werden vorsichtig Medikamente um die schmerzerzeugende Bandscheibe und den schmerzhaften Nerv eingebracht. Sollte mehr Bandscheibengewebe herausgetreten sein, kann man dies auch vorsichtig mit einer Hitzesonde verdampfen. Große Operationen mit Eröffnung der Wirbelsäule sind selten und werden nur noch dann durchgeführt, wenn Lähmungserscheinungen oder Schmerzen sehr schnell oder dramatisch zunehmen.

Die beste Vorbeugung gegen diese Beschwerden sind Sport und die Vermeidung von ständig falschen Sitzhaltungen in der Schule, beim Musizieren oder bei der Arbeit. Und nicht vergessen – bewegen, bewegen und nochmal bewegen, auch zwischendurch!

Bandscheibenvorfall

Bei einem Bandscheibenvorfall drückt ein Teil der Bandscheibe auf den Nerv, der zur Muskulatur führt. Dieser kann im **Nervenaustrittsloch** von der Bandscheibe getroffen werden. Dann kann es zu stärksten Schmerzen, aber auch zu Kraftverlust der Muskulatur kommen. Häufig sind dann auch die Gefühle in Armen oder Beinen gestört. Der Arzt greift in solchen Fällen zum kleinen Hammer und klopft beispielsweise vorne auf das Knie, um herauszufinden, ob die Nerven noch intakt sind. Er überprüft dabei die **Nerven-**

reflexe. Wenn der Unterschenkel bei diesem Klopfen auf das Knie oder hinten auf die Achillessehne noch hüpft, ist der Nerv nicht geschädigt.

Ein Bandscheibenvorfall kann aber auch in der Mitte der Wirbelsäule entstehen und dann auf das Rückenmark drücken. Hier ist im Gegensatz zum Nervenaustrittsloch noch viel Platz, sodass viel mehr Bandscheibengewebe austreten muss, bevor es zu Schädigungen der Nerven kommt. Im Nervenaustrittsloch wird der Nerv von der Bandscheibe auf den Knochen gedrückt, zum Schutz bildet sich **Nervenwasser**, das das Abquetschen und damit Absterben von Nervenzellen verhindern soll. Nur nimmt das Nervenwasser (Ödem) durch das Quellen natürlich auch viel Raum ein – wie du dir denken kannst. Damit wird das Nervenaustrittsloch sehr eng, und der Nerv wird noch mehr gepresst und tut noch mehr weh. Ganz schön paradox, diese Situation. Behandeln sollte man dann zunächst mit abschwellenden Medikamenten.

Wir unterscheiden zwischen einem **Prolaps**, dem Vorfall, und einer **Protrusion**, der Bandscheibenvorwölbung. Beim Prolaps ist in der Regel der Faserring gerissen, und der Kern drückt von innen nach außen.

Manchmal reißen auch Bandscheibenstücke ab, wir reden dann von einem sog. **Sequester**.

Der sog. **Hexenschuss** schießt mit stärksten Schmerzen anfallartig in den Rücken und/oder in ein Bein ein. Du kannst dich kaum noch bewegen. Es kann eine Vorwölbung der Bandscheibe sein, meistens ist es aber eine schmerzhafte Verspannung der Rückenmuskulatur, vor allen Dingen immer wieder ausgelöst durch die Verkantung der kleinen Gelenke. Wärme und Bewegen sind hier die besten Maßnahmen.

Der Hexenschuss des Halses ist der sog. **Schiefhals**, der auch am besten mit Wärme behandelt werden muss.

Bei beiden Schmerzsyndromen solltest du aber zum Arzt gehen, der dir neben Wärme möglicherweise ein leichtes Schmerzmittel verschreibt oder dich akupunktiert und dir Massagen verschreibt. Natürlich kann er dann auch einen Bandscheibenvorfall ausschließen.

Wirbelsäulenverkrümmung (Skoliose)

Die Skoliose ist eine besondere Form der Wirbelsäulenerkrankung. Hierbei kommt es zu einer nicht normalen Verkrümmung und/oder Verdrehung der Wirbelsäule nach rechts oder links oder manchmal beidseitig. Eine Skoliose ist häufig angeboren. Gerade bei Vorliegen einer Skoliose ist es sehr wichtig, sich wirklich viel zu bewegen und vor allen Dingen die Rückenmuskulatur zu trainieren.

Ursachen

Gefühle wie Angst, Trauer, Stress und Mutlosigkeit beschweren nicht nur dein Herz, sondern können auch deinen Rücken belasten. Das kann sich zum einen in einer schlechten Körperhaltung ausdrücken, wenn man immer gebückt und traurig durchs Leben geht. Die ungesunde Haltung fördert den Verschleiß deiner Wirbelgelenke und Bandscheiben. Außerdem können Stress, Unzufriedenheit und Mutlosigkeit vorhandene Probleme verschlimmern oder sogar zu Schmerzempfindungen führen, bei denen sich oftmals keine körperliche Ursache finden lässt.

Was tun?

Schmerzen wegwärmen Außer bei Ischias oder Rheuma – hier helfen zum Beispiel kalte Güsse – ist Wärme ein gutes Mittel gegen Rückenschmerzen. Die Durchblutung wird angeregt, und zudem wirkt die Wärme entkrampfend auf Muskeln und Nerven. Die einfachste Art, Wärme zu tanken, bietet zum Beispiel ein heißes Bad.

Massage Eine Massage stärkt den Rücken und lindert Schmerzen. Muskeln und Gewebe werden stimuliert, Blutkreislauf und Stoffwechsel werden angeregt und die Hormonproduktion intensiviert. Außerdem löst eine Massage Verspannungen, und Nährstoffe werden besser zum Knochenmark und in die Muskeln transportiert.

Auch bei Schmerzen: Nicht schonen Eine Woche ohne Bewegung – und du verlierst 25 Prozent deiner Muskelkraft. Viele Menschen glauben, bei Rückenschmerzen würde nur Bettruhe und Schonung helfen. Das verschlimmert aber leider die Probleme, da die geschwächte Muskulatur die Wirbelsäule nicht mehr ausreichend schützen und stützen kann. Deshalb: Schon ein Spaziergang an der frischen Luft fördert die Durchblutung und unterstützt damit die Heilung.

Iss dich fit – Übersäuerung vermeiden Täglich frische Früchte und Vollkornprodukte sind wichtig für einen gesunden Rücken. Weißmehlprodukte, tierische Fette und Zucker übersäuern das Bindegewebe, das Ergebnis sind häufig Rückenschmerzen, da Gelenkknorpel abgebaut wird.

Winzige Bausteine zum Leben

Die lebenswichtigen Vitamine

Vitamine müssen in der Regel mit der Nahrung aufgenommen werden, weil der Körper sie meistens bis auf Vitamin K und Vitamin B_2, Folsäule und Biotin nicht selbst produziert. Letztere werden von Darmbakterien in geringen Mengen erzeugt.

Man unterscheidet zwischen wasserlöslichen und fettlöslichen Vitaminen. Fettlösliche Vitamine können nur aufgenommen werden, wenn du ausreichend Gallenflüssigkeit bildest und die Fettaufnahme in deinem Darm auch wirklich funktioniert.

Fettlösliche Vitamine

Merke dir einfach **EDEKA**, also die Vitamine E, D, K und A sind dabei.

Vitamin A

Entsteht aus dem Provitamin A im Darm und umfasst eine Reihe fettlöslicher und lichtempfindlicher Wirkstoffe wie das Retinol. Das Provitamin A wird aus der Nahrung aufgenommen und als Vitamin in der Leber gespeichert. Die Provitamine des Vitamin A sind die sog. Carotinoide, die du auch in den Mohrrüben findest und die der Mohrrübe unter anderem das orangene Aussehen verleihen. Diesen weitverbreiteten Pflanzenfarbstoff, das Beta-Carotin, findest du auch im Kohl und im Spinat. Große Mengen an Vitamin A kommen in Buttermilch, Eiern, in Lebertran und in der Leber vieler Tiere vor.

Vitamin A brauchst du, damit deine **Knorpelzellen**, aber auch deine Hautzellen wachsen können. Es ist unentbehrlich für das **Sehen**. Solltest du ein wenig nachtblind sein oder eine Nachtblindheit verringern bzw. die Sehschärfe optimieren wollen, solltest du vermehrt Vitamin-A-haltige Nahrung zu dir nehmen. Auch für die **Infektionsabwehr** an den Schleimhäuten ist Vitamin A wichtig.

Achtung! Nicht zu viel nehmen, sonst können auch Nervenstörungen auftreten. Ein Zuviel an Vitamin A bemerkt man manchmal bei Babys, die zu viel Karottengemüse bekommen haben. Diese niedlichen Babys sehen manchmal doch ein bisschen zu quietschgelb aus.

Vitamin D

Ohne Vitamin D würden dein **Skelett** und deine **Zähne** gar nicht so stark sein, wie sie sind. Also immer darauf achten, dass du genügend Vitamin D in der Nahrung bekommst.

Vitamin D ist quasi ein **unechtes Hormon**, weil es vom Körper gebildet werden kann. Nur braucht der Körper dazu ganz viel UV-Licht. Das Beste ist, man geht ganz häufig an die frische Luft und sieht zu, dass die Sonne möglichst große Körperteile bescheinen kann. Das geht natürlich am besten im Sommer, am Strand, wenn du dich gut mit Sonnenschutzcreme geschützt hast. Die Vorstufen des Vitamin D werden aus Cholesterin gebildet, man nennt das Vitamin D deshalb auch gerne das Vitamin-D-Hormon. Auch aus der Nahrung, aus Milch, Eigelb, Fisch oder Lebertran kannst du Vitamin D aufnehmen.

Vitamin D regelt den **Kalzium- und Phosphathaushalt** deines Körpers. Das Kalzium benötigst du zur Stabilität deiner Knochen, damit sie deinem Rücken und dir Rückhalt geben.

Vitamin E

Vitamin E ist ganz wichtig für deine weitere Geschlechtsentwicklung, wird allerdings nur von Pflanzen hergestellt. Deshalb wäre es ja auch so wunderbar, wenn du mehr Vollkornprodukte, Getreidekeime, Pflanzenöle oder Blattgemüse zu dir nehmen würdest. Dies alles enthält Vitamin E und schützt weiterhin die Zellmembranen, verringert das Krebsrisiko und inaktiviert schädliche Cholesterine. Damit vermindert Vitamin E unter anderem auch die Gefäßverkalkung, die sog. Arteriosklerose.

Vitamin K

Damit dein Blut nicht ganz dünn wird und du möglicherweise verblutest, brauchst du Vitamin K. Dieses steigert in der Leber die Bildung von **Gerinnungsfaktoren**. Wenn du gerne grünes Blattgemüse, Kohl oder Milch zu dir nimmst und auch öfter Fisch isst, dann führst du dir sicherlich genügend Vitamin K zu. Vitamin K wird aber auch von Darmbakterien, beispielsweise von den berüchtigten Kolibakterien, gebildet. Aber Finger weg von den Kolibakterien. Im Darm sind sie gut. Wenn du sie essen würdest, könntest du Durchfall bekommen oder sogar schwer krank werden. Deshalb immer gut Finger waschen nach dem Stuhlgang.

Wasserlösliche Vitamine

Vitamin B_1

Zum **Denken**, zum **Fühlen**, aber auch für die **Nervenfunktion** der Muskeln und des Herzens ist Vitamin B_1 wesentlich. Es ist bei der Bildung der sog. Botenstoffe in den Nerven beteiligt. Die Hälfte von Vitamin B_1 (Thiamin) wird für die Muskelfunktionen am Tag verbraucht. Gut wäre es, wenn du aufpasst, dass du genügend Kartoffeln – auch mal, aber nicht nur Pommes frites –, Gemüse und Hefe zu dir nimmst und frische Getreidesprossen, die du z. B. in Vollkornbrot findest.

Vitamin B_2

Damit dein Körper richtig gut **Energie** gewinnen kann aus Zucker und Fetten, aber auch der **Eiweißstoffwechsel** richtig Feuer bekommt, brauchst du Vitamin B_2. Ein Mangel zeichnet sich durch Entzündungen von Haut- und Schleimhäuten, z. B. im Mund, aus. Auch hier helfen wieder die Darmbakterien, genügend Vitamin B_2 aus der Nahrung bereitzustellen. Du findest Vitamin B_2 in Milch- und Käseprodukten, Leber, Hefe und allen üblichen Getreidekeimen wie Sojasprossen. Du siehst, auch die Kinder von Pflanzen, die Samenkörner, benötigen ganz viel Vitamin B und andere lebenswichtige Stoffwechselgrundbausteine. Samen brauchen diese Elemente eben genauso wie du selbst zum Wachsen. Doch sie schenken sie dir, wenn du sie ganz bewusst isst.

Vitamin B_{12}

Dies brauchst du unbedingt zur **Blutbildung** und zur Aufrechterhaltung deines **Nervensystems** sowie für den **Eiweißstoffwechsel** und zum Aufbau deiner **Erbsubstanz**. Es muss im Magen an einen speziellen Faktor, den Intrinsic-Faktor, gebunden werden, damit es wirksam werden kann. Bei Magenschleimhautentzündungen oder Magengeschwüren chronischer Art findet dieser Übergang häufig nicht statt, und es kommt zu einem Vitamin-B_{12}-Mangel, den man im Blut messen kann. Vitamin B_{12} ist anscheinend nur in tierischen Produkten enthalten, wie Milch, Eigelb, Fisch oder Fleisch.

Niacin

Für die **Energiespaltung**, die dein Körper aus dem Abbau von Fetten und Zucker gewinnt, ist Niacin von größter Bedeutung. Darmbakterien synthetisieren Niacin aus der Aminosäure Tryptophan, sodass du in der Regel unter keinem Niacinmangel leiden musst. Niacin ist die Abkürzung von Nikotinsäure, die du durch viele Lebensmittel zugeführt bekommst, z. B. durch Hülsenfrüchte, Milchprodukte oder auch Weizenkeime. Nikotin aus Zigaretten enthält aber kein Niacin, auch wenn es sich so ähnlich anhört – im Gegenteil!

Vitamin C

Dieses Vitamin kennt jedes Baby, und es ist vor allen Dingen in Zitrusfrüchten, in Zitronen und Orangen, aber auch in Hagebutten, dunkelgrünem Gemüse und Sanddorn enthalten. Leider können wir selbst kein Vitamin C herstellen, obwohl Pflanzen und Tiere dies können. Du brauchst Vitamin C unbedingt, um den Stoffwechsel von Aminosäuren, also dem Baustein von Eiweißen, optimal zu regeln. Außerdem ist Vitamin C wichtig für die **Blutgerinnung**, **Wundheilung** und den Aufbau von **Bindegewebe**.

Vitaminmangel äußert sich häufig durch erhöhte **Infektanfälligkeit** oder auch **Blutungen im Mund**, bei denen Zähne ausfallen können. Man nennt diese Krankheit Skorbut, die früher häufig Seefahrer heimsuchte, wenn monatelang kein Vitamin C auf den Schiffen zur Verfügung stand. Vitamin C ist auch ein Antioxidans wie das Vitamin A und E.

Biotin

Biotin brauchst du bei der **Verstoffwechselung von Aminosäuren**, **Kohlehydraten** und **Fettsäuren**. Gerade auch der **Nagelstoffwechsel** scheint viel Biotin zu erfordern. Biotin kommt häufig in Eigelb und Innereien vor und ist auch in Hefe enthalten. Hefe wird ja beispielsweise beim Backen von Brot und Kuchen benutzt, aber du kannst sie auch als Flocken auf Salat streuen. Das schmeckt köstlich, probier es mal. Biotin ist auch ganz wichtig für das Wachsen von Finger- und Fußnägeln, die dann besonders schön und nicht brüchig werden.

Pantothensäure

Die Pantothensäure ist besonders gut in grünem Gemüse, Nüssen und Getreide enthalten. Du benötigst das Pantothen für die Zellatmung genauso wie für deinen Fett- und Zuckerstoffwechsel.

Folsäure

Ein ganz wesentliches Element, das du zur Bildung deiner **roten Blutkörperchen** dringend benötigst, ebenso wie bei jeder **Zellteilung** und der Weiterentwicklung deiner eigenen **Erbsubstanz**. Weiter wird Folsäure auch beim

Eiweiß- und speziell beim **Aminosäurestoffwechsel** gebraucht. Besonders viel Folsäure findest du in Vollkornmehl, in Leber und Milch, aber auch in dunkelgrünem Blattgemüse und Weizenkeimen. Folsäure wird auch von Darmbakterien im Dickdarm hergestellt.

Die wesentlichen Hormone

«Wir werden immer größer, jeden Tag ein Stück» – so ein altes Kinderlied.

Damit du wächst und deine Zellen zur Vermehrung angeregt werden, müssen sie irgendwie hierzu angeleitet werden und miteinander in Verbindung stehen. Sie müssen quasi gleichzeitig bestimmte Nachrichten erhalten, die sie veranlassen, sich gleichartig zu verhalten. Nachrichten, die dafür sorgen, dass alles auch ganz geregelt und harmonisch abläuft in deinem Körper: nämlich dass Körperzellen, Blutzellen, Lymphzellen, Nervenzellen zum Beispiel gleichzeitig wachsen. Sonst würde ja dein Körper total verunglückt aussehen – zu lange Gefäße, zu kleine Hautzellen, Nervenendigungen, die irgendwo rausstehen, oder eine Nase wie Pinocchio. Hormone steuern das Wachstum und bremsen es oder regen Drüsen wie die Schilddrüse an, Hormone für den Zellstoffwechsel zu liefern, andere wiederum für die Geschlechtsentwicklung. Auch der Geschlechtstrieb wird durch Hormone wie das Testosteron bei Männern oder das Östrogen bei Frauen stimuliert. Reaktionen des Körpers auf Licht, Stress oder auf Sport werden ebenfalls durch Hormone beeinflusst. Deshalb gehören Hormone wie das Wachstumshormon auch zu den künstlichen Dopingmitteln.

Was sind eigentlich hormonproduzierende Organe?

Die Botenstoffe des Körpers werden in vielen verschiedenen Regionen des Körpers gebildet und besitzen unzählige unterschiedliche Funktionen. Der oberste Steuermann des gesamten Hormonsystems sitzt im Gehirn, es ist die sog. **Hirnanhangdrüse**, **die Hypophyse**. Sie steuert die hormonproduzierenden Organe wie die Bauchspeicheldrüse, Nebennieren, Eierstöcke, Hoden usw. mit eigenen Hormonen. Das oberste Steuerorgan, das die Hypophyse aktiviert und kontrolliert, ist auch so ein Hypodingsda, der **Hypothalamus**. Hier werden alle im Körper zirkulierenden Hormone registriert und genau bestimmt, welche Menge an neuen Hormonen ausgeschüttet werden muss und wann das geschieht.

Die Hypophyse bildet das **Wachstumshormon** (Somatotropin), steuert dein Längenwachstum und ist an der Eiweißherstellung des Körpers betei-

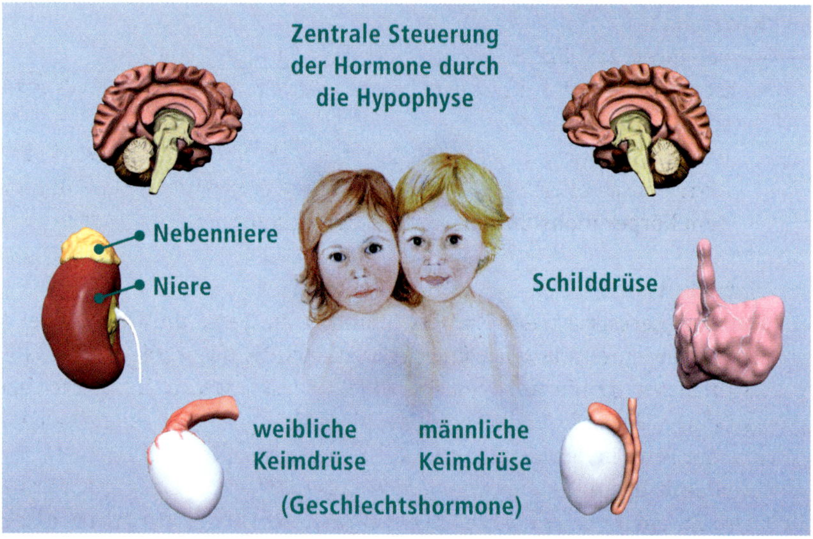

ligt. Ein Wasserhormon (Adiuretin) steuert den Wasserhaushalt. Bei Durst wird es z.B. vermehrt gebildet und hält das Wasser zurück. Wenn viel Wasser getrunken wird, wird das Hormon wieder gebremst, und Wasser wird dann aktiv über die Nieren ausgeschieden.

Das **Schwangerschaftshormon** (Prolaktin) aktiviert die Muttermilchbildung und die Kräftigung der Gebärmuttermuskulatur.

Das **geschlechtsregelnde** Hormon (Gonadotropin) aktiviert bei dir das Wachstum der Geschlechtsdrüsen.

Nebennieren

Deine Nebenniere produziert ihre Hormone in der Nebennierenrinde und im Nebennierenmark. Die Nebennieren liegen quasi als Dach den Nieren auf und sind stark mit Gefäßen und Nerven versorgt.

Fast alle Hormone der Nebenniere nennt man die sog. **Stresshormone**. Sie dienen dem Körper als Schutz in Gefahrensituationen. Natürlich wirken sie auch außerhalb der Gefahrenreaktion.

Kortison

- verringert entzündliche und allergische Reaktionen,
- ist aktiv in der Wasserhaushaltsregelung und verringert die Wasserausscheidung bei Durst,
- ist aktiv im Zuckerstoffwechsel, dem sog. Kohlehydratstoffwechsel, und aktiviert vor allen Dingen bei Stress das Zuckerangebot im Blut, damit dem Körper mehr Energie zur Verfügung steht.

Katecholamine

Die Energiereserven des Körpers, nämlich die Fette und die Zucker (Glukose), werden durch deine Energiehormone, die Katecholamine, aus ihren Lagerstätten mobilisiert und in die Blutbahn ausgeschüttet. Gleichzeitig aktivieren diese Katecholamine auch die Energieverwertung der Glukose und der Fette in der Muskulatur des Bewegungsapparates.

Damit das Angebot der Energiereserven richtig hoch wird, aktivieren diese Energiehormone auch gleichzeitig die Zunahme der Frequenz deiner Herzschläge und die Kraft deines Herzmuskels, damit alle lebenswichtigen Organe mit Energie versorgt werden.

Und als Letztes werden die kleinen Muskeln in den Wänden der Gefäße aktiviert, sodass sich die Gefäße zusammenziehen und verengen, damit dein Blutdruck kurzzeitig erhöht wird: Mit viel Druck und stark vermehrtem Flüssigkeitsvolumen werden so in Stresssituationen wie bei starker körperlicher Anstrengung oder bei Furcht – auch vorm Fernseher – große Teile deiner gesamten Energiereserven in alle lebenswichtigen Organe gepumpt.

Weibliche Geschlechtshormone

Diese werden in den Eierstöcken gebildet und fördern beim Mädchen die Entwicklung der weiblichen Geschlechtsmerkmale.

Östrogen

Dieses Hormon wird auch bei männlichen Lebewesen in geringen Mengen in der Nebenniere und im Hoden produziert.

Neben der Ausbildung der weiblichen Geschlechtsmerkmale aktiviert das Östrogen bei erwachsenen Frauen die Reifung des Eis im Eierstock und hilft ihm bei der Wanderung durch den Eileiter in die Gebärmutter.

Gleichzeitig verbessert das Östrogen das Umfeld des Eis, damit das Eindringen des Samens in die Hülle des Eis ermöglicht wird.

Gestagen

Bringt die Schleimhaut der Gebärmutter wieder in den Originalzustand, wenn es zu keiner Befruchtung gekommen ist. Dieses ist in der Regel der Normalzustand während der monatlichen Periode zwischen den Regelblutungen.

Aber Gestagen verändert auch die Schleimhaut der Gebärmutter, damit sich ein Ei dort besonders wohlfühlt und einnistet.

Männliche Geschlechtshormone

Testosteron

Dieses männliche Hormon wird im Hoden gebildet und bei Frauen auch in geringen Mengen in der Nebenniere und den Eierstöcken. Testosteron

- aktiviert das Wachstum der Geschlechtsorgane,
- ist prägend für Körperbau, Muskulatur und Kehlkopfgröße und löst den Stimmbruch aus,
- ist für die Samenzellenbildung beim geschlechtsreifen Mann zuständig und auch beim Geschlechtstrieb beteiligt.

Tabellen & Fakten

Mineralstoffe

Mineralstoff	Wirkung	Hauptlieferanten
Kalzium	Aufbau von Knochen und Zähnen, bedeutsame Rolle bei der Blutgerinnung, Muskelaktivität und Reizübermittlung	Milch, Joghurt, Käse
Eisen	wichtige Rolle bei der Bildung von roten Blutkörperchen; zu viel schädigt Leber und Herz	Fleisch, Innereien, Grünkern, Haferflocken, Weizenkeime, Hülsenfrüche
Jod	unentbehrlich für die Bildung von Schilddrüsenhormonen	Seefisch (müsste man täglich essen!), Milch, Milchprodukte, mit Jodsalz gewürzte Nahrungsmittel wie Brot, Käse, Wurst
Magnesium	wichtiger Baustoff für Knochen und Zähne, Steuerungsfunktion bei Muskeln und Nerven; beteiligt am Aufbau von Enzymen	Vollkornprodukte, Kartoffeln, Milch, Milchprodukte
Selen	zusammen mit Vitamin E Zerstörer von freien Radikalen, verringert das Krebsrisiko (Überdosierung allerdings sehr gefährlich!)	Fleisch, Getreide, Hülsenfrüchte
Zink	wichtig für das Immunsystem, Rolle bei der Produktion von Keratin, einem Stoff in Haut, Haaren und Nägeln	Fleisch, Fisch, Milchprodukte, Schalentiere

Nach Scheele, B., Wangerin, G. (Hrsg.): Das Lexikon der Gesundheit. München 2004

Was tun bei Gelenkschmerzen?

Gelenk-, Glieder- und Rückenschmerzen	Was sich am ehesten dahinter verbirgt – Beschwerdebild	Erste Maßnahmen
Leichte bis mäßige Gelenk- und Gliederschmerzen	Infektionskrankheit, meist durch Viren, z. B. echte Grippe – allgemeines Unwohlsein – möglicherweise Fieber	Viele, vor allem virale Infektionskrankheiten können zu flüchtigen Glieder- und Gelenkschmerzen führen. Kind auf weitere Krankheitsanzeichen beobachten. Ansonsten nach drei Tagen zum Kinderarzt gehen.
Gelenkschmerzen nach Infektion (oft Magen-Darm-Infektion)	Immunologisch bedingte Gelenkentzündung als Reaktion auf die Infektion (sog. reaktive Arthritis)	Zum Kinderarzt gehen.
Wiederholte Gliederschmerzen	Sog. Wachstumsschmerzen. Ursache unklar (ungleiches Wachstum von Knochen, Muskeln und Nerven?) – tief in den Beinen (nicht im Gelenk), beidseitig oder die Seiten wechselnd – Kind zwischen 4 und 16 Jahren – vor allem abends und nachts, Dauer bis zu ca. einer Stunde, oft nach viel Bewegung am Tag zuvor – am nächsten Morgen keinerlei Beschwerden mehr	Kind beruhigen, Bein massieren oder Wärme anwenden, Schmerzen ansonsten aber nicht hochspielen. Zum Kinderarzt gehen, wenn die Schmerzen immer auf der gleichen Seite oder immer bei Anstrengung auftreten oder zusätzliche Beschwerden wie etwa Bewegungseinschränkung, Hinken oder Fieber bestehen – dann könnte eine Erkrankung dahinterstecken.
Gelenkschmerzen mit Hautausschlag	Ringelröteln – Hautausschlag girlandenförmig, Schmerzen vor allem an kleinen Gelenken, meist kein Fieber	Wenn Sie wissen, dass Ihr Kind Ringelröteln hat, brauchen Sie nicht wegen der Gelenkschmerzen zum Arzt zu gehen. Sie verschwinden von selbst wieder. Ansonsten am gleichen Tag (möglichst schnell) zum Kinderarzt gehen, Kind bis dahin ruhen lassen.
Chronische Gliederschmerzen mit Hautausschlag	Rheumatisches Fieber – Hautausschlag girlandenförmig, am Rumpf beginnend, Fieber, Unwohlsein, Schmerzen an wechselnden Gelenken, möglicherweise vorher Streptokokkeninfektion	Bitte zum Kinderarzt oder Internisten gehen.

Gelenk- oder Knochenschmerzen mit Fieber	Bakterielle Gelenk-/Knochenentzündung, Rheumatisches Fieber – Schwellung und Rötung eines Gelenks oder Knochenabschnittes, Bewegungseinschränkung – Gelenkschmerzen von einem Gelenk zu anderen «springend», oft Hautausschlag	Sofort zum Kinderarzt gehen, Kind bis dahin ruhen lassen.
Gelenk- oder Knochenschmerzen nach Unfall	Knochenbruch – vorausgegangener Sturz oder Verletzung – Schmerzen bei Bewegungen – eine Stelle des Knochens ist druckschmerzhaft und eventuell geschwollen	Sofort zum Kinderarzt oder in eine chirurgische Krankenhausambulanz gehen, den betroffenen Körperteil bis dahin ruhen lassen.
Chronische Schmerzen mehrerer Gelenke	Juvenile rheumatoide Arthritis (= kindliches Rheuma) – mehrere Gelenke (große oft asymmetrisch, kleine oft symmetrisch betroffen) – morgens steife Gelenke	Bei Kindern können beim «Rheuma» ganz andere Gelenke betroffen sein als beim Erwachsenen. Länger anhaltende Gelenkschmerzen, vor allem mit morgendlichen Anlaufschwierigkeiten, deshalb immer vom Kinderarzt abklären lassen.
Gelenkschmerzen mit Durchfällen	Gelenkbeteiligung bei chronischer Darmentzündung, selten als Immunreaktion bei bestimmten Durchfallerkrankungen (z. B. Salmonellen)	Für die nächsten Tage Termin beim Kinderarzt ausmachen – zunächst muss die Darmentzündung behandelt werden.
Gelenkschmerzen nach Zeckenbiss	Borreliose – Wochen bis Monate nach einem Zeckenbiss	Für die nächsten Tage Termin beim Kinderarzt ausmachen, da bei einer Borreliose Antibiotika gegeben werden müssen.
Gelenk- oder Knochenschmerzen mit Abgeschlagenheit	Können bei fieberhaften Infekten jeder Art begleitend auftreten. Können aber auch Indiz für eine bösartige Blut- oder Knochenkrankheit sein. – Müdigkeit, Abgeschlagenheit – möglicherweise Blässe, Gewichtsabnahme	In den nächsten Tagen zwecks Abklärung zum Kinderarzt gehen, wenn sich das Kind über längere Zeit nicht richtig wohlfühlt und über uncharakteristische Gelenk- und Knochenschmerzen klagt.

Einseitige Hüft- oder Knieschmerzen	Hüftschnupfen, Hüftkopfgleiten – Hinken, kein Fieber, Kindergarten- oder Grundschulkind – Hinken, kein Fieber, Jugendlicher in der Pubertät	Harmlose und ernstere Erkrankungen machen oft ganz ähnliche Beschwerden, daher am nächsten Tag zum Kinderarzt gehen, wenn ein Kind länger als 1–2 Tage hinkt, bei heftigen Schmerzen am gleichen Tag, bei Belastungsunfähigkeit des Beins (Kind knickt förmlich ein) sofort.
Einseitige Armschmerzen	Speichenköpfchensubluxation – nach heftigem Zug am Arm (Kind wurde beim Gehen am Arm «hinterhergezogen» oder beim Stolpern festgehalten) – Arm hängt und wird geschont	Sofort zum Kinderarzt gehen. Oft kann er das Speichenköpfchen durch einfache Maßnahmen wieder in seine normale Stellung zurückbringen, bei atypischem Hergang kann eine Röntgenuntersuchung erforderlich sein.
Gelenk-, Glieder- oder Rückenschmerzen nach Verletzung	Prellung, Zerrung, Verstauchung, Verrenkung, Knochenbruch	Bei sichtbaren Knochen- oder Gelenkfehlstellungen oder stärkeren Rückenschmerzen sofort zum Arzt gehen. Grundregel ansonsten: ruhigstellen, hochlagern, kühlen, komprimieren (Druck ausüben). Bei anhaltenden Beschwerden oder Beweglichkeitseinschränkungen zum Kinderarzt gehen.

Was tun bei Kopfschmerzen?

Kopfschmerzen Genaues Beschwerdebild	**Was sich am ehesten dahinter verbirgt** – Symptome	**Erste Maßnahmen**
Leichte bis mäßige Kopfschmerzen	Spannungskopfschmerzen – dumpf drückend – kein Fieber, keine weiteren Beschwerden, Alltagstätigkeiten möglich – möglicherweise psychische Belastung, einseitige Haltung	Kind ausruhen lassen. Meist vergehen die Kopfschmerzen dann von selbst. Bei häufigem Auftreten überlegen, ob ein zeitlicher Zusammenhang zu psychischen Belastungen oder z. B. stundenlangem Sitzen am Schreibtisch (mit daraus resultierenden Muskelverspannungen) besteht.
Leichte bis mäßige chronische Kopfschmerzen	Unbekannter Sehfehler – wie oben, jedoch vor allem abends, nach längerer Naharbeit (Lesen) oder Bildschirmarbeit	Daueranstrengung der Augen kann zu Kopfschmerzen führen – daher vor allem bei abendlichen Kopfschmerzen Sehfehler durch den Augenarzt ausschließen lassen.

Leichte bis mäßige Kopfschmerzen mit Fieber	Kopfschmerzen im Rahmen einer Allgemeininfektion – leichtes bis mäßiges Fieber – Krankheitszeichen, z. B. Schnupfen, Glieder- oder Ohrenschmerzen	Die Kopfschmerzen sind hier nicht eigenständige Erkrankungen, sondern Zeichen einer anderen Infektion, z. B. bei vielen Virusinfektionen oder einer Mittelohrentzündung. Kind hinlegen und je nach vermuteter Grunderkrankung vorgehen.
Mäßige bis heftige Kopfschmerzen mit Lichtempfindlichkeit und Übelkeit	Migräne – pochend, stechend, bei älteren Kindern oft halbseitig – kein Fieber – Schwindel, Übelkeit, Erbrechen, Licht- und Geräuschabneigung	Versuchen, das Kind in einem ruhigen, abgedunkelten Raum zum Schlafen zu bringen. Schläft es dann ruhig und wacht nicht wegen Kopfschmerzen auf, steckt in aller Regel keine ernste Erkrankung dahinter. Bei wiederholtem Auftreten Kinderarzt ansprechen.
Heftige Kopfschmerzen mit hohem Fieber	Hirnhautentzündung – meist hohes Fieber – schlechtes Allgemeinbefinden, Übelkeit, Erbrechen – starke Abneigung gegen Licht und Geräusche – steifer Nacken (das Kind kann den Kopf nicht nach vorne beugen)	Sofort zum Kinderarzt. Besonders wenn das Kind schläfrig oder gar bewusstlos ist, gleich mit dem Kind ins Krankenhaus fahren – ein sicherer Ausschluss einer Hirnhautentzündung ist zu Hause nicht möglich.
Kopfschmerzen unterschiedlicher Stärke	Nasennebenhöhlenentzündung – Schmerzen werden beim Vornüberbeugen des Kopfes stärker – möglicherweise Fieber oder «Erkältung, die nicht weggeht» oder chronischer Schnupfen	Die Beschwerden bei einer Nasennebenhöhlenentzündung können sehr unterschiedlich sein, uncharakteristische Dauerkopfschmerzen können einziges Zeichen sein. Sie können nicht feststellen, ob eine Nebenhöhlenentzündung vorliegt, daher bei Verdacht zum Kinder- oder Hals-Nasen-Ohren-Arzt (HNO) gehen.
Kopfschmerzen unterschiedlicher Stärke mit Urinveränderung	Nierenentzündung oder andere Nierenfunktionsstörungen – möglicherweise Veränderungen des Urins, z. B. «schmutzigbraune» Farbe oder Verminderung der Urinmenge – möglicherweise verquollenes Gesicht (Wassereinlagerungen)	Nierenfunktionsstörungen verlaufen oft lange Zeit uncharakteristisch. Bei länger dauerndem allgemeinem Unwohlsein, Leistungsminderung und Kopfschmerzen deshalb zwecks Abklärung zum Arzt gehen (die Diagnose erfordert z. B. Blutuntersuchungen).

Kopfschmerzen unterschiedlicher Stärke bei Bluthochdruck	Bluthochdruckkrise	Bei heftigen Kopfschmerzen und bekanntem Bluthochdruck Blutdruck messen. Bei zu hohen Werten die vom Arzt verordneten Notfallmedikamente geben. Falls diese nicht vorhanden oder wirkungslos sind, zum Kinderarzt gehen. Bei normalen Werten haben die Kopfschmerzen andere Ursachen.
Über Tage bis Wochen zunehmende Kopfschmerzen	Können Zeichen eines starken psychischen Drucks sein. Aber unbedingt abklären lassen, in seltenen Fällen verbirgt sich dahinter ein Gehirntumor. – kein Fieber, keine Infektzeichen – meist morgens stärker als abends – möglicherweise Übelkeit und Erbrechen – möglicherweise Verhaltensänderungen oder andere Auffälligkeiten wie Lähmungen oder neu auftretende Ungeschicklichkeit	Diagnosesicherung oder -ausschluss sind nur durch technische Untersuchungen möglich: daher rasch einen Termin beim Kinderarzt ausmachen.
Kopfschmerzen nach starker Sonneneinstrahlung	Sonnenstich – hochroter, heißer Kopf bei kühler übriger Haut – möglicherweise Bewusstlosigkeit	Kind in den Schatten bringen. Bei erhaltenem Bewusstsein mit erhöhtem Kopf lagern, Kopf mit feuchten Tüchern kühlen. Bei Bewusstlosigkeit in stabile Seitenlage bringen. Bei ausbleibender Besserung, ausgeprägten Beschwerden und immer bei Bewusstlosigkeit Notarzt rufen.
Kopfschmerzen nach Unfall	Gehirnerschütterung oder unfallbedingte Gehirnschädigung – in den ersten 24 Stunden nach einem Sturz auf den Kopf auftretend	Bei allen Kopfschmerzen, die nach einem Unfall auftreten, sicherheitshalber zum Arzt gehen, um ernste Schäden auszuschließen.

Die Tabellen auf S. 344 – 348 in abgewandelter Form nach Schönau, E., u. a. (Hrsg.): Pädiatrie integrativ. München 2004

Register der Heilpflanzen

Die nachfolgenden Register erfassen die beiden Bücher «Der kleine Medicus» (= **I**) und «Die neuen Abenteuer des kleinen Medicus» (= **II**). **Halbfette** Seitenzahlen verweisen auf explizite Artikel zum genannten Stichwort; *kursive* Seitenzahlen verweisen auf Abbildungen.

Sachregister

Erklärung der Bilddoppelseiten

Seite 14/15 Welch wundervoller Stern! Oder ist es die Sonne? Nein, hier siehst du die Gefäße deiner Netzhaut im Auge in Orange und Lila. Sie kommen aus deinem Sehnerv heraus, dem sogenannten «blinden Fleck».

Seite 48/49 Keine Höhlen und auch kein Schweizer Käse. Korallen sind es auch nicht. Es sind kleine Balken, kleine Knochenbälkchen in deinem Skelett.

Seite 80/81 Das sind keine Streichholzköpfe – auch wenn du das nicht für möglich hältst. Hierbei handelt es sich um «Speichelzellen» deines Gehirns. In diesen Sekretzellen wird die Gehirn-Rückenmarksflüssigkeit (Liquor) gebildet.

Seite 110/111 Dies sieht fast aus wie indianischer Schmuck oder der erste Schritt eines Menschen auf dem Mond. Dieser Mond ist aber in dir. Es ist eine Struktur in einer Zelle: der Golgi-Apparat. In ihm werden neu gebildete Eiweiße und Fett verpackt zum Weitertransport. Sozusagen eine Eiweiß-Fett-Fabrik.

Seite 146/147 Ein kleiner Mann im Ohr! Direkt vor dem Trommelfell. Vielleicht juckt es dich deshalb manchmal dort.

Seite 190/191 Dieses wunderbare Riesen-Gebilde ist noch viel, viel kleiner, als du es dir überhaupt vorstellen kannst. Kleiner als jede Zelle. Es ist das Kraftwerk deiner Zellen, das Traubenzucker und Fettsäuren in Energie umwandelt: ein Mitochondrium.

Seite 212/213 Wo findet sich dieser Körperdrachen? Richtig, nicht in dir, sondern in der Schlachterei von Professor Götz von Schlotter. Es ist seine Schrumpfmaschine.

Seite 238/239 Ein blühendes Blumenbeet ist es nicht, obwohl sich eine Blume darin verbirgt. Na, dämmert es dir? Es ist die Iris des Auges.

Seite 268/269 Ein Oktopus? Nö, falsch geraten. Das ist eine Nervenzelle aus deinem Gehirn.

Seite 310/311 Dieser Bandwurm ist gar kein Bandwurm. Es ist eine Eiweiß-Kette, die in der «Druckerei» deiner Zelle – dem Ribosom – sozusagen «gedruckt», also hergestellt wird (Eiweiß-Synthese).

Bildnachweis

Alle Illustrationen zu Nanolinos Abenteuern stammen von Glenn Frey. Auch die kleinen Porträts der Figuren über den Infofeldern sowie die illustrativen Bildelemente, die in manche Fotos einmontiert sind, stammen von ihm.

Alle medizinischen Sachillustrationen fertigte Stefan Paintner an, mit Ausnahme der nachfolgend aufgelisteten Bilder:

Professor Dietrich Grönemeyer, Bochum: 177 oben + unten; 324 rechts; 325–328

Agentur Focus, Hamburg: David Parker/Science Photo Library 7; D. Phillips/Science Photo Library 14/15; NIBSC/SPL 18 links; Dr. Gary Gauglwer/SPL 18 rechts; Susumu Nishinaga/SPL 48/49; Steve Gschmeissner/Science Photo Library 80/81, 238/239; Science Photo Library 110/111; Hybrid Medical Animation/Science Photo Library 190/191, 310/311; Edelmann/Science Photo Library 268/269; CAMR/A. B. Dowsett/Science Photo Library 304; Mehau Kulyk/Science Photo Library 322; D. Roberts/Science Photo Library 324 links

Okapia, Frankfurt: Michael Ross/NAS 87 rechts

Pixelio, München: Maria Lanznaster 133; D. Lange 153

Roland Verreet, Aachen: 152 rechts

Sebastian Seidl, Altdorf: 237

Angelika Salomon, Spalt: 296 oben + unten, 320

Simone Paintner, Köln: 340 (Kinder)

Hinweis

Die im Buch veröffentlichten Ratschläge wurden mit größter Sorgfalt erarbeitet und geprüft. Eine Garantie kann jedoch nicht übernommen werden. Ebenso wird eine Haftung für Personen-, Sach- oder Vermögensschäden ausgeschlossen.

Erkrankungen mit ernstem Hintergrund gehören immer in ärztliche Behandlung. Bei bereits bestehenden Beschwerden kann das Buch deshalb keinen fachärztlichen Rat ersetzen.

Die anatomischen Illustrationen sind zur Anschauung für Laien entwickelt. Größen, Proportionen und Lagebezeichnungen sind zur besseren Anschaulichkeit manchmal bewusst verändert worden. Beispiel S. 120 (Ohr): Hier wurde die Schnecke besonders groß dargestellt.

Erklärung der Symbole

Folgende Farben und Symbole im Text erklären die verschiedenen Bereiche der Medizin und geben Tipps zu Gesundheit und Fitness:

 **Krankheiten und allgemeine Fragen**

 **Anatomie**

 **Technik**

 **Großmutters Rezepte**

 **Fitness-Tipps**

 **Gesundheits-Tipps**

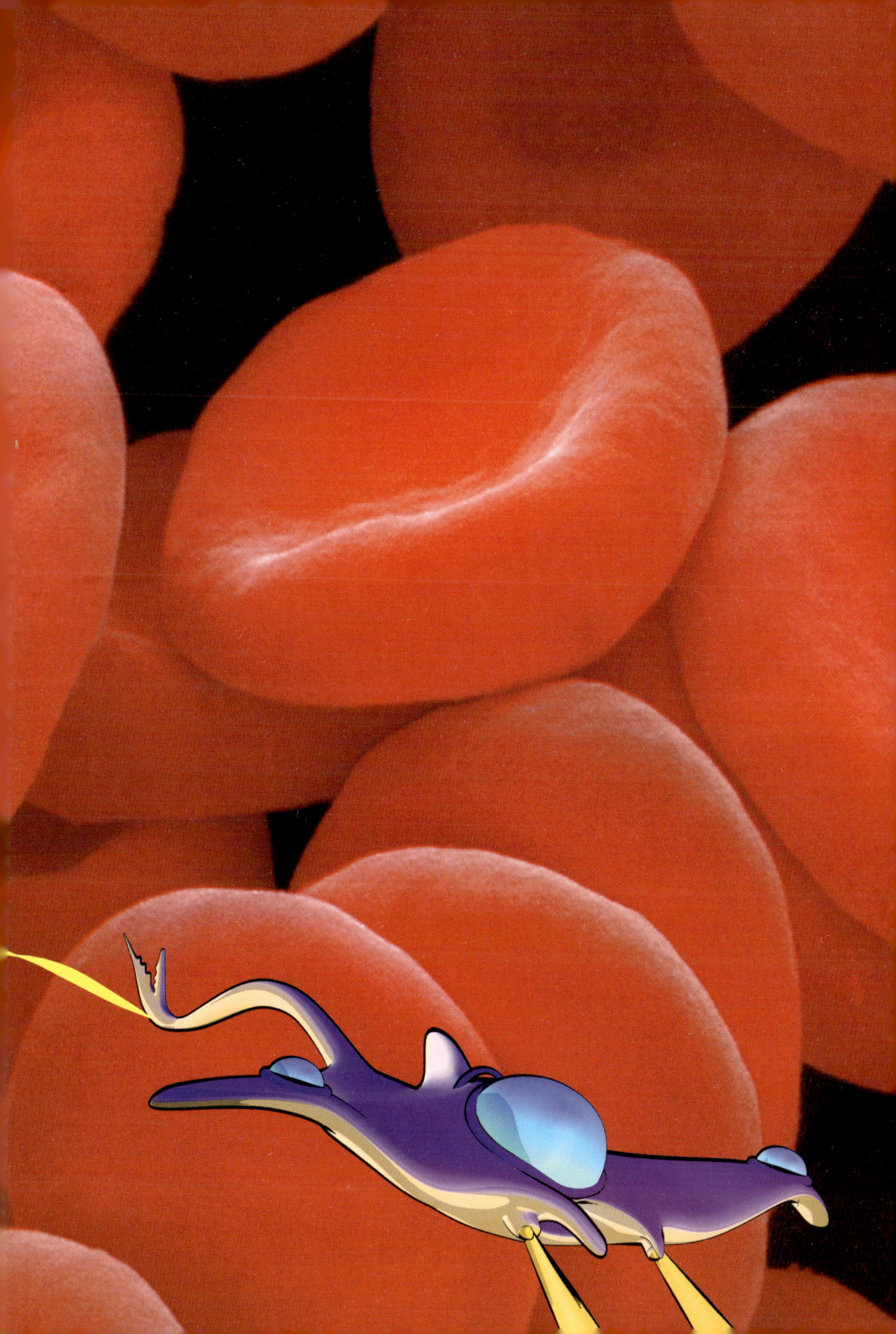